建筑精品工程实例

顾勇新　主编
王　宁　杨嗣信　主审

中国建筑工业出版社

图书在版编目（CIP）数据

建筑精品工程实例/顾勇新主编. —北京：中国建筑
工业出版社，2004
ISBN 7-112-07032-5

Ⅰ.建... Ⅱ.顾... Ⅲ.建筑工程-工程施工
Ⅳ.TU7

中国版本图书馆 CIP 数据核字（2004）第 124844 号

本书以创建筑精品的工程管理和施工实践为基础，以实例的形式介绍
建筑企业如何策划和实施建筑精品工程。内容包括精品工程实施过程介
绍、七个不同类型工程创精品工程的实例介绍及鲁班奖工程申报和复查的
相关要求等，同时随书附两个工程申报鲁班奖的汇报录像资料。

本书可供施工企业管理人员、项目经理及广大施工技术人员参考使
用，也可作为工程质量管理人员、监理人员的培训用书。

责任编辑：周世明
责任设计：孙　梅
责任校对：李志瑛　王　莉

建筑精品工程实例
顾勇新　主编
王　宁　杨嗣信　主审

*

中国建筑工业出版社出版、发行（北京西郊百万庄）
新 华 书 店 经 销
北京嘉泰利德公司制版
北京中科印刷有限公司印刷

*

开本：787×1092毫米　1/16　印张：18　字数：448千字
2005 年 2 月第一版　　2005 年 2 月第一次印刷
印数：1—3,000 册　　定价：**54.00** 元（含光盘）
ISBN 7-112-07032-5
TU·6267（12986）

本社网址：http：//www.china-abp.com.cn
网上书店：http：//www.china-building.com.cn

《建筑精品工程实例》编委会

序

工程质量是建筑业永恒的主题，创建精品是企业综合素质的体观也是企业追求的目标。在我国加入WTO和建筑市场日益开放的形势下，如何尽快提高我国建筑业的整体素质和企业的竞争能力，以期在激烈的市场竞争中求得生存和发展，是当前我国建筑业迫切需要解决的问题。

《建筑精品工程实例》总结了近年来创鲁班奖的几个典型工程的经验。本书的编者系统总结了一批建筑精品工程在策划和实施过程中的经验，精心编撰此书，从策划、管理、施工各方面论述了创建筑精品过程中每一步需考虑和控制的要点及控制方法。围绕七个不同类型的工程实例，依据国家新的规范、标准，从企业质量保证体系的建立，创新机制的形成，施工质量管理，技术方案编制，各分部分项工程质量保证措施，技术资料整理到工程创优策划等全方位介绍了建筑精品工程的组织和实施，专业性和实用性较强，对广大建筑施工管理人员具有较高的参考价值。

我国从20世纪50年代就提出了"百年大计，质量第一"的国家建设基本方针，建造出了一大批优质工程，总结了许多好的管理经验，但是紧贴施工企业管理，系统论述精品工程质量管理，详尽而系统地介绍其施工方法的专著甚少，如今《建筑精品工程实例》的出版，恰好弥补了这方面的不足，可以引导和帮助更多的企业创建精品工程，对开展创鲁班奖工作起到积极的推动作用，是一本难得的好书。希望这些经验能够与我国的建筑业界分享，大家相互学习，共同提高；希望有更多的同行从事建造精品工程的研究和实践；希望直面时代的机遇和挑战，创建更多的时代精品工程。

姚兵

目 录

第一章 综 述

建筑活动是人类最古老的社会活动之一，建筑业有着悠久的历史。在世界各国不同的历史发展时期，建筑业都成为其国民经济的支柱产业之一。作为人类生产和生活的主要场所，工程质量是建筑业永恒的主题。经济全球化，使我国规模不断扩大的建筑市场成为国际建筑市场的一个组成部分。信息时代的到来，为建筑业这一传统产业插上了腾飞的翅膀。我们存在的主要差距在哪里，面对新的时代、新的形势，如何提高工程质量，积极应对挑战，是目前中国建筑业面临的重要课题。

中国建筑业协会"鲁班奖"评选活动的深入开展与不断实践，推动了中国建筑业创精品工程、提高了工程质量的理论研究与实体质量水平的不断提高。"鲁班奖"工程已成为政府机构、中外投资商、总承包企业、各专业承包企业，特别是广大人民群众认识精品工程的楷模与典范。"鲁班奖"工程是设计先进合理，管理科学有序，科技含量高，具有良好的经济效益、社会效益、环境效益并体现时代特色的建筑精品。通过创"鲁班奖"工程推动企业科技进步、管理现代化，提高综合素质，增强企业核心竞争力。

第一节 信息时代精品工程发展的趋势

纵观世界建筑业的发展历史，反映了人类社会的文明与进步。建筑是凝固的音乐，建筑又是最具社会性和技术性的造型艺术，它的形象反映着社会变革的轨迹。当今社会处于后工业社会向新兴文明社会转化过渡的阶段，其中生态文明和信息文明是脱胎于工业文明的产物。由生态文明而促生的"绿色建筑"概念已被广泛接受，成为一种主流思潮；信息生态主义正在替代人文技术主义，信息技术的核心是以数字化信息流替代物质流。对作为物质容器的建筑发展必然产生巨大的冲击，建筑产品的实现方式、资源配置和项目组织方式发生了很大变化，人们追求建筑产品的理念和评价建筑产品的标准在不断更新，并直接改变建筑投资者、建筑承包商、使用者的行为模式，从而带来建筑产品内涵的改变。

一、信息时代建筑产品的特征

工业革命时代产生了摩天大楼，因为在传统的信息集约化场所，摩天大楼中集中了大量的物质流、信息流，可以大幅度地降低流通费用。在信息化社会，信息技术使摩天大楼对信息的输送优势不复存在，公司网站的形象在一定程度上替代了公司所在建筑物的形象，美国的许多大公司如 Ford、Nike、Microsoft 等把总部建在中小城市。出现了"SO-HO（Small Office Home Office）"概念，住宅将变成具有更多办公与其他社会功能的建筑，同时将带来进一步的城市发展规划变革。

建筑新技术以及信息技术的发展产生了"智能建筑"，采用玻璃、金属等新材料，具有灵活的平面，通透的表皮，暴露的结构，插入式的服务系统把建筑艺术与现代科技结合的美感表现得淋漓尽致。

随着全球生态环境日益恶化与资源枯竭，建筑与生态环境的冲突关系日益凸现，人们逐渐意识到城市、文化、地域性、建筑材料、建造过程、运营过程等环境因素对建筑的影响，同时注意人体工程学等因素和建筑本身更贴近人类的情感，逐步走向该技术与生态学结合的过程，于是产生了"绿色建筑"和"生态高技术建筑"。生态高技术建筑的核心是利用智能化的控制系统针对自然变化（风、光、热等）灵活反应，采用比常规做法少的物质材料，"少费多用"直到实现能增值。其主要包括以下特征：合理的体量和朝向，可控制的窗户尺度、遮阳设施及自然通风体系，外围护结构具有复合功能，可调节的采光集热设施，可变的结构体系等。

通过合理设计建筑物的通风系统，选用绿色环保材料，严格控制室内环境中的甲醛、可挥发性有机物、氡、氨气的含量，营造"健康住宅"。

高技术建筑的设计方法往往立足于最大可能满足建筑的功能和将来的使用变更，由于采用相对成熟的大跨度或巨型结构，提供了大空间，保证在空间使用上的可变性。为各种易变的功能要求和日新月异的技术与设备提供一个容纳性极好的空间平台。从目前来看也是容纳新兴的绿色生态数字化技术较好的平台之一。例如杨经文和赫尔佐格的绿色建筑均是较为成功的尝试。

生物界在长期与大自然的斗争中，形成强度高、刚度好的各种各样美丽的身体结构。可以说，生物以最少的材料，构成最坚固、最合理的外形。事实证明：正确模仿生物构造的建筑结构，都会是用料省、强度高、刚度大、稳定性好又有艺术美的建筑结构，这就是结构仿生原则，乌龟壳的厚度只有 2mm，却能承受 500N 的压力，因为是薄壳结构。模仿生物的壳体而产生的建筑薄壳结构广泛用于各种大跨度建筑。人们根据细胞胀压原理，开发了新颖、别致、高效的薄膜建筑结构（包括张拉薄膜结构、充气结构）。

二、精品工程概念的初探

建筑产品的发展是以社会需求为导向、以技术进步为支撑的，人类对建筑的理念和认知在不断发展，评价建筑产品好坏标准的内涵和外延都在发生深刻变化，"高质量、低成本、节能、环保、绿色、人文等"成为人们向往的未来建筑产品的标准，诸如此类的词汇归纳起来，就是未来建筑产品发展的趋势。

中国的故宫，历时几百年，巍巍壮观，气势恢宏，金碧辉煌，雕梁画栋，是东方文明与中国古典建筑艺术的典范，可谓精品。悉尼歌剧院，宛如杰克逊湾海上的一朵莲花，这个由丹麦人在半个世纪前设计的建筑物，当时的结构施工技术还不能完全实现其独特复杂的空间造型，所以建造过程耗时十几年，澳大利亚政府的预算超出十几倍，建筑内部全部是清水混凝土，外表面是非常普通的白色釉面砖，取得的成就至今无人能出其右，可谓精品。

关于精品工程的概念，狭义地理解，精品工程是通过有效的管理、精湛的技艺创造出的完美建筑物，是以现行有效的规范、标准和工艺设计为依据，通过全员参与的管理方式，对工序全过程进行精心操作、严格控制和周密组织，进而最终达到优良的内在品质和精致的外观效果。广义地理解，精品工程作为人类文明的载体，在规划设计过程、建造过程、运营全过程体现了经济发展和社会进步，具有投资回报高、科技含量大，体现生态、人文、节能、环保等特征，并在其整个生命周期内满足使用需求并能使投资者的利益最大化。

三、精品工程作为投资对象应体现投资主体利益的最大化

经济全球化使各国经济无一例外地参与国际分工和国际交换。在非歧视的公平的自由竞争条件下，国际间的商品流、资金流、技术流和信息流在加速运动，实现资源在世界范围内的优化配置以及资本和生产的全球化，中国加入WTO使面向建筑产品的投资主体多元化，政府投资、国内投资以及国外直接投资与证券投资等多种投资成分并存，各种类型投资都依存于市场对建筑业服务需求的变化。

国际资本移动的投资动机主要有如下两种：

资源导向型投资（Resources Oriented Investment）；

市场导向型投资（Market Oriented Investment）。

针对具体投资主体有如下几种：

政府预算内投资：投向城市基础设施（包括世行、亚行贷款项目）；

社会公益性设施：体育场馆、音乐厅等；

跨国公司投资：投向制造业、化工、轻工、电子（如贝尔、巴斯福、壳牌石油等）；

民营企业投资：投向制造业、化工、电子、轻工、城市基础设施等；

资本型投资机构投资：能源、基础设施等。

在经济发展的不同阶段，经济主体的服务需求是不同的。投资的主体与目标也不同。经济发展水平越低，相应社会可提供的服务水平就越低，总体投资质量和回报也就越低，具体表现为建筑产品质量、经济等性能指标较低。目前中国经济建设对建筑业服务需求的特点是：投资规模大、标准低、模式单一。这突出地体现在近几十年来中国举世瞩目的建设体量和成就，但缺少有特色的城市和建筑，建筑产品的功能、科技、地域、人文、环保、艺术等特性没有充分体现出来，缺少有代表性的建筑精品。经济主体服务需求以及投资主体的变化，使我们必须对精品工程内涵的诠释和标准的判断做出相应调整，在工程规划、设计、制造、运营各阶段都应体现投资主体利益的最大化，只有准确把握这一变化趋势，立足建筑业是服务业的定位，在这一前提下，进行生产要素资源配置和产品、服务提供模式的确定，创造实现投资主体利益最大化精品工程。

四、精品工程作为建筑产品应满足消费者的最终需求

工业革命产生了摩天大楼，而信息化革命则不需要摩天大楼。不同的时代，不同的地域，不同的历史文化，不同的社会背景，产生了不同的精品工程，一个真正精品工程是一个时代的象征，是一个国家和民族智慧与精神的象征，是经济发展水平、技术水平与社会需求和价值取向的象征。精品工程通常被誉为"内坚外美、粗粮细做"，这种理解把精品仅局限于建筑产品的制造阶段，过于狭隘，未体现投资者、最终用户以及建筑产品本身价值。普通的住宅精品工程用"内坚外美、粗粮细做"来表述还可以，大型的工业项目除了工程本身达到规范标准要求外，还要考查其项目设计是否先进，项目组织及资源配置是否合理和高效以及项目的设备、系统运转状况、项目投产的产品质量、项目正常运营的环境影响及社会效益。精品工程对于投资者要体现利益最大化；对于最终用户要满足使用功能，做到物有所值；对于社会要体现建筑产品所带来的公众利益；对于建筑产品本身要体现质量价值与效能的合理与增值。

从建筑产品的整个生命周期来看，投资者以社会经济需求为目标进行投资，社会经济

需求的微观体现就是消费者的需求，在产品实体质量、使用功能、产品效能等众多评价指标中，最终也是通过消费者来表现。另外，消费者——最终使用者受建筑产品质量水平的影响最大。精品工程一个重要指标就是要满足消费者的需求，而这种需求不是一成不变的，要伴随整个社会经济的发展，同时要满足不同消费个体的差异性需求。

第二节　精品工程案例分析

创精品工程是一个复杂的系统工程，在总承包管理模式下，我们以一个项目为例，按照"目标管理、精品策划、过程监控、阶段考核、持续改进"为核心的精品工程生产线体系，来分析一个项目的创优全过程。

一、目标管理

项目根据工程特点和对业主的承诺，制定了质量、工期、安全、文明施工、环境管理、计算机管理、"四新"成果总结、经营和用户服务等目标。

要坚持"三高"、"三严"的原则。

"三高"是"高的质量意识"、"高的质量目标"、"高的质量标准"。

"三严"是"严格的质量管理"、"严格的质量控制"、"严格的质量检（查）验（收）"。

高的质量意识不仅领导要树立，而且企业全员均要树立；高的质量目标不仅只是发布，而且要分解并采取相应的措施落实。高的质量标准是实现高质量目标的一个措施，"三严"也是实现高质量目标的措施。

根据评审后的质量目标，我们对其进行了分解，即：竣工一次交验合格率100％；分部工程优良率100％；分项工程优良率大于95％；不合格点率低于6％。

同时对单位工程的十个分部工程进行目标分解，以加强施工过程中的质量控制，从而确保分部、分项工程优良率的目标。

找出本工程在精品工程生产过程中的质量控制要点，包括钢筋直螺纹、冷挤压连接、钢筋定位及保护层的控制、底板大体积混凝土施工、清水混凝土的成型及混凝土颜色的控制、混凝土的防开裂及养护、车库地面的一次性成型等控制要点。

紧紧围绕既定的质量目标及其他各项目标，对工程的领导班子、大型设备、施工机具、电脑联网办公等各项资源进行了优化配置。

二、精品策划

在投标阶段，就精品工程的生产进行一系列细致的策划工作，编制详细的《施工组织设计及质量控制要点》、节点图集，并制作了一张光盘。节点图集是针对精品工程生产中结构质量和装修质量的控制而编写的指导性文件。光盘内容则记录了对工程施工的整体策划和三维动画演示。

为确保工程创优目标顺利实现，项目经理部成立以项目经理为组长、项目总工程师和有关部门参加的创优工作领导小组，具体领导组织、部署、协调、落实创优工作，并明确责任，分工负责。进而编制质量计划、环境管理方案、质量保证预控措施、项目创优计划、项目管理制度、分包管理制度、编制教育培训计划、用户服务计划等。

在策划实施阶段主要通过以下三种方式进行。

教育培训组织项目及分包管理人员学习公司项目管理体系文件、规定，把项目的管理制度、体系文件要求及精品工程生产线的管理方法贯彻到项目和分包的管理人员当中，使他们能彻底领会、掌握，并在实际中予以执行。

施工方案编制依据本工程的施工组织设计，针对重点分项工程、关键施工工艺和季节性施工，制定了专门的施工方案，具体内容包括分项工程概况、施工部署、施工方法、工艺流程、采用的材料和质量要求等，各施工方案具有针对性和实用性，能很好地指导现场施工。

在施工组织设计和分项施工方案的基础上，进行具体细化，制定技术交底，具体包括基础工程、防水工程、模板工程、钢筋工程、混凝土工程、砌筑工程等分项工程的技术交底，技术交底具有可行性和可操作性，用通俗易懂的语言编写，多采用示意图表示。

规矩集的编制，为保证"精品工程"的实现，针对本工程各施工环节，特别是结构质量及节点部位的关键环节编制规矩集，包括墙体钢筋纵向控制措施、模板体系的选择及应用、轻质隔墙处顶板节点，通过大量的节点施工图来说明具体的施工方法，帮助项目施工管理人员深化了解和掌握施工质量的控制方法及措施。如在门窗模板上附加了10mm厚的PVC梯形塑料板，将框做成企口形状，成型后的窗套为凹槽，便于今后门窗的安装，且门窗洞口周边不须抹灰，只在四周打胶即可。

三、过程监控

过程监控是为了保证目标策划实施过程中不发生偏差，主要方式有培训和考试、落实交底制度、组织合同交底、分级抽查、随机抽检、落实"三检制"、坚持样板引路、建立质量例会制度、组织观摩交流活动、安全和环境监控、实施信息化管理等。

工程监控采用电视自动监控仪，在施工现场设置摄像头，和办公室内的电视设备连接起来，实现现场监控，随时能掌握现场施工进度，并且通过电视屏幕，可以监视现场的安全和环保方面的情况，如发现作业面的安全防护没有及时到位，可以立即通过对讲系统通知现场进行整改，消除安全隐患。同时可以预防火灾，进行现场各要素的调配，极大地提高了项目的监控效率。

另外采用项目管理信息系统，它包括了计划、物资、质量、安全文明施工、隐检预检、合同、办公等项目管理的各个方面，通过它对整个施工过程实行计算机管理，通过过程监控手段的创新提高了监控的效果。

四、阶段考核

阶段考核包括对项目内部的考核和对分包队伍的考核。项目经理部针对每个月的工作内容，编制包含各个部门的工作内容、要求的质量和时间、项目的月管理计划，项目经理部对各个部门完成的计划进行内部考核，并按照质量、工期、安全、文明施工、技术资料、环境管理、机械维护七个方面对分包进行考核，有效地保证了每个阶段工程质量。

五、持续改进

项目工程质量的持续改进包括工序质量的持续改进、员工工作质量的持续改进和系统化总结等方面。

工序是组成施工生产的基本单元，提高工序质量从而奠定精品工程的生产基础。建立质量会诊制度，把重点放在工序施工中可能出现的问题，相应地制订措施，并且加以总结，绝不让同一问题出现两次，作到持续改进。质量会诊制度流程图见图1-2-1。

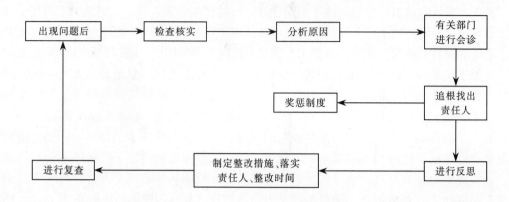

图1-2-1 质量会诊制度流程图

人是生产关系中的主要因素，坚持"追求人类生活环境和员工个人价值实现的不断进步"的文化宗旨，在提高员工的综合素质和内涵，充分为员工价值实现提供空间的同时，积极推进员工工作质量的持续改进。每周一坚持举行升旗仪式，每个人都有在国旗下讲话的机会，充分发挥团队力量，使每个员工都感觉到自身的责任。在每一项目标实施完成后，都系统化总结，形成施工工法及施工技术总结，实现并完善"三个一"工程，即：干一个工程完成一本画册、形成一张光盘、出一本书。

大连森茂大厦

门厅

主入口

第二章　大连森茂大厦

（1998 年获鲁班奖）

第一节　工程概况

　　大连森茂大厦是一座以写字楼为主的高层建筑工程，总建筑面积 46401m²，地下 2
层，地上 27 层，裙楼 3 层，占地面积 3917.7m²，建筑物占地面积 1730.3m²，建筑高度
95.7m，由（株）森大厦设计研究所、株式会社大林组东京一级建筑师事务所和中国东北
设计研究院设计（见图 2-1-1）。为了建筑物造型美观，塔楼顶面设计为弧面屋盖。工程
的结构形式为钢骨－钢筋混凝土柱、钢梁和钢筋混凝土剪力墙混合结构体系。其中钢梁外
涂防火涂料，预制钢筋混凝土外挂板（简称 GPC 板），局部玻璃幕墙，建筑物外壁为花岗
石预制外挂墙板与铝合金玻璃幕墙相结合。GPC 板的应用在国内尚属首例。工厂化、装
配化的施工方法和整套的施工工艺，大大减少了现场的繁琐施工，同时也使工程质量和安
全文明施工得到了可靠的保证。GPC 板及楼板在工厂预制生产，运到现场装配安装，竖
直及水平预制板和主体结构安装可同时穿插进行，加快了工程进度，缩短了项目的建设周
期。由于采用了 GPC 板的外墙形式，使得外墙装饰 90％的工程量在工厂完成，现场吊装

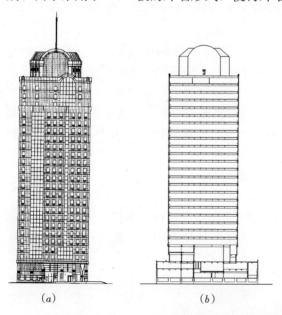
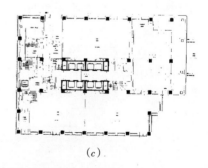

(a)　　　　　　　　(b)　　　　　　　　(c)

图 2-1-1　大连森茂大厦及工程图

(a) 南立面图；(b) 剖面图；(c) 首层平面图

采用可移动外挂架，大大降低了现场工程量及造价，提高了建筑工程的综合效益。另外花岗石饰面预制外挂板（GPC 板）的装饰效果和做法，打破了传统的外装修方法，从而较好地解决了外墙装饰常见的质量通病。

工程的质量目标是建筑业的最高质量奖——"鲁班奖"。因此，在工程开工时就结合工程实际，依据 ISO9002（现为 ISO9001：2000）国际标准，编制了项目质量计划和程序文件，作为项目质量管理的方针和标准，规定了各岗位的工作内容、工作程序和工作标准，使各项工作有的放矢，有标准可依，形成一个不断上升的闭环质量保证体系，在工程运作中，实施全过程、全方位的质量控制。由于施工技术先进，管理到位，工程质量达到了较高水平。1996 年 8 月，由建设部科学技术委员会副主任许溶烈为主任的专家评审组共计 15 人，对森茂大厦工程的施工技术、组织计划、现场管理、工程质量、实践效果等方面的生产活动进行了综合考察和专业鉴定，一致认为："森茂大厦的 GPC 板制作工艺和安装技术达到了国内领先水平，钢结构安装达到了国内先进水平，施工项目管理达到了国际先进水平"。

该工程 1998 年荣获鲁班奖。

第二节   工程的特点、难点

大连森茂大厦是一座以写字楼为主的高层建筑工程，是大连市第一个全外资房地产项目。此工程地处大连市最繁华地带主干道中山路旁，三面临街，场地甚为狭小，对于现场施工及材料、构件的运输限制较多。此工程施工一改大连市绝大多数高层建筑采用现浇钢筋混凝土结构建造的模式。此工程主体为钢骨混凝土柱、钢梁和钢筋混凝土剪力墙的混合结构体系，其中钢梁外涂防火涂料、预制钢筋混凝土楼板（简称 PC 板），现浇面层混凝土一次抹光（部分楼面采用压型钢板现浇钢筋混凝土）。围护结构主要采用花岗石饰面预制钢筋混凝土外挂墙板（简称 GPC 板），局部为玻璃幕墙。

此工程是典型的栓焊结构，全部钢构件的选材、加工、焊接及验收在工厂完成，钢结构进场前委托第三方复验合格，成品进场再经验收，施工现场钢构件的安装全部采用扭剪型高强螺栓连接。安装精度符合我国现行标准。

GPC 板及 PC 楼板在工厂预制生产，运到现场装配安装。竖直及水平预制板和主体结构安装可同时穿插进行，加快了工程进度，缩短了项目的建设周期。由于采用了 GPC 板的外墙形式，使得外墙装饰 90% 以上的工程量在工厂完成，现场吊装采用可移动外挂架，不须搭设外脚手架，大大降低了现场工程量及造价，提高了建筑工程的综合效益。

花岗石饰面选材精良、光洁亮丽、色调统一，体现出建筑物立面格调高雅、耐用、美观及造型庄重。挂板和主体结构用镀锌紧固件连接，方便、快捷、坚固，板缝密封严实，本工程完成了 256 种规格的 GPC 板和 PC 楼板，总量共计三万多平方米。

第三节   GPC 挂板的生产、安装

带花岗石饰面层的预制混凝土外墙板，简称为 GPC 板（Granite Precast Concrete）。这种外墙挂板是以天然花岗石板材为饰面层，钢筋混凝土墙板为衬板，在工厂一次浇筑复

合而成的带饰面外墙挂板。GPC板是建筑工程高度工业化和机械化相结合的产物。GPC板将建筑物外墙板的预制和外墙的装饰完美地结合在一起，使大量的高空作业移至工厂完成，能充分利用工业化生产的优势，在作业环境上突破时空限制；GPC板的现场吊装又能充分发挥机械化作业的优势，这两个优势的有机结合不仅大大减少了建筑工程高空作业和湿作业的工作量，而且大幅度地提高了建筑施工的劳动效率和产品质量，降低了工程成本。

GPC板生产工艺复杂、细腻，技术难度大，质量要求高，产品技术含量高。通过工艺技术处理，饰面石材能够保持其高贵的天然品质，彻底根除了湿贴石材反碱的通病。石材与混凝土墙板锚固力强，结合牢靠，从而克服了外墙石材干挂工艺因受抗震限制，难以应用于高层和超高层建筑的局限性，这是最为难能可贵之处。

本工程共用GPC板1474块，面积12000m²，外形分为平板、拐角板、弧形板、异形板4大类，共有242种型号，其中异形板13种型号。主规格为3174mm×3774mm×200mm，计469块；2974mm×3774mm×200mm，计271块。单块重量分别为4.6t和4.3t。饰面石材分为火烧面和磨光面二种，厚30m和40mm，共351种规格，29600块。

一、GPC板的技术特点

（1）GPC板的混凝土强度等级为C35，板内配筋为双层钢筋网片，主规格采用带肋钢筋（HRB335），有φ10和φ12两种，网片钢筋间距为@200和@150，钢筋保护层为30mm。

（2）防水设计周密。GPC板周边侧面都设置有纵向通长的预留槽，槽内嵌塞防水材料，板的上下两端设计成台阶式接口。安装前板面石材间板缝处打防水胶，安装后，GPC板安装缝再打防水胶，具有很好的防水性能和密闭性能。

（3）饰面石材不返碱。GPC板所用石材同混凝土的接触面均涂刷一层环氧胶进行封闭处理，在石材与混凝土之间形成一层防渗、防潮隔膜，很好地防止了混凝土中的水分和碱性物质等渗透到石材中侵害石材和出现反碱，从根本上保证了天然石材高贵、质朴的自然品质。

（4）饰面石材锚固力强，与混凝土墙板结合紧密，浑然一体，抗震性能好，适用于高层或超高层建筑。在厚30mm石材背面打45°角，深23mm的孔，安装直径为4mm的高强度不锈钢锚固卡环（见图2-3-1）进行锚固，间距不大于@280mm。

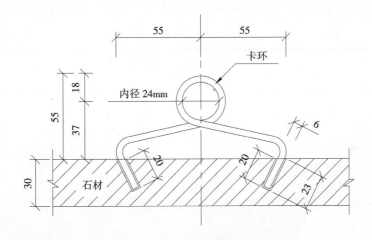

图2-3-1　石材背面设置锚固卡环示意

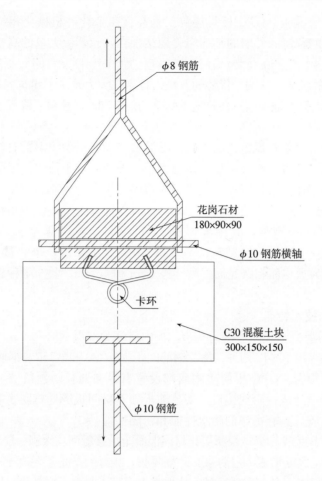

图 2-3-2 卡环锚固力试验示意

为了验证此卡环的锚固力，我们进行了模拟试验（见图 2-3-2），测得的单个卡环在混凝土中的锚固力列于表 2-3-1。

卡环锚固力试验记录   表 2-3-1

试件编号	拉力（kN）	试件破坏情况	备　注
1	15	混凝土与石材结合面开始张开，卡环未脱落	
2	16.3	钢销轴处石材断裂	卡环用低碳冷拔钢丝制作，等截面代换不锈钢。混凝土块强度等级 C30，标养 28d
3	17.2	混凝土与石材结合面张开，卡环未脱落	
4	14.5	混凝土与石材结合面张开，卡环未脱落	
5	16.8	混凝土与石材结合面被拉开，卡环一端被拔出	
平均抗拔拉力 $N=16.0$kN			

最大规格的石材为 939mm×897mm×30mm，自重约 0.71kN，远远小于 96kN 的锚

固力（安装6个卡环的锚固力）。因此，GPC板饰面石材锚固的安全性非常高。

（5）生产工艺复杂、工序多、工业化程度高，适宜工厂生产。

（6）GPC板结构预埋件少而精，一块标准板只有4个埋件，上面2个M30不锈钢高强螺栓，下面2个L200×15不锈钢角钢挂件，少量板下面仍是2个M30不锈钢高强螺栓，非常便于现场安装（见图2-3-3）。

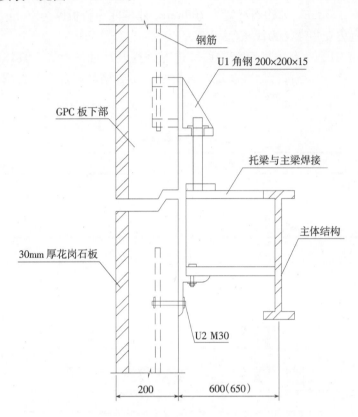

图2-3-3　GPC板安装时与结构钢梁连接示意

二、GPC板的制作

1. 施工准备

（1）主要材料选择

由于对GPC板产品外观及内部质量要求严格，我们对原材料质量及生产厂家进行了认真优选，确定了合格分供方。

1）水泥。采用强度等级为42.5级的普通硅酸盐水泥，通过考察对比，选定大连小野田水泥厂生产的散装水泥。该厂为中日合资企业，设备先进、产品质量稳定、管理严格，产品满足国家标准GB 175—1999《硅酸盐水泥，普通硅酸盐水泥》的规定。

2）钢筋。选用国内大型企业鞍钢生产的螺纹φ10、φ12钢筋，其他规格钢筋由大连轧钢厂提供。产品满足国家标准GB/T 1499—1997《钢筋混凝土用热轧带肋钢筋》和GB 13013—1991《钢筋混凝土用热轧光圆钢筋》的要求。

3）饰面材料——花岗石板材。GPC板的装饰效果主要体现在石材上，因此，对石材选择颇为严格，在项目物资供应部门协助下，提供了国内外四五个厂家的产品，从颜色、质量和经济性因素考虑，由设计部门和业主研究确定选用我国厦门汇兴石材厂生产的花岗石板材，该厂引进国外先进的石材加工设备，加工精度高，产品符合部标 JC205《天然花岗石建筑板材》，并能满足设计要求。

该工程 GPC 板所需石材规格多达 350 余种，数量约 3 万块，主要规格长 800～900mm，宽 400～500mm，窗边石材宽为 100mm，厚度除窗台板厚 40mm 外，其余均为 30mm，石材颜色由业主选定为浅灰色。

石材进厂后按 JC205 有关规定全数逐块进行外观及尺寸的检查，具体质量标准见表 2－3－2～表 2－3－4。不符合标准规定的石材视为不合格品，合格石材按颜色及均匀性分别堆放在架上。

几何尺寸允许偏差   表 2－3－2

检查项目	磨光板（mm）		火烧板（mm）	
长　度	+0	－1	+0	－2
宽　度	+0	－1	+0	－2
厚　度	+2	－2	+1	－3

平面度允许偏差   表 2－3－3

主板长度（mm）	磨光板（mm）	火烧板（mm）
<400	0.3	1.0
>400	0.6	1.5
<800	0.8	2.0
<1000	1.0	2.5

矩形或正方形角度允许偏差   表 2－3－4

主板长度（mm）	磨光板（mm）	火烧板（mm）
<400	0.4	1.0
>400	0.6	1.5

火烧及磨光板不允许有裂纹及明显的划痕。颜色相近的色斑在板材的裸露面不得有大于 3cm 色线，不同颜色的色斑不允许超过表 2－3－5 的规定。

石材表面色斑检查标准   表 2－3－5

平板长度（mm）	允许范围（mm）	磨光板	火烧板
<800	<50×30	不允许有	不允许有
>800	<50×30	不允许有	不允许有

检查时，首先进行外观检查，对有裂缝和表面有明显色线划痕的石材，发现后退回厂家更换，长度及尺寸用直尺测量，厚度用卡尺测量，角度采用直角尺测量，对异形板角度采用专门加工的硬塑料或铝制样板尺检查，满足质量要求后方可使用。

4）骨料。砂——中砂、河砂，产地大连辛集，细度3.0～2.3mm，含泥量等指标满足部标JGJ52要求。石子——机碎石，粒径5～20mm，含泥量等指标满足部标JGJ53要求。

5）水。采用厂区内可饮用的地下水，并经水质化验分析满足混凝土拌合用水的要求。

6）外加剂。根据对构件蒸养和早强的要求，选用了MNC-B蒸养型减水剂。

7）埋件。主要为角钢和高强螺栓型挂件、螺钉管状吊件及窗帘盒子预埋螺栓。挂件和吊件加工精度较高，质量要求严格，均由日本进口，经逐件点数验收入库。

（2）模板准备

1）确定初始投入量

根据工程进度和预制投产到安装之间的间隔时间决定模板初始投入量。

GPC墙板在正常安装情况下，每月按完成480块考虑，间隔时间2个月，每天生产9～10块才能保证进度要求，由于构件型号多（242种），要考虑改模因素，我们加工了22套钢模。后来由于改模较频繁，生产过程中又加工了5套钢模。

2）模板设计与制作

GPC板要求精度很高，本工程中构件尺寸大都为3m×4m左右，墙板允许误差±3mm，模板加工精度应高于构件。为此，我们制订了如表2-3-6所示的模板加工质量验收标准。

模板验收标准 　　　　　　　　　　　　　　　表2-3-6

部位	允许偏差（mm）	部位	允许偏差（mm）
边长	±2	扭曲、翘曲	2
板厚	±1	窗口细部尺寸	1
对角线	3	平整度	1
弯曲（帮板）	1	铁件位置	±1

GPC板采用底模铺放石材，一次反打成型工艺生产。为保证产品质量，首先要保证模板质量，保证模板强度、刚度、平整度和加工精度，同时还要考虑拼装简单、拆卸方便。为此我们采取了以下措施。

①为保证板面平整，模板钢板一律采用冷轧钢板，底模采用8mm厚钢板，侧模面板采用5mm厚钢板，模板板面尽量不设拼缝，有拼缝时要求翘棱朝上，便于打磨平整。

②为保证模板刚度，底模主肋采用I25号工字钢，肋间距为800～900mm，满足底模平整度要求。

③肋与钢模面板焊接时应在钢板背面间断交错施焊，减少热效应对模板平整度影响。

④为保证侧模拼装定位准确，应先在底板上划线，四角外边也划线，并采用销钉定位，每侧模板不少于3个销钉，中间一个、两端各一个，销钉直径12mm，采用45号钢加工，底模相应位置钻孔。

⑤侧模与窗模表面凸线条应根据构件凹槽截面形状用刨床加工，以保证凸形线条制作精度，使构件表面更显得整齐美观。

⑥每块 GPC 板上埋件较多，最多每块达 23 件、5 种规格，日方要求结构埋件定位偏差为±2mm，我们从严控制为±1mm。具体措施如下。

a. 准确划线，准确钻孔。

b. 固定埋件的卡具既有微调余地，又能紧固埋件。

c. 埋件固定支架应保证足够刚度，防止产生过大挠度。例如，GPC 板埋件 U1 是带肋板的 L200×15mm 角钢，将与结构钢梁连接，我们选用 16 号槽钢做支架，用-10mm 厚钢板将埋件卡固在槽钢支架上（见图 2-3-4），埋件位置可微调，保证偏差控制在±1mm范围内。

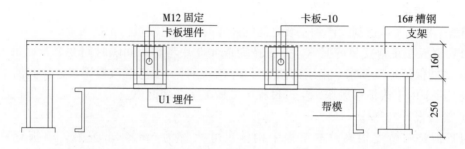

图 2-3-4 埋件卡固示意

⑦连接螺栓规格尽量统一，便于模具拆装。

⑧因钢模数量多、加工量大，我们委托协作单位加工，并派质量人员驻厂负责监督、检查和指导。底模制作和模板拼装，必须在经抄平的操作平台上进行，这是保证加工和拼装精度的先决条件。

⑨模板检查。

a. 底模扭翘检查。在底模四角放置等高度支座以便固定水平线（可用高度相同的混凝土试块代替），然后用水平线连接对角，在两线交点处测水平线高度（见图 2-3-5），求得二对角线的高度差，允许高差不超过 2mm。

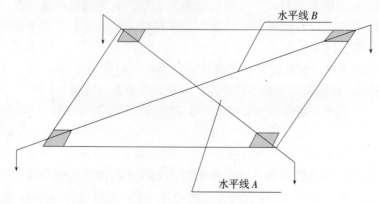

图 2-3-5 底模扭翘检查

b. 底模平整度检查。用2.0m长水平靠尺放在底模一侧，水平地移动靠尺（见图2-3-6），并用三角塞尺测底模板和靠尺之间的间隙，偏差不超过1mm。

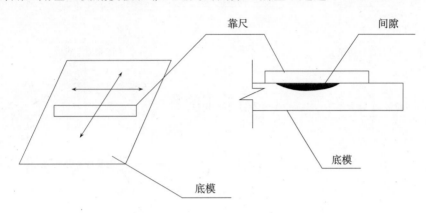

图2-3-6　底模平整度检查

c. 底模翘曲。在底模板的长边、短边两个方向上放水平线支座，用直尺测水平线与底模间高度，偏差不超过2mm。

d. 帮模边长、对角线检查。用直尺测量。

e. 高度及倾斜度的检查。用曲尺放在组装完的帮模上测高度及倾斜度。

f. 帮模弯曲的检查。在帮模板两端打一水平线，测定混凝土与接触面的弯曲度，偏差不大于1mm。

g. 每次改模后都要进行检查验收，经检验合格后的模板才能投入生产使用。

2. GPC板制作

（1）工艺流程（见图2-3-7）

（2）主要制作过程

1）模板组装与检查

模板就位组装时，首先要保证底模表面水平度，以保证构件表面平整度符合规定要求。底模水平度控制采用水准仪抄平，如不平，选用0.5mm以上不同厚度的薄铁板垫至水平状态，并将垫铁与底模下面的工字钢垫楞焊牢，防止垫铁移位。经调整后的底模水平度可控制在0.5mm之内。模板与模板之间，帮板与底模之间的连接螺栓必须齐全，拧紧，模板组装时应注意将销钉敲紧，控制侧模定位精度。模板接缝处用原子灰嵌塞抹平后再用细砂纸打磨。组装好的模板按前面所述模板加工质量验收标准及时进行检查，验收合格后方可转入下道工序，发现不合格处立即修整，否则不能使用。

2）涂刷隔离剂

隔离剂采用柴机油混合型隔离剂。为避免对石材污染，模板表面刷一遍隔离剂后再用棉纱均匀擦拭两遍，形成均匀的薄层油膜，见亮不见油，注意尽量避开放置橡胶垫块处，该部位可先用胶带纸遮住。

3）石材背面处理

①为保证石材质量和石材铺设后缝隙宽度均匀一致，应根据前面提到的对石材外观、

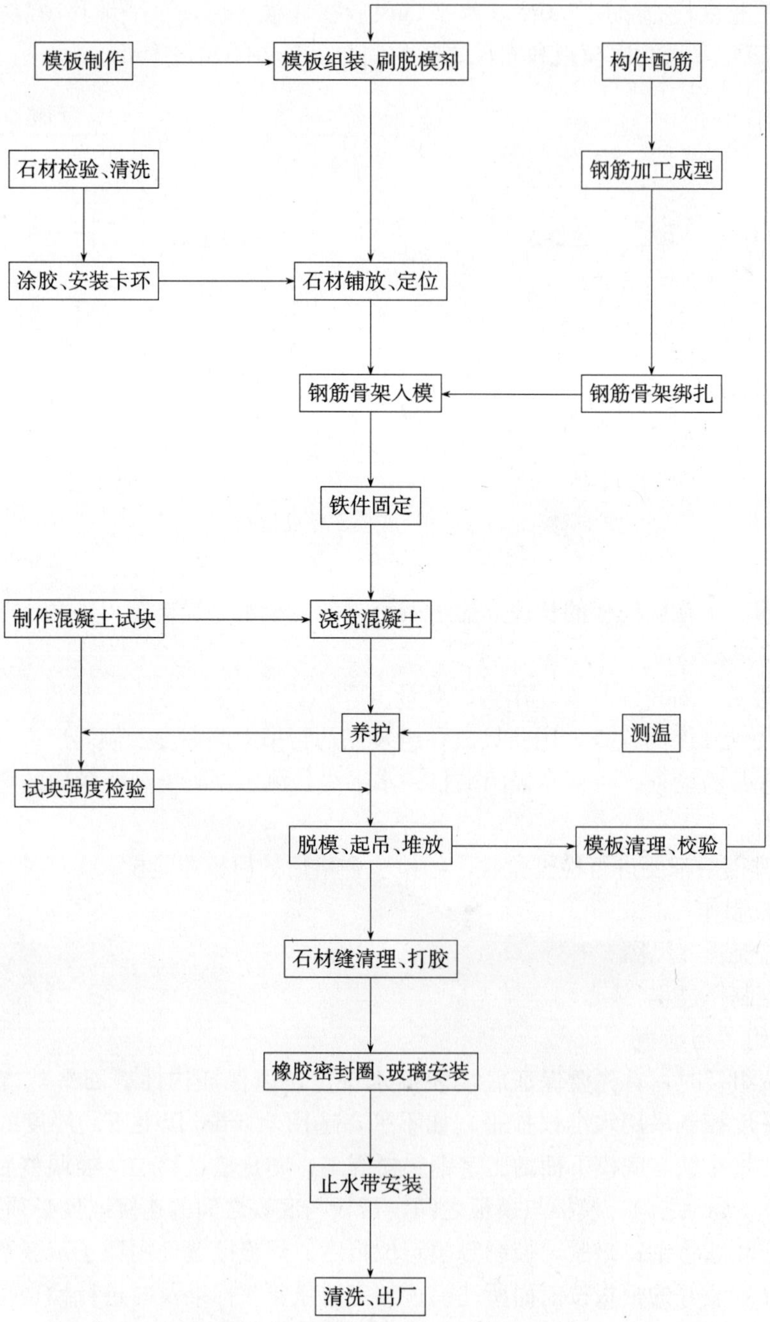

模板制作 → 模板组装、刷脱模剂　　　构件配筋

石材检验、清洗　　　　　　　　　　　　钢筋加工成型

涂胶、安装卡环 → 石材铺放、定位

钢筋骨架入模 ← 钢筋骨架绑扎

铁件固定

制作混凝土试块 → 浇筑混凝土

养护 ← 测温

试块强度检验

脱模、起吊、堆放 → 模板清理、校验

石材缝清理、打胶

橡胶密封圈、玻璃安装

止水带安装

清洗、出厂

图 2-3-7　GPC 板制作工艺流程

色差尺寸偏差进行复测，合格方可用。

②石材背面刷胶主要是为了防止水的湿气及混凝土中其他有害物质渗入石材而污染石材。胶粘剂由日本进口，有很好的防水、防潮性能和对石材及混凝土的良好附着力。该胶粘剂主要成分为环氧树脂，胶粘剂型号为 Y-1700 型，分 A、B 二组分，A 为主剂，B 为

硬化剂，A与B按重量比1∶1混合，用手电钻改装成带叶轮的搅拌器搅拌均匀后，即可涂刷在石材背面。

为了便于操作，我们制作了稳固的木质操作台，操作台面铺设一层橡胶板，防止碰坏石材表面。

石材处理棚修建在生产场地端头，面积300m²（20m×15m），棚内设置6排15m长的木制操作台，清除石粉、贴胶纸、刷胶、安卡环等工序均在棚内进行。

a. 刷胶前首先检查有无漏钻的孔，再用小型空压机或皮老虎吹净卡坏孔内石粉。

b. 在石材侧面四周边贴上保护胶纸，防止刷胶时胶液流淌玷污石材侧面（见图2-3-8），胶干后再去掉胶纸。

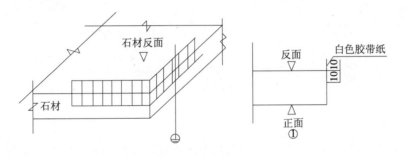

图2-3-8　保护胶纸粘贴示意

c. 按0.5kg/m²用量将胶液均匀涂刷在石板背面，用灰刀均匀拨刷，不得漏刷，之后用滚筒将胶液表面滚压平整。

d. 刷胶后的石材即可安放卡环，卡环弹性很强，用手不易掰开，操作时可先将卡环一头插入一孔内，再用特制小钩将卡环另一端拉开插入另一孔内（见图2-3-1），然后用橡皮锤轻轻敲打两端，两端插牢后即用胶将孔堵满。

e. 为防止胶液对皮肤产生刺激，操作时应戴防护手套。

在石材处理工序中，我们将工作分成五个小流水段，即补钻孔、吹石粉、刷胶、放卡环和码放，每个段都分别由专人负责，有效地提高了操作者单项工作的熟练程度，提高了质量保证能力和工效。

③石材刷胶面干后约2h可重叠码放，石板下面垫两根通长木方，为防止污染石材表面，木方上面包一层胶皮。

④刷胶后的石材静置8h后即可进入铺放工序，通常在隔日入模、打混凝土。

⑤为防止脱模剂和混凝土对入模石材造成污染，在石材入模前应将与侧模、芯模相接触的石板侧面贴好保护胶带纸，胶带纸等GPC板出模时撕去。

4）石材入模铺放

①石材入模铺放前的准备工作

先在底模上弹出石材缝中线，在石材接缝处和大块石材中部衬垫橡胶块。因100mm宽窗台板凸出石面10mm，故窗台板部位垫5mm厚橡胶垫块，其他石材下面则垫15mm厚垫块。开始用三层5mm厚橡胶垫块重叠，使用后发现垫不稳固，垫块易移位，板面易变形，我们及时进行改进，在15mm厚垫块位置上先垫一块10mm厚钢垫片，并与底模焊牢，在钢垫片上面再垫 5mm 厚橡胶垫块，并采用双面胶纸将橡胶块与底模粘牢，这样就完全克服了橡胶垫片变形、移位现象，保证了石材表面的平整度（见图 2-3-9）。

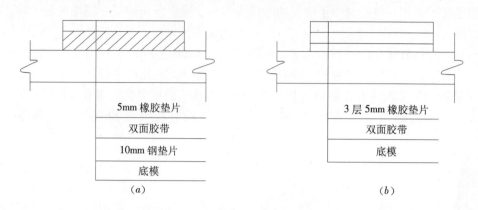

图 2-3-9　垫块改进示意
(a) 改进后；(b) 改进前

②石材编号

由于石材规格多达 350 多种，因此我们要求石材供应商对每种规格、每种色差的石材在出厂时编号，验收时应认真检查无误后存放。安放石材时要按事先编好的号码"对号入座"放入模板内，这样保证了石材表面色差较一致，接缝处的缝隙宽度也能达到一致。

③石材定位

为保证石材间接缝处缝隙满足设计要求，我们在板缝内填塞 6mm、5mm 和 7mm 厚度的硬橡胶块以调整石材接缝间隙，并将石材位置固定好。小硬橡胶块的主规格尺寸为 6mm×6mm×20mm（见图 2-3-10）。

④注胶固定

石材定位后，根据设计要求在石材接缝与混凝土之间灌注 NA-14-K 防水密封胶。为防止灌注胶时泄漏，先在石材接缝内小硬橡胶块上面嵌塞直径 φ8 白色聚苯泡沫条，进而用 NA-14-K 密封胶灌入，形成覆盖石材背面板缝处 30mm 宽密封防水胶带层（见图 2-3-10）。脱模时再将板缝内硬橡胶块和白色泡沫条去掉。

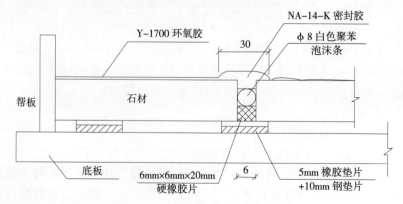

图 2-3-10　入模石材定位及打胶

⑤异形 GPC 板石材的固定

竖立于模板内的拐角板石材为防止浇筑混凝土时石材移位或变形，在立模上口，采用φ10 钢筋卡子卡住竖立石材板上部（见图 2-3-11），振捣完毕后抽出卡子，填实孔眼，表面抹平收光。

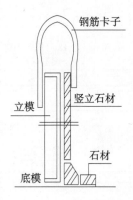

图 2-3-11　竖立石材卡固示意

凡有可能与混凝土浆接触而易受污染的石材表面，在浇筑混凝土前都应贴上保护胶带（脱模后去掉）。

⑥放钢筋网片

石材铺放就绪，经检查合格后，即可安放钢筋网片。

5）钢筋加工

根据图纸和设计要求编制配筋单，按配筋单加工成规定的长度，成型后绑扎成网片。GPC 板为双层网片，网片间距离用匚形撑铁控制，撑铁间距@1000mm。

为使保护层准确，支模时在钢筋与侧模之间临时用小木条衬垫，尺寸为 30mm×30mm×300mm，混凝土振捣前抽出。对于网片钢筋与底部石材间 30mm 保护层的确定，我们用 18 号钢丝将网片吊在铁件固定支架型钢上（见图 2-3-12），保证钢筋保护层上、下和侧面都是 30mm。为便于检查和控制保护层高度，我们采用带刻度直尺，并在 30mm 位置上涂上红色油漆，颜色醒目，检查保护层时比较方便、省时。

钢筋检查验收应符合建设部 CECS40：92《混凝土及预制混凝土构件质量控制规程》有关规定。

6）埋件固定

GPC 板埋件主要有带肋角钢 L200×15 挂件 U1、高强螺栓 U2、M20 内螺纹管状埋件三种（见图 2-3-3）。U1 带肋角钢挂件的固定采用支架固定方式；预埋螺栓和内螺纹管状埋件，可在型钢铁扁担上钻孔固定，孔眼大小要正确，埋件位置偏差应不大于±1mm，外露螺栓用软塑料套管和胶带纸保护，防止打混凝土时粘上灰浆。

7）混凝土浇筑成型

混凝土由翻斗车运送到龙门吊下料斗内，龙门吊将料斗吊送至模板处，为防止混凝土离析，料斗离模具尽量近些以减少混凝土落差。为保证混凝土振捣质量，我们采取下列措施。

①控制好插棒间距和插棒深度。振动棒深度不超过上层网片以下 2cm，插棒间距

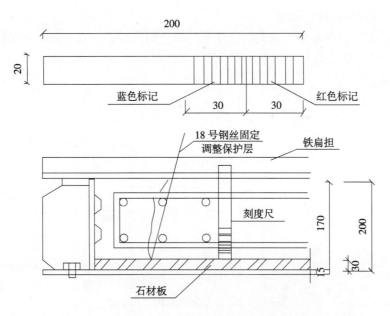

图 2-3-12 钢筋保护层控制

30cm 左右，振动棒不得碰到石材和卡环上，以免振坏石材或造成卡环松动。做到每次"振动时间短、插入深度浅、移动间距近"。

②三遍压光。浇筑完混凝土后即用刮杠拍打、刮平，先后压抹两遍，初凝前再用铁抹子光一遍。这样能有效地提高混凝土表面密实度，减少表面出现干缩裂纹。

8) 养护

根据工期要求和模板周转需要，我们采用蒸汽养护措施。并从有利于混凝土内部结构的密实性、有利于混凝土与石材的结合及有利于混凝土后期强度提高等因素考虑，选定了低热养护办法，养护温度最高为40℃。养护分别在养护罩和养护窑内进行。为使构件各面受热均匀，改善蒸养效果，减少温度裂缝，我们将底模安放在型钢垫楞上面，并将蒸汽管道铺设在底模下面，通气后由管道上的许多小孔中喷出，从下向上充满养护罩内或窑内。我们制定了专门的养护制度，规定静停时间不得小于 3h，升温速度不大于 10～15℃/h，恒温温度与恒温时间列于表 2-3-7，要降温缓慢。同时安排专人测温、控温，并注意加强构件出池后的继续养护。由于养护制度合理，构件表面几乎没有出现过明显的干缩裂缝，达到了预期的养护效果。

蒸汽养护恒温温度与恒温时间   表 2-3-7

大气平均温度（℃）	恒温温度（℃）	恒温时间（h）
<0	50	5
0～5	40	5
5～20	40	4
>20	30	4

9）脱模、起吊与堆放

①脱模

当构件强度达到设计强度的60％时（21MPa）即可脱模起吊。

②起吊

起吊时采用专用吊环，用M20螺栓将吊环与预埋螺钉管吊件拧紧固定后，用龙门吊起吊。对于L形拐角板，为保证起吊平衡，根据拐角板宽度，加工了定长度的专用吊绳，吊绳两长两短，以保证起吊平稳、安全。

③堆放

a. 堆放前检查。将起吊出池的GPC板先平放在两根长木方上，木方表面应水平，木方上面铺垫5mm厚白色橡胶板，并固定。经进行外观和尺寸检查、验收合格后，将板翻身，用叉车运至堆放场地。如板有不合格项须修补时，根据待修补的位置或平放或立放，立放时要采用专用支架。

GPC板脱模后检查验收标准见表2－3－8，有缺陷板可修补判定标准见表2－3－9。

GPC板脱模检查验收标准　　　　　　　　　　　表2－3－8

测定部位	允许偏差（mm）	测定部位	允许偏差（mm）
边长	±3	扭、翘	5
板厚	±2	窗口及槽口尺寸	±2
对角线	5	表面平	3
弯曲	3	预埋件位置	4

有缺陷板可修补判定标准　　　　　　　　　　　表2－3－9

项目	质量缺陷	处理方式	备　注
裂缝	结构连接用的铁件及板内有不能修补的破损	报废	混凝土松动、露出主筋
	混凝土裂缝贯穿，宽度超过0.3mm	报废	
	上述以外裂缝宽度超过0.1mm，不超过0.3mm	修补	裂缝未贯穿
	宽度在0.2mm以下，贯穿	修补	板边、窗边、四周及凹槽修补
	宽度在0.1mm以下，没有贯穿	修补	
混凝土面缺棱掉角	长度超达300mm且深度超过板厚1/3　宽度50mm以上	报废	
	上述以外长度超过50mm，不大于300mm	修补	
	长度超过20mm，不超过50mm	修补	能马上看见的部分要修补
气泡蜂窝	较明显认为不好看的	修补	
石材装饰面缺棱掉角	长度超过30mm，宽度超过10mm，且深度超过石材厚度1/3的	报废	
	长度、宽度超过10mm，不超过30mm	修补	
	长度在10mm以下，宽度在5mm以下	修补	能马上看到的部分要修补

b. 板的堆放。经初步检查合格的板,即可翻身、倒运、堆放。先将吊环固定在板顶面预埋螺钉管吊件上,用吊车按适当角度起吊并牵拉,使板翻身,板翻身时必须注意平衡,不能过快、过猛,垫木位置要放正确,避免碰掉石材棱角。翻身后即可检查表面石材,石材表面有缺棱掉角的,应运至修补场地进行修补。完好的 GPC 板用叉车运到堆放场地,码垛时要分型号、规格分别堆放。为防止 GPC 板因不良堆放产生扭翘、变形,堆放场地采用平整坚实的混凝土地坪。四点支垫的垫块可采用 150mm×150mm×150mm 混凝土块,上面加垫 100mm×100m×200mm 木方块。该混凝土垫块可用混凝土试块,表面平整、尺寸准确,上下在同一位置上(在板边长 1/5 处),不能错位。每垛堆放每一块板时,应用水平仪将板面四角抄平(见图 2-3-13)。

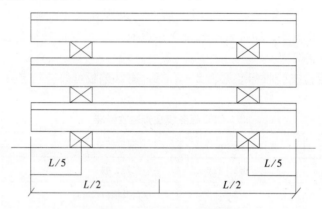

$L/5$ $L/5$
$L/2$ $L/2$

图 2-3-13 GPC 板堆放

每垛堆放不宜超过 4 块,垫块与石材接触面处衬垫白色橡胶板,可防止污染、划伤石材表面。

特殊形状的板单独、单层堆放,以免碰坏板面石材。垛间要留通道,便于人员通过和检查构件。

10) GPC 板的修补

对出池后待修补的板根据不合格情况确定修补办法。

①混凝土板面和缺角处修补:对生产过程中由于种种原因产生的混凝土表面明显气泡和缺棱掉角,可用水泥砂浆加 108 胶或用环氧树脂砂浆进行修补。

②混凝土板裂缝的修补:根据情况对裂缝先做处理,可将裂缝处剔凿成 V 形,清除灰屑后,用修补砂浆修补表面。

③修补时注意不要把水泥或砂浆弄到石材板面上,对原来粘有的灰斑污点可用干净的棉纱沾水擦净。

④石材缺角的修补:石材缺角修补以不超过 20mm×20mm×20mm 为宜,否则要判定对板面质量的影响程度:对不超过 20mm×20mm×20mm 范围的石材缺角,或板面缺损,采用 JC-86 早强型粘结剂与石材碎屑粉混合搅拌嵌塞石材破损处,表面再粘一层同色度石屑,压平,待硬化,且达到强度后打磨、抛光。

11) 板面石材缝打胶

成品板面石材缝打胶是墙板防水措施的重要环节。打胶前要先擦干净石材表面的水和油污及清理干净石材缝隙内的灰渣、尘屑，为密封胶良好附着创造条件。

打胶前应沿板缝边沿贴上防护胶带，防止石材表面受到污染。密封胶由日本进口。根据产品使用要求：先用小刷子在缝隙内刷一遍型号为 E－02－1 底剂，以保证与基层面的结合，再将混合搅拌好的 NK－YG 型 3 组分胶液用打胶枪注入石材缝内，采用特制的 5～6mm 宽的小抹子，将板缝内的胶压平，完成后除去保护胶纸，并检查胶液是否平直（见图 2－3－14）。

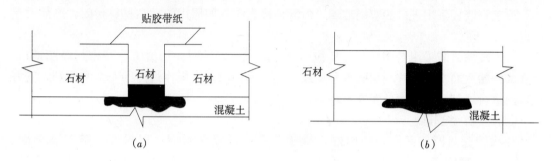

图 2－3－14 成品板石材缝打胶

（a）打胶前状态；（b）完成后状态

12）玻璃安装

GPC 板玻璃安装在工厂内完成，为保证操作方便、安全和质量，我们专门加工了安装支架，支架两侧均可放置墙板，操作工人站在支架中间操作平台上，平台高度可调整（见图 2－3－15）。

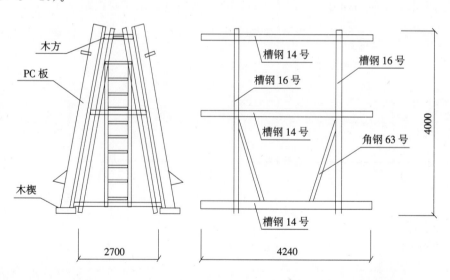

图 2－3－15 GPC 安装玻璃支架

墙板靠入后，应及时与支架绑牢，防止因大风或意外倾倒。支架型钢与 GPC 板接触面用 10cm×80cm 木方衬垫，木方上包裹白色塑料布，防止污染构件。

玻璃安装工序为：橡胶密封圈安装→玻璃安装→橡胶键锁条安装。

①橡胶密封圈安装

混凝土窗洞口四周镶嵌玻璃的橡胶密封圈安装在凹槽内。为保证密封圈与混凝土窗框之间良好的密封性，先用异丁烯型密封胶注入密封圈底部卷边，清理干净混凝土窗框表面。为保证密封圈与混凝土凹槽结合严密，防止渗漏，将密封圈嵌入窗框混凝土凹槽后，用木榔头敲实，以保证橡胶密封圈嵌入充分且平直。

②玻璃安装

该工程墙板采用进口的双层玻璃，内部抽成真空，四周用胶粘结材料封闭，产品质量良好。

安装玻璃时需采用专用撬板，撬板用竹板制成。安装时先用撬板启开密封胶圈槽口，由底部开始逐面安装。并利用吸盘移动或扶持玻璃，保证了操作过程的安全和便利。安好玻璃后进行调整，使玻璃位置左右均匀。

③橡胶键锁条安装

在橡胶密封圈侧面键锁槽内嵌入键锁胶条，撑紧密封圈，以保证玻璃安装牢固、耐久。安装键锁条时因键槽开口较紧，须采用专用工具撑钳。撑钳为配套进口工具，形状像扁嘴剪刀，用撑钳撑开键槽后，再嵌入键锁条时方便、省力。安放键锁条之前涂些中性洗衣粉溶液，可增加润滑性，便于键锁胶条嵌入和理直，保证胶条嵌入紧密、平直。

13）安装止水带

GPC 板侧面四周 27mm 宽凹槽内粘贴橡胶止水带（见图 2-3-16）。止水带为中空半圆形截面橡胶条。墙体安装就位后，板缝间相邻止水带相互压挤，能很好防止雨水浸入板间缝隙。止水带安装前须分别在混凝土板侧面凹槽内和止水带底面刷胶。

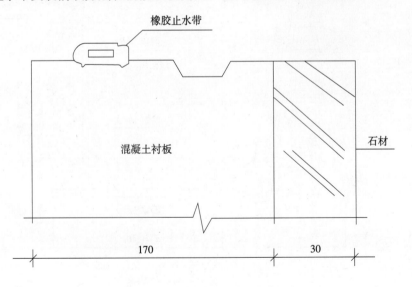

图 2-3-16　止水带安装位置

①刷胶前板平放，将板侧面四周清理干净，同时擦干净止水带底面及两侧。

②分别在板四周宽 27mm 凹槽内和止水带底面及外侧面 10mm 宽范围内刷上粘结胶

（A-852-B），待胶半干时将止水带粘上。

14）GPC板清洗

为了保证产品外表美观和干净，减少现场的工作量，出厂前板必须清洗干净。我们采用三遍冲洗措施，保证了冲洗质量。首先用水冲洗石材表面，对有污点处用刷子刷干净；用水冲刷不净的地方，采用稀硫酸溶液在污点处刷洗（溶液配比为水：硫酸=100：1）。对石材表面沾附的水泥浆和污点用刷子反复刷洗，直至刷净。凡经酸洗的每块石材随即用水冲刷，把酸液冲净。最后再用清水冲洗石材表面及背面铁件和板边铁件，防止受酸液影响。

冲洗后用棉纱擦干玻璃和橡胶条上的水，以免变色和变质。

15）GPC板出厂

清洗完毕的GPC板，按规格、型号分类堆放备用，其出厂强度应达到设计强度的85%。出厂前要对产品进行一次全面检查，检验合格的板即可装车出厂。

三、GPC板的安装

1. 运输

（1）根据施工现场的吊装计划，提前一天将次日所需型号和规格的GPC板发运至施工现场。

（2）装车采用叉车。宽板采用配有2.4m加长叉板的10t叉车装车，2.0m以下的窄板可用8t叉车。

（3）运输采用大吨位卡车或平板拖车。装车时先在车厢底板上铺两根200mm×200mm×2300mm的通长木方，木方上加垫厚15mm以上的硬质橡胶垫或其他柔性垫，然后将GPC板带花岗石面板的一面朝下平放于木方上。每摞可叠放2～4块，板与板之间需在$L/5$处的相同部位加垫200mm×200mm×250mm的木方和橡胶垫，以免GPC板的饰面在运输途中因震动而受损。

（4）装好车后，用两道带紧线器的钢丝绳将GPC板捆牢。在构件的边角部位尚需衬垫防护角垫，以防钢丝绳磨损墙板的表面与边角（见图2-3-17）。如遇雨雪天，还应加盖苫布，加强对构件的防护。

2. 临时堆放与复验

（1）GPC板运至现场后，按计划码放在临时堆场上。临时堆场应设在塔吊的服务半径之内卸车与吊装都比较方便的地方，场地应平整、坚实。

（2）卸车时应先检查吊具与GPC板背面的四个预埋吊环是否扣牢（见图2-3-18），确认无误后方可缓慢起吊，卸在预定地点。

（3）GPC板堆码完毕应立即进行验收工作，着重对板的外观、几何尺寸和金属埋件进行复验。检查出来的缺陷应立即通知生产厂修复，并做好记录。

3. 安装作业流程（见图2-3-19）

4. 安装准备工作

（1）在楼板上弹出安装基准线和GPC板接缝中心线。

（2）检查金属预埋件的安装尺寸是否正确，对超差（垂直方向±10mm，水平方向±25mm）的金属件提出整改措施。

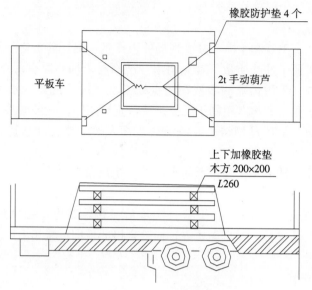

图 2-3-17　GPC 板运输示意

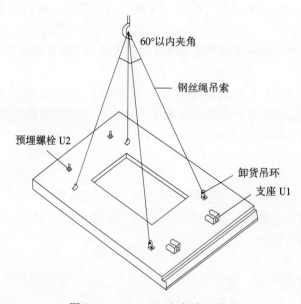

图 2-3-18　GPC 板卸车示意图

（3）备好所需的焊接设备和焊接材料。

（4）检查吊索具，做到班前专人检查和记录当日的工作情况。高空作业用工具必须增加防坠落措施，严防安全事故的发生。

（5）建立可靠的通信指挥网，保证吊装期间通信联络畅通无阻，安装作业不间断地进行。

（6）准备好必要的清洗机具，以及时对板面上的污染物进行清洗，确保 GPC 板的外观质量。

（7）开始作业前，用醒目的标识和围护将作业区隔离，严禁无关人员进入作业区内。

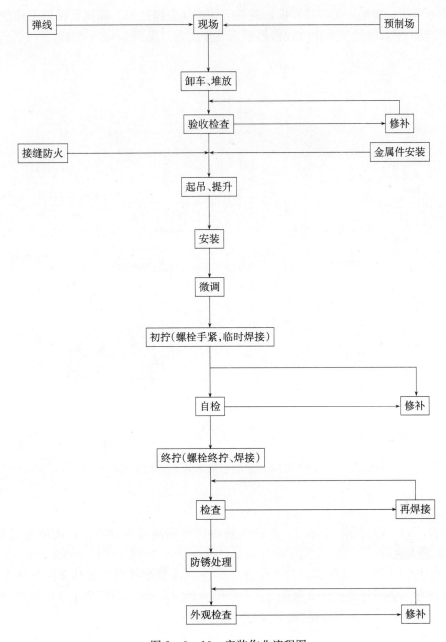

图 2-3-19 安装作业流程图

（8）对参与作业的人员每日进行班前安全交底，要求操作者时刻牢记安全作业的重要性。

5. 起吊

（1）将吊升夹具上的螺栓拧入 GPC 板上端的 4 个预埋螺钉套管内，确认连接螺栓拧紧后，在板的另一端（下端）放置两块 1000mm×1000mm×100mm 的海绵胶垫，以预防 GPC 板起吊离地时板的边角被撞坏。

（2）起重机缓缓将 GPC 板吊起，待板的底边升至距地面 500mm 时略作停顿，再次检查吊挂是否牢固，板面有无污染破损，若有问题必须立即处理。确认无误后用两个手动葫芦将GPC板调平，继续提升使之慢慢靠近安装作业面（见图2-3-20）。

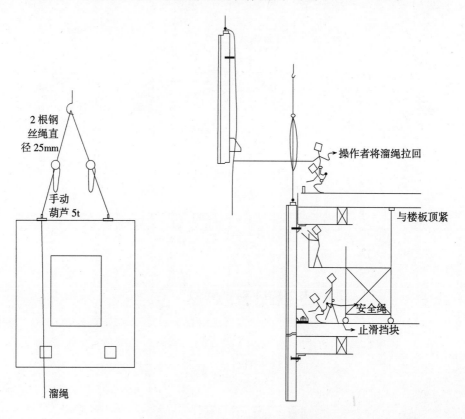

图2-3-20   GPC板吊升及就位图

6. 就位

（1）待GPC板靠近作业面后，作业人员将两根溜绳用搭钩钩住，用溜绳将板拉住，使GPC板慢慢就位。

（2）先将位于GPC板下部的两个支座（U1）与本楼层托梁上部的支座对接并穿入螺栓，拧紧螺母（参见图2-3-3和图2-3-20）。然后，再将GPC板上部的两个预埋螺栓（U2）穿入托梁下面的角钢连接件的孔中并拧上螺母。

7. 微调

（1）用手动扳手微调支座使GPC板保持水平后，再用水准仪检测板的水平度（见图2-3-21）。水平度调整完成后，将下部支座临时固定。

（2）用三把直角尺同时检查GPC板的垂直度和与相邻板接缝的间隙是否符合标准（见图2-3-21）。

（3）待接缝宽度、板的水平度和垂直度调整完毕后，将板上部连接件的两个高强度螺栓和下部支座的螺栓紧固。

（4）微调终结后摘掉吊钩，进行下一块板的安装。

8. **最终固定**

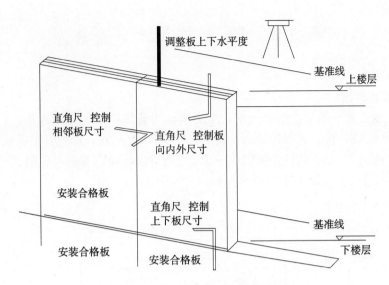

图 2-3-21 GPC 板安装调整示意

(1) 一个楼层的 GPC 板全部安装完成后，须进行一次全面的检查，确认安装精度全部符合表 2-3-10 的要求后，进行最终固定并做好记录。

GPC 板安装尺寸误差 表 2-3-10

项　　目	允许误差（mm）	目标值（mm）
接缝宽	±5	±2.5
接缝芯轴	3	1.5
接缝两侧段差	4	2
自各层基准线到 GPC 板饰面、顶面和侧面距离	±5	±2.5

(2) 最终固定时，先初拧板上部连接件的 M16 高强度螺栓，初拧采用扭矩扳手，扭矩值为 100N·m。初拧完成后做好标记。终拧工具为扭剪电动扳手，拧完后要检查标记角度是否达到设计要求，梅花头必须全部剪掉，经检查不符合要求的螺栓必须全部更换。

(3) 终拧连接板下部支座和托梁支座的螺栓，然后对托梁支座进行固定焊接，所用焊接设备、焊接材料及工艺参数应符合设计和施工规范、标准的要求。

(4) 焊接完毕应对焊缝进行检查，检查的重点是：①焊缝的外观质量；②焊缝的高度和长度；③有无咬肉、夹渣、气孔等焊接缺陷。检查不合格的应立即返修。

9. 防锈

(1) GPC 板安装检查合格后，应对外露的金属件进行防锈处理。涂刷防锈涂料前，应将金属件的表面清理干净。

(2) 防锈涂料要求涂刷两遍，涂刷要均匀，不得有漏刷处。

第四节   PC板的生产、安装

一、制作准备

1. 蒸养配套设施

为保证工期，减小模板初始投入量，提高模板周转周期及劳动生产率，PC外墙板制作采用蒸汽养护。PC板厂建有锅炉房，设蒸汽锅炉2台（2t），通汽管道系统完好。生产场地现有养护池高1.2m，构件模板高小于1.2m的可以在池内养护（见图2-4-1），PC板模板高大于1.2m的采用苫布覆盖蒸汽养护（见图2-4-2）。

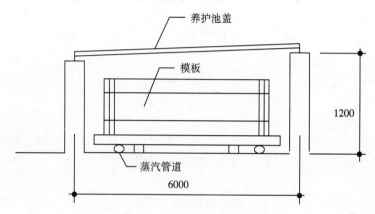

图2-4-1   养护池示意图

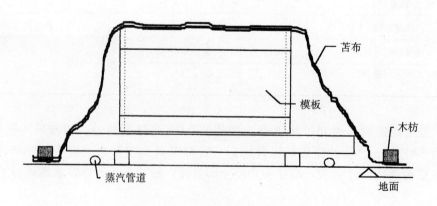

图2-4-2   使用苫布养护示意图

2. 模板制作

（1）模板的设计

为保证预制构件质量，模板采用定型钢模。模板根据正式施工图设计，由重型机械厂加工，进场验收合格后使用。模板设计除应保证足够的强度、刚度外，还应考虑组合简单，装、拆方便。

（2）模板数量根据吊装进度确定

根据总工期和构件数量得出日产量，由日产量确定模板数量。

（3）模板制作要领

模板制作要领见表2-4-1。

模板制作要领表 表2-4-1

	模板制作要领	注意点	管理点
底板的制作	1. PC板主材料采用工字钢20号 2. 面板采用板厚8mm以上无锈、无伤痕的钢板 3. 起吊用的吊环4处以上，在 L/5 处（吊角60°） 4. 用磨光机等制作过程中不能使之带伤	1. 防止图纸看错 2. 顶面保证平滑、平整 3. 减少电流，从背面焊 4. 用磨光机取平	1. 防止基础台楞（地梁）扭曲，凸凹不平 2. 保持水平放置
侧模制作	1. 钢板厚度6mm以上 2. 侧模外面加设纵横向钢肋，以保证模板有足够刚度	1. 注意切断尺寸 2. 没有弯曲、翘曲现象	1. 注意尺寸的精度 2. 注意板厚 3. 防止缺角
芯模制作	1. 钢板用板厚6mm以上的 2. 周边没有扭曲 3. 竖立的内模要能承受侧压 4. 加工时应考虑脱模角度	1. 脱模时不要支撑 2. 注意弯曲角度 3. 注意棱宽	1. 防止缺角 2. 防止外露面不平
侧模和芯模的安装	1. 在底板上划线 2. 修理模板周围的弯曲和翘起部分 3. 连接用的螺栓用M12mm以上	1. 要四角划线	1. 要保证尺寸的精度
埋入铁件	1. 能承受埋入铁件的自重 2. 用定位销或螺栓定位	1. 要考虑位置准确，保证水平 2. 没有互换性	

（4）制作精度。构件模板尺寸允许偏差见表2-4-2、表2-4-3。

PC外墙板模板允许偏差（单位：mm） 表2-4-2

部位	允许偏差	部位	允许偏差
边长	±2	扭曲、翘曲	2
高度	±2	平整度	2
对角线	3	铁件位置	2

钢模板组装的质量检查（单位：mm） 表2-4-3

序号	项 目	允许偏差	检查方法	量具
1	两块模板之间的拼接缝	≤1	用1mm塞尺通不过拼接缝	塞尺
2	相邻模板间的高低	≤2	用平尺靠模板拼缝，2mm塞尺通不过	长尺 塞尺
3	模板拼装的平整度	≤2	用2m长平尺靠板面，可见缝用塞尺检测	2m平尺 塞尺
4	组装模板的长宽尺寸	±2	用钢卷尺检查两端和中间部位	钢卷尺
5	组装模板对角线长度	≤3	用钢卷尺测量两对角线	钢卷尺

二、制作

在正式制作前进行试生产，在样品得到各方认可后正式投产。工长向班组作详细交底，使班组能了解作业内容、作业工艺。

1. PC 墙板制作工艺流程（见图 2-4-3）

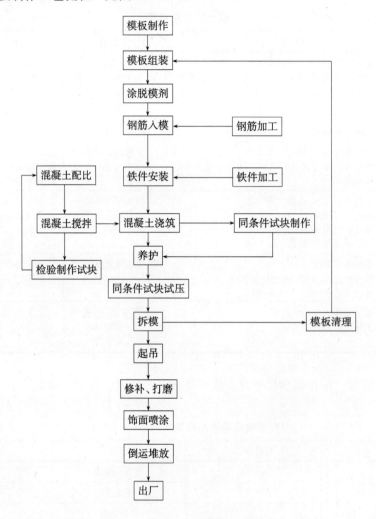

图 2-4-3 PC 墙板制作工艺流程

2. PC 墙板制作工艺

（1）模板组装和检查

根据生产计划和生产图纸正确组装模板，模板与模板之间的连接螺栓必须齐全、拧紧，拼缝应严密，不得漏浆，漏浆会使构件产生不良外观。采取措施：在密封不好的地方采用 2～3mm 的海绵条垫在缝中，如图 2-4-4 所示。

模板组装要保证底模水平。用水准仪对底模进行水平检测，填写水平检测记录。

模板组装完毕，质量检查人员应逐套模板进行检查，检查记录填写在"模板质量检查表"中，检测不合格项目应立刻修改模板，否则不能生产。

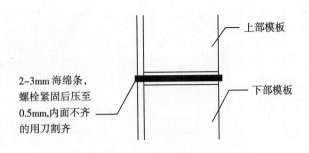

图 2-4-4　模板漏浆处理示意图

（2）涂刷脱模剂

模板脱模剂要涂刷均匀一致，不得漏刷，不得有积油现象。大面积模板用拖布刷，上下面肋等小面积用排刷涂刷。

脱模剂采用油剂，以加强脱模效果。脱模剂配比：机油：柴油＝1：5。

（3）钢筋加工

1）钢筋加工按图纸进行，非经同意不得随意代换钢筋。

2）将绑好的钢筋网片正确入模。

3）按照图纸正确安装铁件。要求安装准确，固定牢固，保证打混凝土时不会位移。

4）保护层确定，记入相应"PC板检查表"中，不合格处进行处理，否则不能打混凝土。保护层使用钢丝将钢筋网片吊起来。

测定用具使用 200mm 钢板尺。

5）检查钢筋正确。加筋、补强筋正确即可进行下道工序。

（4）混凝土浇筑

1）混凝土组料按配合比由全自动分批上料机控制，但应每周对上料机的电子秤系统进行检测，及时调整偏差，以保证混凝土配合比的精确度。

2）混凝土用水量应严格控制，以保证水灰比，混凝土坍落度应在 100～120mm 间，搅拌机采用强制式搅拌机，因掺加粉煤灰和外加剂，搅拌时间应适当延长，使掺加料搅拌更均匀。

3）浇筑：由预制主管工长在浇筑前 5h 向混凝土搅拌站提交当日混凝土用量计划。混凝土以小翻斗车运输由料斗向模板内下料时，混凝土落差尽量小些，以防止混凝土离析。下灰应分层下灰分层振捣。

4）振捣：混凝土振捣采用附着式振动器进行振捣。振捣时间以表面翻浆为宜。最后用抹子压实抹平。采用分层下灰，分层振捣。附着式振动器布置如图 2-4-5 所示。

（5）养护

构件养护采用蒸汽养护，蒸汽养护最重要的是温度管理。蒸汽养护升温速度不应大于 15℃/h，降温速度不应大于 10℃/h，恒温温度 65℃，恒温时间由试验决定。当养护温度与大气温度相差不大于 20℃时即可拆模。

温度曲线见图 2-4-6。

（6）构件脱模

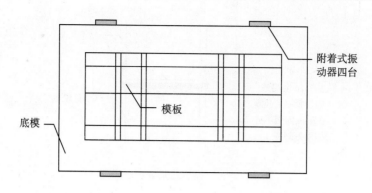

图 2-4-5   附着式振动器布置示意图

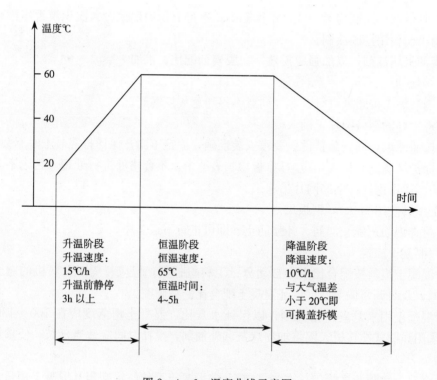

图 2-4-6   温度曲线示意图

当构件强度大于等于 40MPa 时即可脱模。脱模后构件进行尺寸检查，允许偏差见表2-4-4。

预制构件允许偏差表　　　　　　　　　　　　　　表 2-4-4

测定部位	允许偏差（mm）	测定部位	允许偏差（mm）
边长	±3	扭转、翘曲	3
板厚	±2	平整度	3
对角线长差	5	预埋铁件的位置	5

（7）PC 墙板起吊、倒运、堆放

1）所有板的起吊必须按规定强度起吊。起吊前对构件用墨笔进行编号，每个构件的标识应有两处。

2）倒运。PC 墙板脱模后由龙门吊倒到临时堆放场地，进行检查、清洗等工作。完毕后由汽车吊配合，用汽车倒运到堆放场地。

在倒运过程中应遵守以下原则，

——场地倒运和出厂装车时要轻吊轻放，注意不要碰坏板边。

——由于 PC 墙板为不规则板，在倒运过程中不得叠放。

——厂内倒运虽然距离很近，但是堆放场地道路不平，PC 墙板截面大部分类似倒梯形，容易倾倒。所以，在倒运过程中应进行固定。

——在倒运过程中注意对产品标识的保护，堆放时应使其向外，便于查看。

——装车时垫点应在 $L/5$ 处。

3）板堆码时要按规定分型号、类型分别堆放，采用 4 支点，单层堆放，垫点必须用水准仪进行抄平，防止产品产生有害的扭弯和翘曲。支点必须在 $L/5$ 处，以避免产生过大的挠曲。

（8）PC 墙板的修补、打磨

1）目视检查产品发现有轻微损伤立即修补。

2）混凝土的修补方法。在板的修补处放好，用下列配比的砂浆进行修补，另外较大的修补处要分成 2～3 次完成。

水泥∶砂∶108 胶＝1∶1∶0.1

3）因为模板焊接等原因，混凝土表面有凸出的痕迹，这种痕迹在外面喷涂完后更明显。在构件出模后，对混凝土表面进行检查，有凸痕的可用磨光机或手用砂轮打磨。打磨时注意不能过度而产生凹痕。

三、质量管理

1. PC 墙板质量管理要点：模板管理、铁件安装固定、混凝土。

（1）模板管理

构件质量取决于模板的质量，因此模板的质量管理成为构件质量管理中最关键、最重要的一环。构件属于混凝土预制构件，它的精度取决于模板精度，因此对模板加工过程的监督和模板进场的严格验收是取得优良的构件质量的先决条件。须把模板的质量管理渗透到模板加工过程中去，为模板质量把好第一关。

模板进厂后，由技术部、质量部、生产部三部联合验收，并填写模板进厂质量验收记录。

模板使用一段时间后会发生变形。因此，对模板定期维修也是十分必要的。在使用过程中，对模板周转使用第 30 次、第 60 次时的质量情况进行评测，作为模板质量评定的依据，并为今后模板设计提供参考。

在模板管理中另一个重要内容是底模的水平检测。每天混凝土浇筑前都要对模板进行水平检测，并记录。这项检测的目的是检查模板是否翘曲，这一项检测是很重要的，模板翘曲构件也将翘曲，构件将出现不合格产品。

（2）铁件安装固定

PC墙板用预埋铁件与主体结构连接。这样对预埋铁件的预埋位置要求很高，在生产过程中，严格按方案固定，并指派一名质量员专门负责该项工作，以提高预埋铁件的预埋精度。

（3）混凝土

混凝土是PC板的一个重要组成部分。对混凝土的质量控制主要侧重在以下四个方面：原材料、配合比、坍落度和浇筑时的振捣时间，严格控制，混凝土的质量即会得到有效的保证。

2. 成品验收

（1）成品验收为PC板产品最后一关。出厂前对PC板进行严格检查，确定所有出厂的板均为合格的，以保证现场吊装的顺利进行。

（2）具体办法

构件产品由质量部专人对构件进行验收，有缺陷的进行返修或报废。合格的加盖产品"合格"章。无产品"合格"章的不合格产品绝不能出厂。

同时质量部对不合格项统计分析，将质量信息反馈到技术部和生产部，由技术制定改正措施，提高产品质量。

3. PC板质量管理点

（1）检查-1（水泥、骨料）

水泥入场必须经过复试，才能使用。

骨料入场必须经过试验，确定能达到规定的质量要求。

（2）检查-2（加工组装钢筋）

对钢筋的根数、直径、长度、间隔及焊接状态进行确认。

（3）检查-3（模板制作）

在模板加工厂或PC工厂要按照本方案规定的允许偏差进行检查。另外，改模后也必须进行自我检查。确认后使用。

（4）检查-4（预埋铁件）

在进货较多的时候，按每50：1的比例对尺寸、焊接状态、焊接长度、螺杆前端的尺寸、磨损等进行检查。另应附上出厂合格证。

（5）检查-5（组装完毕）

组装完后浇筑混凝土之前，对螺栓的加固、预埋铁件的定位、模板的精度及钢筋的保护层厚度等进行检查。

（6）检查-6（脱模后的尺寸检查，产品形状）

根据规定尺寸检查边长、预埋铁件位置、预埋铁件状态。误差在产品的允许范围内即为合格。

（7）检查-7（产品检查）

确认产品的总体质量，对有缺陷的地方要补修，使之成为合格品。

（8）出厂前的检查

出厂时再目视检查，对混凝土的损伤、表面情况、扭曲，微翘等进行最终综合检查。

外墙局部

中庭

第三章　中国工商银行营业办公楼

（1999 年获鲁班奖）

第一节　工　程　概　况

中国工商银行营业办公楼工程位于北京市西长安街复兴门内大街北侧，东靠民族饭店，西邻北京市长途电话局，占地 36262m²，总建筑面积 74848m²，该工程地下室 3 层，地上 11 层，建筑高度 54.70m（见图 3-1-1）。是一座具有典型意义的大型现代化建筑。

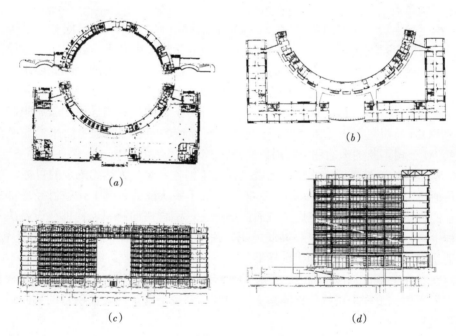

图 3-1-1　中国工商银行营业办公楼工程图

(a) 首层平面图；(b) 标准层平面图；(c) 立面图；(d) 剖面图

该工程包括地下室 3 层和地面以上主楼、配楼、一个中庭和一个中心花园，呈东西对称布局。

工程伊始，业主对工程提出了"一流的设计、一流的施工、一流的管理"和"五十年不落后"的高标准要求。

该工程 1999 年荣获鲁班奖。

第二节 工程的特点、难点

一、工程特点

整个工程内容包括结构工程、室内外幕墙工程、室内装修工程、机电工程、电梯工程等全部内容，与庞大而复杂的结构体系、建筑效果和使用功能相适应。本工程在装饰和机电设备方面采用了大量的高档材料和先进设备：包括建筑物外装饰和室内共享空间的装饰为铝幕墙、玻璃幕墙和石材幕墙，类型复杂、新颖、独特，汇集了 35 种幕墙类型，代表了世界上幕墙工程的先进水平；室内装饰多采用高档优质材料，做法考究，配色和效果和谐；还配备了先进的设备和电气系统，尤其是保安、视听、电信、数据四个特殊系统以及楼宇自控系统、设备系统，代表了世界一流水平；除此之外，还包括卫星接收系统、防雷系统、电梯系统和擦窗机系统。

工程于 1994 年 11 月 18 日开工，1998 年 6 月 26 日正式通过竣工验收，工程开工至竣工历时 3 年零 8 个月。

二、工程难点

（1）本工程主设计为美国 SOM 公司，国内设计院协作设计和现场服务。尽管业主与 SOM 公司签订的设计合同中规定，SOM 公司的图纸设计深度必须达到我国《建设部设计文件编制深度的规定》中关于施工图的要求，事实上国外设计不可能达到此要求，工期的压力非常大，国内设计院没有全过程深入参与 SOM 公司的设计，因此 SOM 公司的设计图纸中存在一些错、漏、碰、缺现象，而国内设计对工程的一些指导原则、思想和方法不能及时为 SOM 公司完全认可和接受。上述原因所导致的问题都是通过后来的二次深化设计及与 SOM 公司不断的沟通和协商得以解决。

（2）本工程的质量目标为北京市优质工程，争创鲁班奖。为达到既定的目标，在 1995年我公司通过 ISO9002（现 ISO9001：2000）质量体系认证的基础上，项目经理部重新建立健全了四级质量保证体系，在质量方面严格把关，不合格的材料、构件、设备决不允许用在工程上，不合格的工程一定要彻底返工，决不迁就。正是由于对质量问题不留情面，从而保证了钢结构工程质量达到优良标准。

（3）在与业主签订承包合同时，工程的初步设计还没有完成，工程规模、工程具体内容、工程投资额、工程采用的价格体系和工期等，都是不确定的。在项目的实际运作过程中，各种风险不断。

（4）安全文明施工程度高。工程地处长安街，各国宾客较多，且必须保证行人过往安全。

（5）新技术、新工艺、新材料多，推广新技术、新工艺项目达 20 余项。

第三节 总承包管理

中国工商银行营业办公楼工程是我公司承揽的第一个工程总承包项目，它为我国国有大型建筑企业走工程总承包的发展道路作了有益的探索。

一、项目管理的主要依据和遵循的模式

1. 主要依据

公司关于项目管理的若干手册和文件规定，包括项目管理手册、方针目标管理手册、质量保证手册、安全文明施工管理手册、CI手册、技术管理手册、合约管理手册、项目成本管理手册、人事管理手册、综合管理手册等及各系统支持性文件。

公司质量方针：用我们的承诺和智慧，雕塑时代的艺术品。

经营理念：创造建筑典范、回报社会、奉献人生。

营销观念：今天的质量是明天的市场，企业的信誉是无形的市场，用户的满意是永恒的市场。

服务承诺：至诚至信的完美服务，百分之百的用户满意。

项目管理定位：走以工程总承包为核心的发展道路。

2. 遵循的模式

（1）总部服务控制。公司建立了完整的管理体系和决策机构，对项目进行全方位的监督、调节，完善的服务和有效控制，使项目管理步入了正规、高层次的良性发展阶段。

（2）项目授权管理。公司法人对项目实行授权管理，项目经理作为公司法人代表在授权范围内行使职权，实现工程项目综合目标，实现总部的决策意图和公司对业主的合约承诺。

（3）专业施工保障。公司内部专业化公司为项目施工和总承包管理提供专业化施工保障，这在项目上体现得相当充分。

（4）社会协力合作。充分利用社会化专业分工与协作，建立合格分包商、分供商等协力联合体，形成以总承包为龙头带动其他企业共同发展的企业群体，达到工程建设的最优化目标。

二、项目管理

1. 充分发挥总包的核心作用

衡量一个总包管理成功与否，在于其是否能够站在总包的高度去统筹考虑、全面控制工程全局，是否有能力高效、优质地完成工程目标，并取得良好的经济效益和社会效益。作为工程总承包方，它不是单一的责任，而是对工程的各个方面和环节都负有责任和义务。因此，在整个施工过程中，我们十分珍惜总包管理的核心地位，充分体现和突出总包的管理地位和作用，并综合协调处理好与业主、监理、设计以及各专业分包商之间的相互关系，理顺管理程序。

2. 重视并强调总包管理的综合组织和协调能力

（1）重视图纸深化设计和加工、施工详图设计，提高设计能力和图纸综合审核能力。在该工程上，SOM公司的所有设计图纸只能达到初步设计或扩大初步设计的深度，不能直接指导施工，我们根据SOM公司的设计图纸，完成了6000多张钢结构加工安装详图，100多张压型钢板排版图，2000多张装修施工图，机电专业分包商绘制了机电各专业施工详图3000多张。所有图纸首先要经过总包方审核，在此基础上再提交给设计方审批，这是一个非常科学的程序，二者缺一不可。深化设计详图的审核过程中至少能解决以下6个

方面的问题。

　　1）设计上的错、漏、碰、缺问题得到了很好地解决；

　　2）形成施工方法、顺序并得以完善；

　　3）施工技术措施得到周全考虑；

　　4）解决设计节点不合理、设计与施工相互矛盾的问题；

　　5）消除各专业承包范围不清，交叉施工矛盾的问题；

　　6）解决各专业（尤其是机电各系统之间）技术衔接矛盾问题，以满足设计和使用功能的要求。

　　（2）重视项目技术管理协调能力，不断提高总包的技术水平。由于结构工程、幕墙工程、内部装修、机电安装四者之间联系紧密，再加上设计都不是一步到位，而是分部完成，所以大量的技术协调工作显得十分重要。项目经理部的技术负责人、技术人员、责任工程师，很重要的一项本职工作就是技术协调，从而保证了工程各专业施工的和谐和衔接。

　　（3）重视和强调总包的综合协调和配套能力。对工程项目管理的思想可归纳为："总部服务控制，项目授权管理，专业施工保障，社会协力合作"。在本工程中，这种管理思想体现得淋漓尽致。比如，在钢结构工程运作过程中，除了组织安排钢结构安装施工之外，作为总包方，还要对详图设计、审图、材料设备采购、到港日期、报关、商检、材料设备运输、现场施工、质量检查控制等全过程设置专人落实、跟踪检查和监督进行，通过周全考虑和综合协调使各环节之间紧密衔接。

　　（4）强化自身的应变能力。这贯穿于项目实施的全过程，比如在钢材缺口达 1000 多吨时，提前采用国产钢材组焊替代进口 H 型钢，并将设计的二层一柱和一层一柱加工安装改成三层一柱加工安装，协助业主解决招标工作、进口材料设备与工程进度严重脱节的问题，为现场各分包创造冬雨季施工条件，为部分分包商补充缺漏材料等，这些工作均需要应变决策。应变能力还体现在 1996 年初钢结构加工制造厂加工能力出现满足不了现场安装进度的前兆时，我们当机立断进行钢结构加工分流，后经几家加工厂协同努力，满足了现场安装的需要。而在工期非常紧张阶段，在我们的要求和带动下，业主、监理、设计和各分包团结一致，3 个多月吃住在现场，收到了极其良好的效果。

　　3. 建立有效的项目管理组织，全面推行责任工程师制度

　　项目经理部受公司法人授权进行工程总承包管理，履行合约责任和义务，工程项目管理以项目经理负责制为核心，对工程进行全过程、全方位的计划、组织、协调、控制，各项工作重点围绕项目这个中心开展。因此建立有效的项目管理组织是项目自始至终不断追求的目标，体现在本工程上有以下主要特点。

　　（1）项目经理是企业法人在项目上的代理人，负责工程项目的全面工作，总部对项目经理部是服务与控制；现场经理和总工程师分别负责现场的全面组织、指挥、协调工作和技术、物资方面的工作，分工十分明确又相互协调。

　　（2）全面推行责任工程师制度。按照工程总承包的职能，项目经理部率先推行"专业责任工程师"制度，赋予责任工程师相应的责任和权力。对自己分管的区域和分包的施工生产、进度、质量、安全、文明施工、成品保护及成本负责。由于这种制度能够把责、权、利有机地结合起来，不仅发挥了他们的积极性，而且责任明确，线条清晰，工程实施

十分和谐。从而彻底地废除了小班组作业、工长仅为施工队开任务单的旧的运行模式，大大地提高了管理的层次、效率和水平。

4. 强化项目管理、健全各项管理制度

作为总承包商，在工程建设之初我们就把追求"一流的设计，一流的施工，一流的管理"作为项目经理部的宗旨，总承包项目管理的核心环节是对现场各分包的管理和协调。在本工程上，分包方包括了香港、韩国、日本、美国等国家和地区建筑企业及国内数十家建筑企业等专业分包方。我公司承担工程总工期、质量目标、合同履约的总协调和总控制。

为此，我们制定了高标准的管理目标（即以规范化、标准化、科学化、程序化的管理方法，高效优质地完成与业主签订的合同目标），项目经理部针对工程项目和众多分包商的性质和特点，制定了一套实用的管理制度，包括生产管理、物资管理、技术管理、质量管理、安全管理、成品保护等40余项，制定了《分包管理规定》，做到了各项工作有章可循，减少了管理过程中的随意性。

5. 以计划管理为主线，以落实工程实施条件为重点

项目在工程实施和运作管理过程中，严格地按计划进行管理，包括工程总控制进度计划、月进度计划和周进度计划，还包括设计条件、材料、设备、机具、劳动力、资金等配套计划。在计划编制说明中，还明确阐述计划完成所需的施工条件，并予以落实。通过计划，能够找到工程的关键环节和主导线路，从而为工程管理提供科学的依据。

6. 重视新技术的应用，大力推广并采用计算机等先进手段管理工程项目

项目经理部成立后不久，根据项目经理部制定的新技术实施纲要和实施的成效，被中建总公司和中建一局确定为科技示范工程。在该工程实施过程中我们推广新技术、新工艺项目达20多项，包括钢结构工程综合技术、幕墙施工技术、装修施工技术、机电工程施工技术四大方面。通过三年多的实践与探索，取得了明显的效益。尤其是在施工企业系统应用计算机技术方面作了卓有成效的探索，1996年8月，中建总公司曾为此授予科技推广优秀项目奖。

首先是领导重视，领导直接参与计算机管理；二是提出切实可行的规划和具体实施方案；三是CAD技术的应用带动了其他方面的计算机应用，除技术系统外，项目经理部在工程计划、经营、材料、财务、技术资料、质量、劳资等方面都采用计算机进行管理，大大提高了各部门的办公效率和管理水平。

7. 强化企业和项目的风险意识，预测风险，识别风险，消除风险

在与业主签订承包合同时，工程的初步设计还没完成，工程规模、工程具体内容、工程造价等都是不确定的。在项目的实际运作过程中，各种风险不断。

针对各种风险，公司和项目经理部采取了一系列对策，概括地讲，就是预测风险、识别风险、消除风险。仅就钢结构工程举例说明如下。

（1）在地下室施工后期，提前预测到插入钢柱会给整个工程的施工进度带来严重影响，果断采用国产16Mn钢板组焊替代进口H型钢，使工程得以连续进行，保证了上部钢结构顺利施工。

（2）由于受设计和进口材料缺口量大的影响，决定将原1~3层的一层一柱和2~3层的二层一柱改为三层一柱，大大缓解了工程进度上的压力和风险。

（3）厚板低温焊接的风险则是靠充分的前期准备和试验得以彻底解决的。

（4）当预测到一家钢结构加工厂的加工能力不能满足现场安装进度的要求时，果断决定采取加工分流的方法，从而保证了现场安装的顺利进行。

在工程的各个阶段各种因素给项目带来的风险数不胜数，通过预测、识别，均被记录在不同的有效文件中，体现在不同的补充合同、分包合同中，并被不断地消除，从而使公司和项目经理部摆脱了被动的地位，使工程得以顺利进行。

8. 坚持"质量第一"的方针，强化质量意识，加强质量控制

本工程的质量目标为"北京市优质工程"，争创"鲁班奖"，这也是对业主的合同承诺。为达到既定的目标，在1995年我公司通过 ISO9002（现为 ISO9001：2000）质量体系认证的基础上，项目经理部建立健全了三级质量保证体系，并对质量目标进行逐层分解，制定质量控制程序。在质量方面严格把关，不合格的材料、构件、设备决不允许用在工程上，不合格的工程一定要彻底返工，决不迁就。比如，在施工过程中，曾发生过数千平米矿棉吊顶板、一大批幕墙材料和运至施工现场的一批钢构件（共36件，近100t）质量不合格，我们做出了"全部退货，重新加工"的处理。正是由于对质量问题不留情面，从而保证了工程质量达到优良标准。

9. 重视合同管理，以此作为对工程各方的约束和控制的重要手段

涉及到业主方（设计方和监理方属于业主方）、设备材料供应方、加工制作方、图纸深化详图设计方和各施工分包方，不仅涉及到国外、境外公司，还涉及到外地企业和本地企业；不仅涉及我方直接分包方，还涉及业主指定分包方。在整个工程运作和实施过程中，均是以合同为依据，约束和控制各方履行其合同责任和义务。若离开了合同，就失去了控制。从以下四个方面谈谈合同管理。

（1）高度重视工程招标，确保招标文件的严密性

在本工程中，很多施工项目均采用国际招标，公司和项目经理部从工程建设一开始就把工程招标、合约签订和履约过程的管理作为整个工程合同管理的核心。

招标工作必须委托具有丰富招标经验的公司主持，共同严把合约管理的第一关，确保招标工作和招标文件的严密、细致和周全，不能轻易让工程的任何一个环节被遗漏或疏忽。

（2）重视并做好合同签订和合同交底

合同签订之前，各专业人员对合同条款要进行认真研究，尤其是承包范围、工期要求、质量标准、安全责任、费用、赔付条款和合同各方的责任和义务，尽可能与国际标准合同文本 FIDIC 条款接轨，确保签订一个对工程十分有利的合同，合同一经签订，则向有关管理人员进行全面的合同交底，使履约过程的管理成为全员的管理。

（3）按合同对工期进行严格控制

就钢结构工程而言，与各分包方签订的合同，均建立在统一的工程建设进度的基础上，设计审批、设备材料订货、加工运输、施工等都要遵从统一的进度计划，一环扣一环。对工期要提出明确的分阶段目标，除了对工期延误者要明确严格的经济处罚和履约保函额之外，还有一条十分重要的内容，就是在合同中明确规定，一旦分包方不能满足工期进度等要求，总包方有权解除合同或扣除工程承包工作量由其他合格分包商完成。

（4）按合同对质量进行严格控制

　　首先在合同中要明确质量标准、检验程序、检验标准和遵从的标准规范。这样就有助于保证后续材料设备和现场施工的质量。

　　通过本工程的实践，使我们掌握了国内和国际上不同的承包形式的运作方式和不同的合同条款，使我公司的合同管理水平和合同意识得到了很大的提高。

三、质量管理

1. 建立完善的质量保证体系

　　本工程的质量目标为"北京市优质工程"，争创"鲁班奖"，这也是对业主的合同承诺。为达到既定的目标，在1995年我公司通过ISO9002（现ISO9001：2000）质量体系认证的基础上，项目经理部建立健全了三级质量保证体系，并对质量目标进行逐层分解，制定质量控制程序。设立了以项目经理和项目总工程师为龙头，由项目工程部、技术部、质量部、材料部、合同部等职能部门组成的项目质量保证体系，责任到人，责任到岗。并根据项目的要求结合分包的特点，指导和帮助分承包方建立以分承包方领导为第一质量责任人的分承包方质量保证体系，形成了一个有机的质量保证体系，并通过严格控制具体的管理，明确的分工，密切的协调和配合，从而形成一个自上而下，贯穿整个施工过程的一套严密的组织管理体系，并保证了体系的有效运行。

2. 制定切实可行的各项管理制度

　　在工程实践过程中，项目经理部制定了一套完整的质量管理制度作为项目管理的依据文件，严格规范全体施工人员在施工过程中的各项工作。

　　（1）图纸会审和技术交底制度

　　项目技术负责人组织对设计图纸分阶段、分专业进行会审，并根据图纸的变化及时组织项目经理部内部及各分承包方学习，明确图纸的意图和要求，严格按照图纸组织施工。技术交底是施工中很重要的环节，项目规定分三级交底：项目技术负责人对项目责任工程师及相关人员交底；项目责任工程师对分包管理单位交底；分包方管理人员对操作班组交底。严格规定任何工序没有经过图纸会审、技术交底，不允许进行施工。

　　（2）现场质量管理制度

　　现场质量管理制度是为统一项目经理部对各分包单位在施工过程中的管理下达的管理制度，分别从《分包单位质量基础工作》、《物资检验规定》、《工序检验及报验规定》、《质量检查资料管理规定》、《不合格处罚规定》、《工程质量检验评定规定》、《工程质量奖罚规定》等七个方面对分包单位做出具体的规定。

　　（3）装修材料样品制

　　根据设计要求，业主、监理对选用质量合格的材料进行封存，并设立样品存放间，以严格对照进场材料的质量，达不到样品的材料不得使用，必须清退出场。

　　（4）施工样板和首检定标制

　　制度要求在各分项和主要工序施工前，必须做出样板，通过样板的施工，发现问题并完善设计，审定工艺，明确标准，使每一位管理者和操作者明确质量标准，在大面积施工中有规可循，使施工质量处于受控状态。

　　（5）质量责任制

　　质量目标的实现要靠全体施工管理人员和操作人员尽心尽责，质量责任制度对项目领导、管理人员、分承包方管理人员的岗位职责进行了明确的规定，并逐级签署了质量考核责任状，使各级人员在施工过程中彻底履行自己的质量职责。

（6）工序管理制度

工序施工控制是质量管理控制的基础，"三工序"是工序管理的关键，在施工过程中，各工序间必须严格执行"三检制"，即自检、互检、交接检，并形成书面记录。

（7）方案资料管理制度

项目设立了方案责任工程师及资料责任工程师，对施工方案和技术资料统一进行管理。

（8）质量教育制度

1）质量意识教育。项目经理部定期分层次组织各级管理人员、班组人员和操作人员进行质量意识教育，牢固树立精品工程意识，以质量目标和各项制度来约束和指导施工生产。

2）进行专业及特殊工序的质量教育。

3）定期召开质量讲评研讨会。

第四节　钢结构详图的深化设计

一、钢结构设计概况

本工程主设计方为美国 SOM 工程设计公司，钢结构详图设计由施工方承担。

1. 钢结构形式

钢结构工程大体分为三个区域：矩形区、南侧弧形区、北侧弧形区。主体钢结构为偏交框撑钢结构体系，在矩形区的角开间和弧形区的 R12、R25 轴线上为 EBF 偏交框架，在其他的相关部位为 MF 承重框架。MF 承重柱与混凝土基础的连接形式为翼缘与基础上的垫板顶紧，腹板贴角焊，EBF 钢柱伸入地下 1 层，与基础固接。楼板为厚 0.95～1.5mm、波高 54mm 的压型钢板，上铺 125～190mm 钢筋混凝土，形成整体楼面剪力膜。整个钢结构竖向荷载由 MF 结构体系承担，水平荷载（风、地震）由 EBF 结构体系承担，刚度平面内无穷大的楼板体系将钢柱、钢梁、斜撑连接成一个空间整体。此种结构体系传力清晰、简洁，特设的偏心支撑（八字形），是有意将支撑轴线偏离梁柱轴线的交点，使支撑与梁之间或支撑与柱之间形成一段耗能短梁或短柱，这种偏心支撑在大地震时可以调节框架的刚度，增大变形能力并提高吸收能量的能力，具有稳定的恢复力特性，代表着钢结构设计的最新技术和发展方向。

2. 钢结构材料

主体钢结构选用的是美国进口钢材，柱用 A572 型钢，梁用 A36 型钢，由于钢材订货以后，设计变更频繁，有部分构建采用了与 A572 型钢和 A36 型钢设计指标相近的国产 16Mn 和 Q235 钢板组焊代替。钢结构的连接材料选用 E5015 焊条、10.9 级 M27/M30 大六角高强度螺栓、10.9 级 M22/M24 扭剪型高强度螺栓。摩擦型螺栓连接配合面抗滑移系数为 0.5。钢梁、钢柱选用宽翼缘 H 型钢，高 157.5～996mm，宽 102～437mm，翼缘厚 7～97mm，腹板厚 6～61mm。

二、钢结构详图设计

1. 钢结构详图设计概述

钢结构详图是指导构件制造和安装的技术文件。钢结构详图设计是继钢结构施工图设计之后的设计阶段，在此阶段中，设计人员根据施工图提供的构件布局、构件形式、构件截面及各种有关数据和技术要求，严格遵守现行《钢结构设计规范》（GBJ 17）的规定，对构件的构造予以完善，同时通过焊缝连接或螺栓连接的计算，以确定某些构件焊缝的长度和连接板的尺寸；进而按照《钢结构工程施工质量验收规范》（GB 50205）的标准，根据制造厂的生产条件和便于施工的原则，确定构件中连接节点的形式，并考虑运输部门、安装部门的运输和安装能力，确定构件的分段；最后在《建筑制图标准》规定的基础上，运用钢结构制图专门的工程语言，将众多构件的整体形象，构件中各零件的加工尺寸和要求以及零件间的连接方法等，详尽地介绍给构件制作人员，也将各构件所处的平面和立面位置以及构件之间的连接方法详尽地介绍给构件安装人员，以便制造和安装人员通过图纸，即能容易地领会设计意图和要求，并贯穿到工作中去。

钢结构详图设计还应准确地编制构件表和材料表，以便施工图预算人员根据表中提供的各种数据和详图表达的构件加工难易程度，迅速地编制施工图预算。另外，业主可以通过阅读施工详图，很快地了解对构件的质量要求及施工的难度。钢结构详图在业主和总包商之间架起了一座桥梁，起到了沟通作用。

钢结构详图的特点虽然突出一个"详"字，但表述仍需精练。设计人员在表达上一定要意图明确，文字简洁，以尽量少的语言和图形，最清楚地说明问题。

2. 钢结构详图设计工作流程

（1）准备工作

钢结构详图设计必须严格遵循现行规范、标准的规定，并依据施工设计图进行设计。设计人员不但要牢记规范和标准的有关规定，而且必须熟悉施工图，对所要设计的工程做到心中有数。为此，必须做好如下几项工作。

1）阅读施工图总说明；

2）审核施工图；

3）掌握材料供应情况；

4）掌握构件制造部门的生产能力；

5）了解生产场地布置情况，布置生产场地时要考虑：产品的品种、特点、每批工艺流程、产品的进度要求、每班的工作量、现有的生产设置和起重运输能力；

6）了解施工工艺，了解成品技术要求、关键零件的精度要求、检查方法和检查工具，主要构件的工艺流程、工序质量标准、为保证构件达到工艺标准而采用的工艺措施（组装次序、焊接方法等）、采用的加工设备和工艺装备等；

7）了解运输情况；

8）了解安装施工现场情况。

由于构件的分段要在详图中确定，故以上各项工作必须在详图设计之前做好，只有这样才能保证详图设计工作的顺利进行。

（2）详图设计

详图设计包括布置图设计和详图绘制两个内容，现分述如下。

1）布置图设计

布置图设计分为 6 个部分：

①绘制布置图的平、立面图形；

②绘制节点详图；

③每一个构件分别编号并标注在布置图的平面图或立面图上；

④编制构件表；

⑤绘制图例；

⑥编写总说明，对制造和安装施工人员强调技术条件和提出施工要求。

2）绘制详图

绘制详图主要有以下几个内容：放大样、绘制构件图形、零件编号、编制材料表、书写说明等。

①放大样

与钢筋混凝土工程不同，钢结构工程是由零件组合成构件，且构件与构件之间的连接精度要求较高（毫米级），这就需要在绘制详图前，通过放大样来确定零件的精确尺寸（例如桁架式构件的杆件长度和节点板尺寸）和构件的详细尺寸（例如多根梁与柱相交处梁翼缘的切肢、空间斜撑、折线构件的尺寸）

②绘制构件图形

绘图前要根据构件表确定绘制构件图形的多少。为了减少绘图量，应将那些有"图形相同"、"图形相反"关系的构件挑出，采用"二合一"的办法，将两个构件用一个图形描述，以节省时间和减少绘图量。

确定了所需绘制的构件图形数量后，要对这些图形分类排版，即按各类构件在图纸上不同的排放原则，尽量将同一类构件集中绘制在一张或几张图纸上，对其余构件图形可以综合安排。

③零件编号

零件编号也是一项细致的工作。它的原则是：

a. 对于多图形的图纸，应按"从左至右，自上而下"的顺序，依次给各构件的零件编号。

b. 对于单个大型构件，应先给主材编号，然后按顺序给其他零件编号。

c. 对于由型材和板材共同组成的构件，一般先给型材零件编号，然后再给板材零件编号。这不但可以使材料表的编制井井有条，也给构件的制造和施工图预算带来很大的方便。

d. 对于属图形相同、图形相反的两个构件，当构件 A1 的零件比 A2 多时，只需给构件 A1 编号就行了，因 A1 的零件中包含了 A2 的全部零件；但若 A1 中某零件的加工方法与 A2 该零件不同时，应在 A1 的全部零件编完号以后，再给 A2 零件在 A1 零件号的尾部续编一个号，并从两个零件号引线注明各属哪个构件；当构件 A1 与 A2 相反时，若画面上绘制的是 A1 的图形，则只给 A1 的构件编零件号就行了。

e. 属对称关系的零件应编成同一个零件号。

④绘制材料表

材料表是一张图纸上全部构件所用材料的汇总表格。材料表的内容为：

a. 构件号；

b. 零件号；

c. 零件图号；

d. 规格（零件的截面尺寸）；

e. 材质；

f. 数量（此栏包括正、反两种，若两个零件的截面、长度都相同，但呈轴对称现象，则以其中一个为正，另一个为反，虽然它们可以编为一个零件号，但在填写数量时须将它们按各自的实际数量分别填写在正、反栏中）；

g. 重量（分单重和总重，单位为千克（kg），单重指一个构件中一个零件的重量，总重指一个构件中多个相同零件的重量和）；

h. 共重，指多个相同构件的重量和（当只有一个构件时，只填该构件的重量）；

i. 备注（说明特殊材质要求或特殊加工要求）。

⑤说明

说明是钢结构详图中对某些钢构件吊装、加工要求的文字描述，主要阐述每类构件加工制造方面的工艺要求。

3. 钢结构详图连接设计

钢结构中的构件一般都是由若干零件连接而成的，其连接方式的设计是否合理直接影响到结构的使用寿命、施工工艺和工程造价；连接节点的设计同构件本身的设计一样重要。

绘制钢结构详图前，首先应根据施工图所示的节点形式和节点内力，通过计算确定所需焊缝的长度或螺栓数量，再根据连接构造要求，决定节点板的尺寸。连接节点的计算是钢结构详图设计的一项重要内容。

建筑钢结构连接节点，可采用焊接、高强度螺栓连接，或将焊接和高强度螺栓连接混合应用，即在一个连接节点的几个连接面上，分别采用焊接连接和高强度螺栓连接。

梁和柱连接节点的拼接或连接，通常采用以下几种组合：

——翼缘和腹板都采用全熔透的坡口对接焊缝连接；

——翼缘采用全熔透的坡口对接焊缝连接，而腹板采用角焊缝连接；

——翼缘采用全熔透的坡口对接焊缝连接，而腹板采用摩擦型高强度螺栓连接；

——翼缘和腹板都采用摩擦型高强度螺栓连接；

——翼缘和腹板都采用角焊缝连接。

设计连接节点时，节点板应尽可能采用与母材强度等级相同的钢材。采用焊接连接时，应采用与母材强度相适应的焊条、焊丝和焊剂。采用高强度螺栓连接时，在同一节点中应采用同一直径和同一性能等级的高强度螺栓。

在高层钢结构中，构件的内力较大，板件较厚，因此，在连接节点设计中应注意连接节点的合理构造，避免采用易于产生过大约束应力和层状撕裂的连接形式和连接方法，使结构具有良好的延性，而且便于加工制造和安装。

建筑钢结构的连接节点设计，有非抗震设计和抗震设计之分。当按抗震设计时，须按有关要求进行节点连接的承载力验算。多层及高层钢结构详图中的连接设计应包含如下内容：

——梁与梁的拼接连接节点；

——次梁与主梁的连接节点；

——梁的侧向支撑和梁腹板开洞的补强；

——柱与柱的拼接连接节点：

——梁与柱的连接节点；

——斜撑与梁柱的连接节点；

——柱脚的连接节点。

4. H 形截面梁的拼接连接设计

（1）设计要点

设计梁的拼接连接时，除应满足连接处的强度和刚度要求外，尚应考虑施工安装的方便。

梁的拼接连接节点，一般应设在内力较小的位置，但考虑施工安装的方便，通常设在距梁端 1.0m 左右的位置。因而作为刚性连接的拼接连接节点，如果将梁翼缘的连接按实际内力进行设计，则有损于梁的连续性，可能造成建筑物的实际情况与设计时内力分析模型的不相协调，并降低结构的延性。因此对于要求结构有较好延性的抗震结构，其连接节点应按板件截面积的等强度条件进行设计。

当梁翼缘的拼接采用高强度螺栓连接时，内侧连接板的厚度要比外侧连接板的厚度大，因此在决定连接板的尺寸时，应尽可能使连接板的重心与梁翼缘的重心相重合。

上下翼缘连接板的净截面抵抗矩应大于上下翼缘板的净截面抵抗矩。

梁腹板按实际内力进行拼接连接时，无论如何，其连接承载力不应小于按腹板截面面积等强度条件所确定的腹板承载力的 1/2。

（2）连接设计

在 H 形截面梁的拼接连接节点中，当为刚性连接时，通常采用的连接形式有：

——翼缘和腹板均采用摩擦型高强度螺栓连接；

——翼缘采用全熔透的坡口对接焊缝连接，腹板采用摩擦型高强度螺栓连接；

——翼缘和腹板均采用全熔透的坡口对接焊缝连接。

翼缘和腹板采用摩擦型高强度螺栓连接的设计计算方法有以下四种：

——等强度设计法；

——实用设计法；

——精确计算设计法；

——习用简化设计法。

等强度设计法是按被连接的梁翼缘和腹板的净截面面积的等强度条件来进行拼接连接的。它多用于结构按抗震设计或按弹塑性设计中梁的拼接连接设计，以保证构件的连续性和具有良好的延性。

但在等强度设计法中，由于翼缘和腹板的连接螺栓配置不能先行准确确定，因此翼缘和腹板的净截面面积可先近似地分别取翼缘和腹板毛截面面积的 0.85 倍，以便估算螺栓的数目及其配置。

当连接采用全熔透的坡口对接焊缝，并采用引弧板施焊时，可视焊缝与母板是等强度的，不必进行连接焊缝的强度计算。

采用等强度设计法进行梁的拼接连接设计时，按以下要求考虑（见图 3-4-1）。

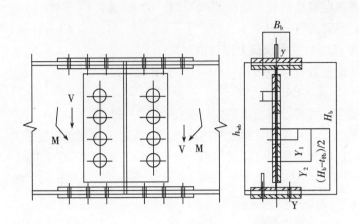 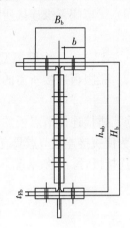

图 3-4-1 采用等强度设计法设计　　　　图 3-4-2 拼接连接节点板

1）作用于梁拼接处的内力有弯矩和剪力。梁的拼接连接按等强度设计法的设计内力值可按下列公式计算：

$$弯矩 \ M_n^b = W_n^b f \tag{3-4-1}$$
$$剪力 \ V_n^b = A_{nw}^b f_v \tag{3-4-2}$$

式中 W_n^b——梁扣除高强度螺栓孔后的净截面抵抗矩，可按式（3-4-3）计算。

$$W_n^b = I_n^b / (0.5 H_b) \tag{3-4-3}$$

式中 f——钢材的抗拉、抗压和抗弯强度设计值（N/mm²）。

式（3-4-2）中 A_{nw}^b——梁腹板扣除高强度螺栓后的净截面面积，可按式（3-4-4）计算（也可近似地取腹板毛截面面积的 0.85 倍）。

$$A_{nw}^b = t_{wb} h_{wb} - n_{wp} t_{wb} d_{wb} \tag{3-4-4}$$

式中 f_v——钢材的抗剪强度设计值；

式（3-4-3）中，I_n^b——梁扣除高强度螺栓孔后的净截面惯性矩，可按式（3-4-5）计算：

$$I_n^b = I_o^b - 2n_{FP} d_{Fb} t_{Fb}^3 / 12 - 2n_{FP} d_{Fb} t_{Fb} \left[(H_b - t_{Fb}) / 2 \right] 2 - \sum i \ (1/12 t_{wb} d_{wb}^3 + t_{wb} d_{wb} y_i^2)$$
$$\tag{3-4-5}$$

式中 H_b——梁的截面高度（　　）。

式（3-4-4）中 h_{wb}——梁腹板的高度（mm）；

$\quad\quad\quad\quad\quad n_{wp}$——梁腹板计算削弱截面上的高强度螺栓数目。

式中 I_o^b——梁的毛截面惯性矩（mm⁴）；

$\quad\quad n_{FP}$——梁单侧翼缘计算削弱截面上的高强度螺栓数目，对并列布置 $n_{FP}=2$，或 $n_{FP}=4$，对错列布置可近似取 $n_{FP} \approx 3$；

$\quad\quad d_{Fb}$——梁翼缘的高强度螺栓孔径（mm）；

$\quad\quad t_{Fb}$——梁的翼缘厚度（mm）；

$\quad\quad t_{wb}$——梁的腹板厚度（mm）；

$\quad\quad d_{wb}$——梁腹板的高强度螺栓孔径（mm）；

y_i——梁截面中和轴至腹板的高强度螺栓孔中心的距离（mm）。

2) 梁单侧翼缘连接所需的高强度螺栓数目，应按式（3-4-6）计算：

$$n_{Fb} \geqslant W_n^b f / \left[(H_b - t_{Fb}) N_v^{bH} \right] \tag{3-4-6}$$

式中 N_v^{bH}——一个摩擦型高强度螺栓的抗剪承载力设计值（N）。

3) 梁腹板连接所需的高强度螺栓数目，应按式（3-4-7）计算：

$$n_{wb} \geqslant A_{nw}^b f_v / N_v^{bH} \tag{3-4-7}$$

4) 拼接连接节点板的截面尺寸，可按以下要求确定（见图3-4-2）。

为使拼接连接节点具有足够的强度，并保持梁刚度的连续性，在确定梁的翼缘和腹板拼接的连接板时，一般情况下，均应同时满足公式（3-4-8）～公式（3-4-10）的要求：

$$A_{nF}^{PL} \geqslant A_{nF}^b \tag{3-4-8}$$

$$A_{nw}^{PL} \geqslant A_{nw}^b \tag{3-4-9}$$

$$W_n^{PL} \geqslant W_n^b \tag{3-4-10}$$

式中 A_{nF}^{PL}——梁单侧翼缘连接板扣除高强度螺栓孔后的净截面积（mm²）；

A_{nF}^b——梁单侧翼缘扣除高强度螺栓孔后的净截面积（mm²）；

A_{nw}^{PL}——梁腹板连接板扣除高强度螺栓孔后的净截面积（mm²）；

A_{nw}^b——梁腹板扣除高强度螺栓孔后的净截面积（mm²）；

W_n^{PL}——梁翼缘和腹板的连接板扣除高强度螺栓孔后的净截面抵抗矩（mm³）；

W_n^b——梁扣除高强度螺栓孔后的净截面抵抗矩（mm³）。

梁翼缘拼接连接板的设置，原则上应采用双剪连接；当翼缘较窄，构造上采用双剪连接有困难时，亦可采用单剪连接，但只宜用于内力较小的场合。

在确定翼缘的拼接连接板时，应考虑连接板的对称性和互换性。通常情况下，翼缘外侧拼接连接板的宽度可与翼缘同宽。

翼缘拼接连接板的厚度，可按公式（3-4-11）～公式（3-4-14）计算。

当采用双剪连接时，

$$t_1 = 1/2 t_{Fb} + 2 \sim 5 \text{mm}, \text{且不宜小于 8mm} \tag{3-4-11}$$

$$t_2 = t_{Fb} B_b / \left[2 (b+b) \right] + 3 \sim 6 \text{mm}, \text{且不宜小于 10mm} \tag{3-4-12}$$

式中 B_b——翼缘外侧连接板宽度（mm）；

b——翼缘内侧连接板宽度（mm）。

当采用单剪连接时，

$$t_1 = t_{Fb} + 3 \sim 6 \text{mm}, \text{且不宜小于 10mm} \tag{3-4-13}$$

梁腹板的拼接连接板，一般均应在腹板两侧成对配置，即采用双剪连接。腹板拼接连接板的厚度，可按下式计算：

$$t_3 = t_{wb} h_{wb} / 2h + 1 \sim 3 \text{mm}, \text{且不宜小于 6mm} \tag{3-4-14}$$

梁翼缘的拼接，当采用全熔透的坡口对接焊缝连接时，连接处腹板上的弧形切口和衬板的尺寸，通常由焊接的作业要求来确定。

三、CAD 技术概述

计算机辅助设计（Computer Aided Design，CAD）概念的提出和实际应用，到现在只有 30 年的时间，但这项技术已普遍应用于机械制造、汽车、航空、造船、建筑、国防等行业，对缩短设计周期、提高设计质量、降低成本以及发挥设计人员的创造性等起到了非常积极的作用。

计算机辅助建筑结构设计是 CAD 技术应用较早的领域之一。目前结构专业软件基本走向成熟，它已能够代替设计者进行大量的分析计算和有规则的绘图。然而在设计图纸中，一些不能由专业软件自动生成的设计工作也占有相当的比例。如钢结构施工图设计虽可用 SAP90 或国内一些设计软件进行计算和绘制施工图，但在钢结构详图设计阶段，专业软件却不能很好地提高设计人员的工作效率，问题的症结在于绘制详图的效率低下。怎样才能更好地利用现代化设计工具完成详图设计呢？

我们认为设计人员要想真正甩掉图板，需要从单纯应用专业软件和应用 AutoCAD 交互式绘图，走向利用 AutoCAD 开放式结构进行二次开发，从而达到真正全面的计算机辅助设计这一更高的台阶，只有如此才能大大提高工作效率。这就需要在 AutoCAD 图形环境基础上做三个方面努力：一是利用图块的外部引用，建立专业图形库和程序库，并利用 DIESEL Autolisp 控制各类屏幕下拉图标菜单，类似于我们设计过程中所用的标准图，凡是可重复选用的结构构件（雨罩、预埋件、非标结构构件等）都可以用此办法处理，方便用户；二是利用 Autolisp、DCL、ADS 混合编程，建立专业领域图形的图形辅助生成系统，所谓图形辅助生成系统就是面对一些图形，首先确定其特点，用一些特征值来描述这个图，建立此类图形的数学描述模型；三是利用 AutoCAD 内嵌的编程语言，增强和扩充 AutoCAD 的图形编辑命令功能，以提高绘图速度。

四、CAD 技术在工商银行钢结构工程中的应用

CAD 技术在工商银行工程的应用，最早始于地下室底板的附加钢筋详图设计，随后进行了地下室梁的施工详图设计，利用 4 台微机完成了 500 张配筋图。

CAD 技术的全面应用并达到一定的深度，是在随后的钢结构详图设计阶段，最紧张的设计阶段达到了 20 人、20 台微机，并配备了为提高钢结构详图设计效率而专门开发的钢结构详图辅助生成软件。在较短的时间内完成了将近 6000 张钢结构详图设计。

实际上，在工商银行钢结构详图设计过程中，已经将前面所讨论的 CAD 技术的各个层面应用于几乎所有设计环节，只是应用的深度各不相同而已。总的应用情况如下：

（1）利用钢结构连接节点计算软件进行钢结构各类构件的连接计算。

（2）利用 CAD 图形支撑平台，对复杂连接节点和复杂构件（如桁架、五根不同方向梁与柱连接节点梁翼缘的切肢）放大样，以避免钢结构安装的"碰头"并快速高效地确定构件中零件的尺寸。

（3）开发出钢结构梁、柱、斜撑等构件详图的参数化辅助生成软件，提高构件详图绘制的工作效率，软件开发规模达到将近 2 万行源码。

（4）建立钢结构符号、节点库，达到图形信息微机化的目标，为目前已实现的图形库网络共享和准备下一步实现的图形信息网络管理系统，打下了良好的基础。例如梁翼缘与柱全熔透坡口焊接标准节点。

（5）开发出钢结构详图材料表统计软件，利用构件详图的参数化辅助生成软件所生成的构件、零件数据，快速统计生成材料表。

第五节   钢结构安装

一、结构特点

中国工商银行营业办公楼工程地下 3 层为钢筋混凝土结构，地面以上南部是主楼，其矩形区为 12 层钢结构，弧形区为 14 层钢结构，北部配楼为 4 层钢结构。地下室 B1 层插入 32 根钢柱（劲性钢筋混凝土），柱的分段形式，地下 3 层为三层一柱，地下 3 层以上为两层一柱。

1. 工程量（见表 3－5－1）

工程量表   表 3－5－1

	钢构件（根）		高强度螺栓（套）				
	钢柱	钢梁	M20	M22	M24	M27	M30
数量	608	9374	2293	9774	44561	12020	21772
合计	9982（8000t）		90440				

2. 柱节点形式（见图 3－5－1）

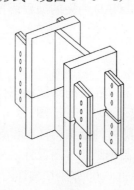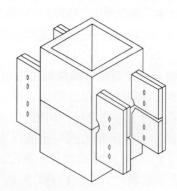

图 3－5－1   柱节点形式

3. 梁节点形式（见图 3－5－2）

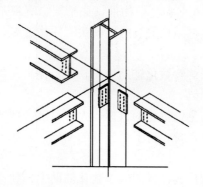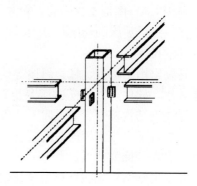

图 3－5－2   梁节点形式

4. 偏心支撑节点形式（见图 3-5-3）

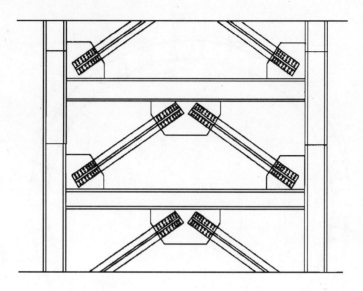

图 3-5-3　偏心支撑节点形式

二、施工准备

1. 施工机具与人员配备

（1）施工机具

依据工程结构形式和单个构件的重量，确定了工程所需施工机具的规格和数量。

（2）人员配备

结合施工面积大的特点，我们以人员跟随机械运转为原则，分东、西两个作业区安排施工人员。各作业区人员配备列于表 3-5-2。

各作业区人员配表　　　　　　　　　　　表 3-5-2

工种	起重工	铆工	电、气焊工	安装工	吊车司机	合计
人数	4	4	2	24	3	37

2. 施工区域划分及施工顺序

（1）施工区域划分

由于建筑物东西方向对称设计，故施工现场分为东西两个作业区。又依据建筑物平面形状分为主楼矩形区西区、主楼矩形区东区、主楼弧形区和配楼区等四个区（见图 3-5-4）。

（2）施工顺序

平面施工顺序：主楼矩形区分别以东、西区的①节间为起点向箭头指示的方向施工，主楼弧形区和弧形配楼亦分别以各自的①节间为起点向箭头指示的方向施工（见图 3-5-4）。

立面施工顺序：以单节柱为作业单元进行施工，每节柱为一个分部。

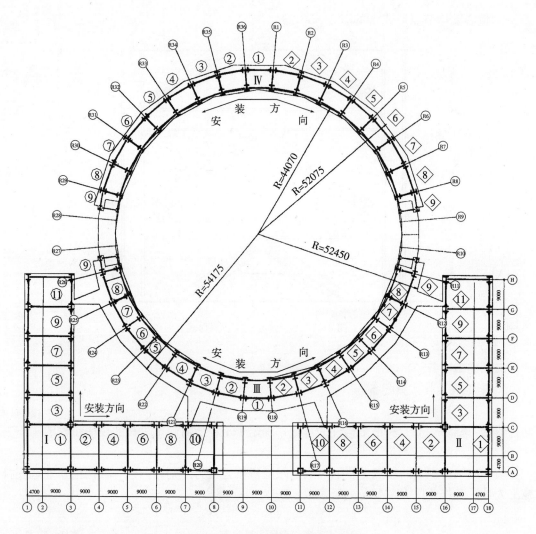

图 3 - 5 - 4　平面施工顺序示意图

三、构件的存储、运输和验收

1. 构件存储

钢构件存储场地选择在铁路中转站。用履带式起重机、汽车式起重机自火车车厢内将构件吊出，按照构件编号和安装顺序堆放。构件堆放时，应在构件之间加垫木（如图 3 - 5 - 5 所示）。

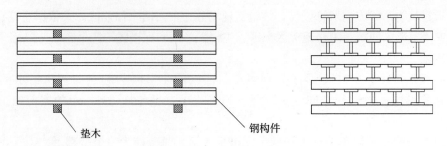

图 3 - 5 - 5　构件的存储方式

2. 构件运输

依据构件进场计划单安排运输，以节间划分单元，并按不同类别，如柱、主梁、主桁架、次梁、次桁架、偏心支撑、连接板等分别装车。装车时应捆扎好，以避免构件变形，确保运输安全（如图3-5-6所示）。

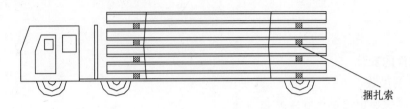

捆扎索

图3-5-6 构件的运输

3. 现场验收

（1）检查构件出厂合格证、材料试验报告记录、抗滑移系数试验报告记录、焊缝无损检测报告记录等。

（2）检查进场构件外观，主要内容有构件挠曲变形、摩擦面表面破损与变形、焊缝外观质量、焊缝坡口几何尺寸及构件表面锈蚀等。若有问题，应及时组织有关人员制定返修工艺，进行修理。

（3）检查高强度螺栓出厂的合格证和性能试验报告，并按不同批号进行轴力试验和扭矩系数试验。

（4）对进场的焊接箱形柱焊缝进行超声波探伤检测。

4. 钢构件现场堆放

依据塔吊的起重能力确定构件堆放位置（如图3-5-7所示）。现场构件分类单层摆放，以便于起吊（如图3-5-8所示）。

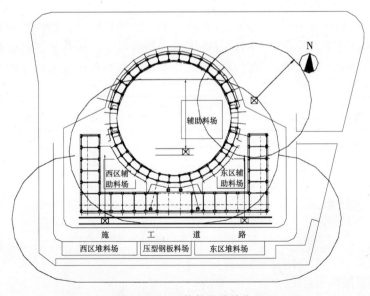

图3-5-7 构件的堆放位置

图 3-5-8   钢梁、钢柱、钢桁架堆放示意图

(a) 钢梁、钢柱堆放示意图；(b) 钢桁架堆放示意图

四、构件的安装

1. 构件的吊装

（1）地脚螺栓预埋及无收缩砂浆浇灌

首层柱采用 M36 预埋地脚螺栓固定，柱底标高以螺母调整（如图 3-5-9 所示），待钢柱校正垂直并终拧高强度螺栓后，浇灌无收缩砂浆。亦可在焊接后浇灌无收缩砂浆，以释放部分应力。

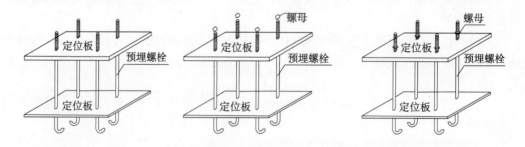

图 3-5-9   采用地脚螺栓预埋示意图

（2）地面准备工作

1）柱身弹线

底层钢柱吊装前，必须对钢柱的定位轴线、基础轴线和标高、地脚螺栓直径和伸出长度等进行检查和办理交接验收，并对钢柱的编号、外形尺寸、螺孔位置及直径、承剪板的方位等等，进行全面复核。确认符合设计图纸要求后，划出钢柱上下两端的安装中心线和柱下端标高线（见图 3-5-10）

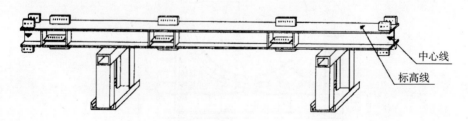

图 3-5-10   标出安装中心线和柱下端标高线

2）钢柱安装操作平台

钢柱起吊前，将吊索具、操作平台、爬梯、溜绳、防坠器等固定在钢柱的相应位置

（见图 3-5-11）。

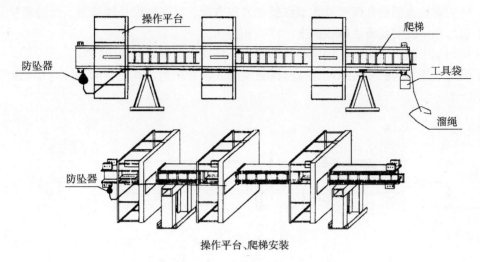

图 3-5-11 将安装工具固定在钢柱上

3）利用钢柱上端连接耳板与四块吊板进行四点起吊。钢柱起吊采用双机抬吊递送法（见图 3-5-12），当履带吊递送柱脚离开地面，钢柱处于垂直状态时，即可卸下副吊钩，由塔吊单独起吊就位。

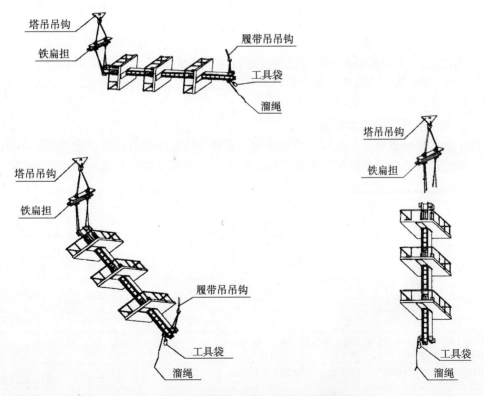

图 3-5-12 钢柱起吊采用双机抬吊递送法

4）钢梁起吊准备

①吊装前检查梁的几何尺寸、节点板位置与方向、高强度螺栓连接面、焊缝质量。

②起吊钢梁之前要清除摩擦面上的浮锈和污物。

③在钢梁上装上安全绳，钢梁与柱连接后，将安全绳固定在柱上。

④梁与柱连接用的安装螺栓，按所需数量装入帆布桶内，挂在梁两端，与梁同时起吊（见图 3-5-13）。

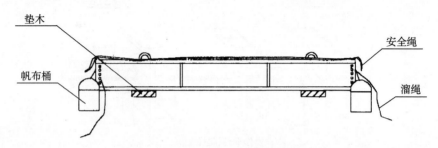

图 3-5-13　梁与柱的连接示意图

⑤吊装时利用梁上翼缘设置的吊耳作吊点，两点起吊。

2. 首层柱安装

（1）柱平面安装顺序（见图 3-5-14）

（2）柱顶标高调整

首层钢柱标高调整时，先在柱身标定标高基准点，然后以水准仪测定其差值，旋动调整螺母，以调整柱顶标高（见图 3-5-15）。

（3）钢柱垂直度校正

1）初校正。采用水平尺对钢柱垂直度进行初步调整。

2）钢柱垂直度精确校正。用两台经纬仪从柱的两个侧面同时观测，依靠缆风绳进行调整（见图 3-5-16）。

（4）钢柱垂直度偏差预留值

由于本工程结构形式为主框架焊接连接，钢柱与钢梁焊接后会有一定收缩，因此钢柱在垂直度校正时必须预留焊接收缩值。以矩形主楼西区和主楼弧形区的西半部为例，其经验预留值如表 3-5-3 所示。

	经验预留值		表 3-5-3
钢柱编号	预留值（mm）	特性	备　注
C/3	0	焊接	矩形区核心柱
C/1、D/1、E/1、F/1、G/1、D/3、E/3、F/3、G/3、A/3、A/4、A/5、A/6、A/7、C/4、C/5、C/6、C/7	1～1.5	焊接	矩形区边柱
A/8、C/8	1～1.5	非焊接	矩形区角柱
T1/R19、T1/R20、T1/R21、T1/R22、T1/R23、T1/R4、T1/R25、T1/R26.1	1～1.5	非焊接	弧形区边柱
T2/R19、T2/R20、T2/R21、T2/R22、T2/R23、T2/R24、T2/2R5、T2/R26.1	1～1.5	焊接	弧形区边柱

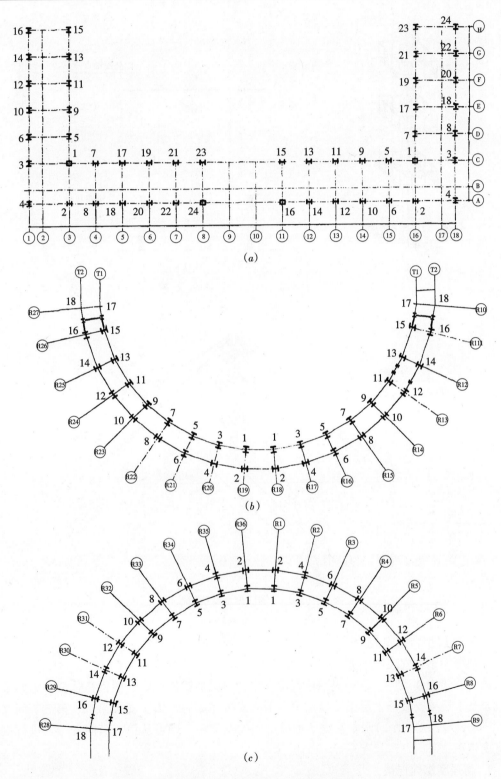

图 3-5-14　柱平面安装顺序示意图

(a) 主楼矩形区钢柱安装；(b) 主楼弧形区钢柱安装；(c) 配楼钢柱安装

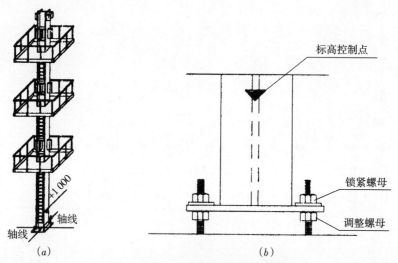

图 3-5-15   钢柱就位与标高调整

(a) 钢柱就位；(b) 标高调整

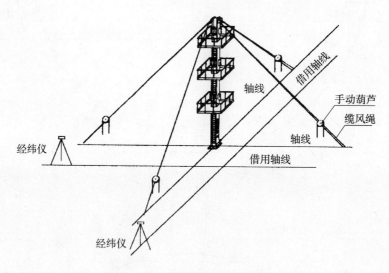

图 3-5-16   钢柱垂直度精确校正

3. 标准层钢结构安装

标准层钢结构安装顺序如下。

第一节间安装顺序：第一根钢柱就位→第二根钢柱就位→第三根钢柱就位→第四根钢柱就位→下层梁安装→上层梁安装。第一节间安装完成后，依次安装第二、第三节间（见图 3-5-17）。前三个节间安装完毕形成稳固的框架后，即可从第一节间开始，进行钢柱垂直度校正。

4. 高强度螺栓连接

(1) 施工前试验准备工作

1) 本工程所用高强度螺栓系湖北强力螺钉厂（大冶）生产，螺栓为 20MnTB，螺母

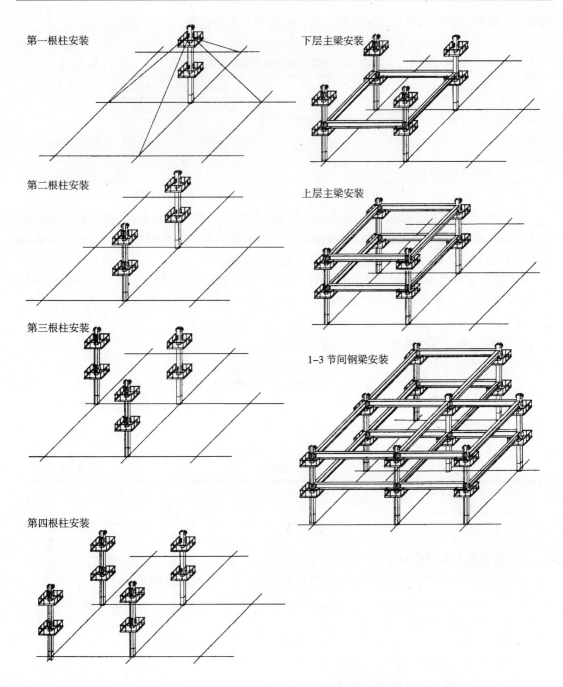

第一根柱安装

第二根柱安装

第三根柱安装

第四根柱安装

下层主梁安装

上层主梁安装

1-3节间钢梁安装

图 3-5-17 标准层钢结构安装顺序示意图

为 15MnVB，垫圈为 45 号钢。

2）大六角形高强度螺栓连接副，使用前应检验螺栓楔负载、螺母保证载荷、螺母及垫圈硬度、连接副的扭矩系数平均值和标准偏差值。检验数量为每批复验 5 套。5 套扭矩系数的平均值应在 0.11～0.15 范围内，其标准偏差应小于或等于 0.01。

3）进入现场的扭剪型高强度螺栓连接副，使用前应检验螺栓连接副的紧固轴力平均值和变异系数。检验数量为每批复验 5 套，检验结果应符合表 3－5－4 的规定。

螺栓连接副的紧固轴力平均值和变异系数　　　　　表 3－5－4

螺栓直径 d（mm）		16	20	(22)	24
每批紧固轴力的平均值（kg）	公称	109	170	211	245
	最大	120	186	231	270
	最小	99	154	191	222
紧固轴力变异系数		≤10％			

4）钢构件安装前必须进行抗滑移系数检验。抗滑移系数试验以钢结构制造批为单位，每 2000t 为一制造批，不足 2000t 者视作一批。当单项工程的构件摩擦面，选用两种及两种以上表面处理工艺时，则每种表面处理工艺均需检验。

5）抗滑移系数检验用的试件由制造厂加工，试件与所代表的构件应为同一材质、同一摩擦面处理工艺和具有相同的表面状态，同批制作，使用同一性能等级和同一直径的高强度螺栓连接副，并在相同条件下同时发运。

（2）施工扭矩值和检查扭矩值的确定

1）扭剪型高强度螺栓

扭剪型高强度螺栓的拧紧分为初拧和终拧。大型节点分为初拧、复拧、终拧。初拧扭矩值如表 3－5－5 所示，复拧扭矩值等于初拧扭矩值。施工终拧采用定值电动扭矩扳手，尾部梅花头拧掉即达到终拧值。

初拧扭矩值　　　　　表 3－5－5

螺栓直径 d（mm）	16	20	(22)	24
初拧扭矩（N·m）	115	220	300	390

2）大六角头高强度螺栓

大六角头高强度螺栓的施工扭矩值可由公式（3－5－1）计算确定：

$$T_c = K \cdot P_c \cdot d \qquad (3-5-1)$$

式中　T_c——施工扭矩值（N·m）；

　　　K——高强度螺栓连接副的扭矩系数平均值，该值由试验确定；

　　　P_c——高强度螺栓施工预拉力（kN），见表 3－5－6；

　　　d——高强度螺栓螺杆直径（mm）。

高强度螺栓施工预拉力　　　　　表 3－5－6

性能等级 ＼ 螺栓公称直径(mm)	12	16	20	(22)	24	(27)	30
8.8S	45	75	120	150	170	225	275
10.9S	60	110	170	210	250	320	390

（3）高强度螺栓施工

1）大六角头高强度螺栓施工所用的扭矩扳手，班前必须校正，其扭矩误差不得大于±5%，校正用的扭矩扳手，其误差不得大于±3%。

2）高强度螺栓初拧合格后应作出标记，如图3-5-18所示。

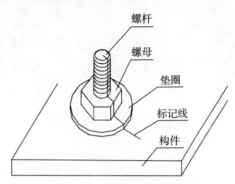

图3-5-18 高强度螺栓初拧合格后作出标记

3）高强度螺栓紧固顺序

H形梁腹板螺栓紧固顺序为：从上向下依次紧固（如图3-5-19所示）；大型H形梁节点螺栓紧固顺序为：腹板→下翼缘板→上翼缘板；同一平面内紧固顺序为：从中间向两端依次紧固，如图3-5-20所示。

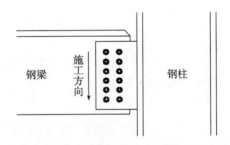

图3-5-19 H形梁腹板螺栓的紧固顺序

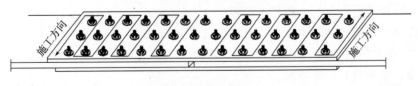

图3-5-20 大型H形梁节点螺栓的紧固顺序

4）本工程高强度螺栓平面施工顺序

高强度螺栓穿入方向应以便于施工操作为准，框架周围的螺栓穿向结构内侧，框架内侧的螺栓沿规定方向穿入，如图3-5-21所示。

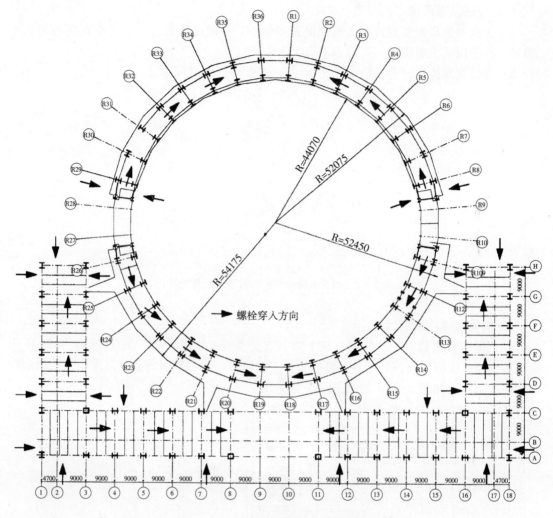

图 3-5-21 高强度螺栓平面施工顺序

5）高强度螺栓竖直方向拧紧顺序为先上层梁，后下层梁。待三个节间（①、②、③）全部终拧完成后方可进行焊接。

（4）高强度螺栓施工的主要影响因素

影响高强度螺栓施工的主要因素有以下几个方面。

1）钢构件摩擦面经表面处理后，产生浮锈。经验表明，浮锈产生 20d 后，摩擦系数将逐渐下降，不能满足设计要求。

2）高强度螺栓施工受气温影响很大，有关规范规定，超过常温（0～30℃）时施工，高强度螺栓必须经过专项试验方可使用。

（5）连接孔与摩擦面的处理方法

1）高强度螺栓的连接孔由于制作和安装造成的偏差会出现错孔，若采用电动铰刀扩孔，操作位置会受到高空作业的限制，操作者的人身安全不易保证。因此，我们采用了微型砂轮磨光机，既保证了操作者的安全，又提高了工效。

2）高强度螺栓连接摩擦面如在运输中变形或表面擦伤，安装前必须在矫正变形的同时，重新处理摩擦面。施工现场的摩擦面处理可采用砂轮机打磨，但必须进行同等条件的抗滑移系数试验。

5. 焊接

（1）工程特点

由于本工程为栓、焊结合的偏交框撑结构，因此决定采用先栓后焊的总体施工顺序。焊接原则是：平面结构对称，节点对称，全方位对称。

（2）施焊顺序

1）钢柱平面焊接顺序

在三个节间（①、②、③）钢柱校正完毕，高强度螺栓终拧后进行钢柱的焊接。在结构平面上钢柱的施焊顺序如图 3-5-22 所示。

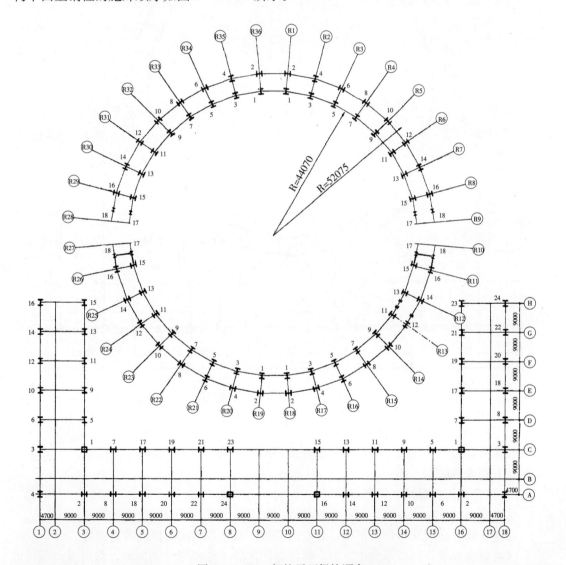

图 3-5-22 钢柱平面焊接顺序

2）钢梁平面焊接顺序

矩形区在①、②、③三个节间，弧形区在①、②、②三个节间的钢柱焊接完成后，进行钢梁的焊接。先焊上层梁，后焊下层梁。在同一节点，先焊梁的下翼缘，后焊梁的上翼缘。钢梁在平面上的焊接顺序参见图3-5-23。

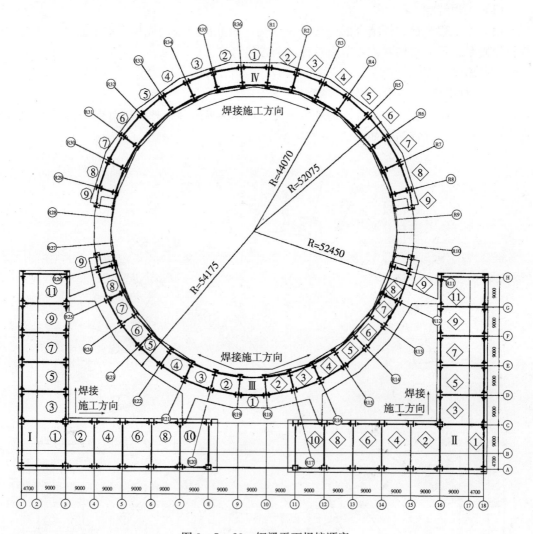

图3-5-23　钢梁平面焊接顺序

3）柱、梁竖向焊接顺序

柱接头焊接—上层梁焊接—下层梁焊接（见图3-5-24）。

（3）焊接方法

1）箱形截面柱焊接（见图3-5-25）

①箱形柱与柱接头焊缝，由两个焊接速度相近的焊工面对面同时进行焊接。

②两个焊工分别从对角线部位，各自沿平行的两条焊缝同时反向等速焊接。

③在焊缝厚度达到板厚的1/3后，将临时固定的连接板用气割割掉，然后反向等速堆焊，直至完成。

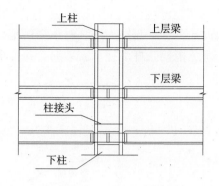

图 3-5-24 柱、梁竖向焊接顺序

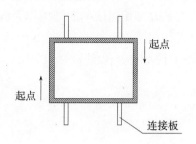

图 3-5-25 箱形截面柱焊接

2）H 形截面柱焊接

柱与柱对接，由两个焊工按相反方向同时对称地焊接两侧焊缝，以防构件受热不均而产生热变形，引起过大的内应力。

首先焊接腹板，达到板厚的 1/3 后焊翼缘板，最后将腹板焊接完成（见图 3-5-26）。

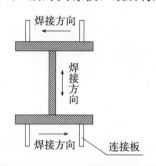

图 3-5-26 H 形截面柱焊接

6. 特殊构件安装

（1）空腹桁架安装

1）结构形式

空腹桁架位于门厅 10～11 层 A/8～11 轴和 C/8～n 轴，跨度 27m，分体制作，现场分体安装（见图 3-5-27）。

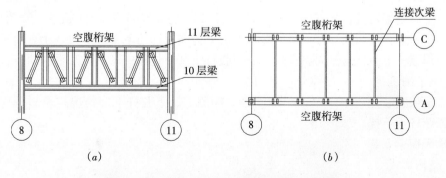

图 3-5-27 10～11 层空腹桁架平、立面图
(a) 10～11 层空腹桁架立面图；(b) 10～11 层空腹桁架平面图

2) 结构特点

空腹桁架上、下弦杆为现场拼装、焊接，桁架设计要求不起拱，拼装时依据规范要求起拱。安装时利用已安装的结构作为提升控制点，避免桁架弦杆下挠。安装时，每完成一部分即进行焊接。

3) 安装顺序（见图 3-5-28）

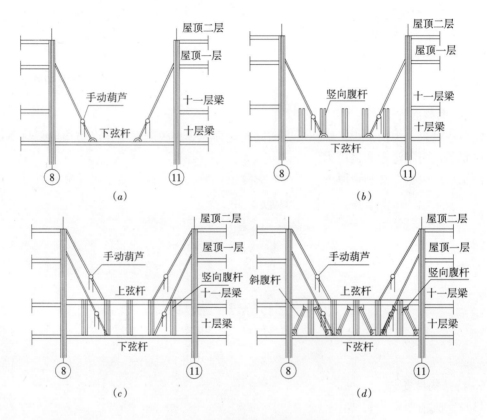

图 3-5-28 空腹桁架安装顺序

(a) 空腹桁架下弦杆安装；(b) 空腹桁架竖向腹杆安装；

(c) 空腹桁架上弦杆安装；(d) 空腹桁架斜腹杆安装

安装空腹桁架时，首先在地面拼装下弦杆（10 层梁），然后单件起吊。安装顺序为：下弦杆安装→下弦杆与柱焊接→竖向腹杆安装→竖向腹杆与下弦杆焊接→上弦杆安装→上弦杆与柱焊接→上弦杆与竖向腹杆焊接→斜腹杆安装→焊接→撤去提升手动葫芦。

4) 施工测量

空腹桁架安装过程中应全面跟踪测量，观测上、下弦杆下挠情况，及时调整手动葫芦，保证弦杆不下挠。

(2) 天窗梁安装

1) 结构形式

天窗梁位于主楼结构 10 层矩形区与弧形区之间，梁顶标高 46.8m，最大跨度 32m。主梁为轧制 H 型钢，分三段制作，现场高空拼装。拼装操作平台用钢管脚手架搭设，脚手架高度为梁底高度。施工时，以 75 号和 111 号梁为中心向两侧施工，如图 3-5-29 所示。

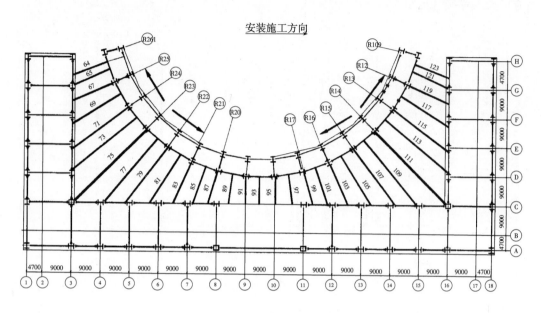

图 3-5-29　天窗梁的安装示意图

2）钢管脚手架操作平台

73 号、75 号、77 号、109 号、111 号、113 号梁在空中拼装，操作平台位于三根主梁下，成十字形（见图 3-5-30），高度方向每隔 10m 用缆索与主体结构连接一次，脚手架顶部两端与主楼矩形区和弧形区柱刚性联结。

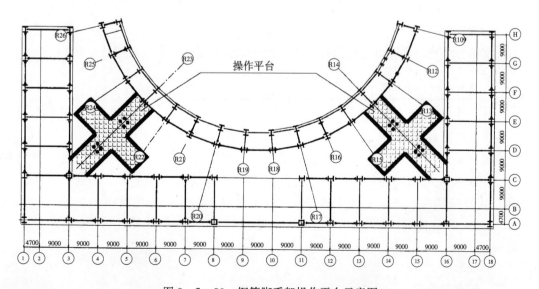

图 3-5-30　钢管脚手架操作平台示意图

3）主梁空中拼装

75 号、111 号主梁分三段制作，拼装时边安装边调整梁直线度和起拱高度，调整合格后方可投入焊接（见图 3－5－31）。

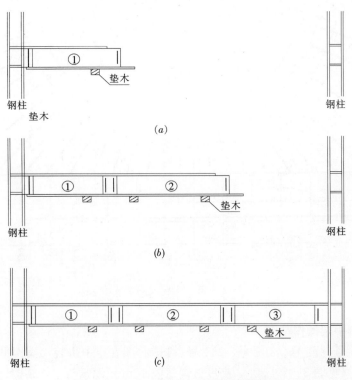

图 3－5－31　主梁的空中拼装示意图

（a）第一段梁安装；（b）第二段梁安装；（c）第三段梁安装

4）天窗梁焊接

天窗梁分为栓接和栓焊连接两种形式。栓焊结合的梁采用先栓后焊的办法。

第六节　钢结构测量校正工艺

一、测量准备工作

施测之前，须先编制钢结构安装测量校正方案，确定校正方法。按照先总体后局部的原则，布设平面高程控制网，以控制钢结构总体偏差。对北京市规划局及测绘院提供的城市控制点，进行往返联测并作为起算数据。对施工中所使用的仪器、工具进行检校，以保证施工精度。对地脚螺栓进行检测，要求螺栓上下垂直，水平位置精确。

二、控制网施测

1. 首层平面控制网测量

矩形区基准点布设在轴线偏 1m 线交叉位置，弧形区每隔 40°角在 T2 弦外布设一个控制点，并与矩形区控制点进行联测，基准点位预埋 10cm×10cm 钢板，用钢针刻划十字线定点，线宽 0.2mm。控制点的距离相对误差应小于 1/15000，角度闭合差应小于 10″。

2. 控制网布设原则

（1）控制点位应选在结构复杂、拘束度大的部位。

（2）网形尽量与建筑物平行、闭合且分布均匀。

（3）基准点间相互通视，所在位置应不易沉降、变形，以便长期保存。

3. 控制点的竖向传递

控制点的竖向传递采用内控法，每次从首层基准点进行投测，在各层安置激光接收靶，考虑到激光束传递距离过长会发散，影响投测精度，故当工程施工完第 6 层结构平面时，将基准点投测到 6 层平面上，作为第二次传递用基准点。

激光竖向传递宜在夜间及吊装空闲时间进行，保证激光经纬仪先在竖直、静态下进行定点扫描，然后将仪器顺时针缓慢、平稳旋转 360°定点，作为柱顶细部放线依据。把 T2 经纬仪架设在激光控制点上后视相应点，测定柱顶平面控制网，然后加密。

采用激光接力法竖向投测，可减少轴线传递的累计误差，不用后视法，以减少对点定向误差，保证各节柱总体偏差在允许值的范围内。激光束的投射距离与误差轨迹半径相关要求为：

激光投射的距离≤30m，误差轨迹半径≤2mm；

激光投射的距离＞60m，误差轨迹半径≤5mm。

4. 建筑坐标系的建立及转换

为便于施工和计算，施工控制网采用独立的建筑坐标系，以 A 轴线与①轴线交点为坐标原点，建立建筑坐标系，坐标转换如公式（3-6-1）。

$$\begin{bmatrix} A \\ B \end{bmatrix} = \begin{bmatrix} \cos\alpha & -\sin\alpha \\ \sin\alpha & -\cos\alpha \end{bmatrix} \begin{bmatrix} X - A_0 \\ Y - B_0 \end{bmatrix} \tag{3-6-1}$$

式中　X、Y——大地坐标系点位坐标；

　　　A、B——建筑坐标系点位坐标；

　　　　α——A 轴在大地坐标系内的旋转角；

　　A_0、B_0——建筑坐标系原点在大地坐标系中的坐标。

5. 高程控制点的测定

引测 5 个高程点作为楼层标高控制依据，各控制点标高误差应小于 2mm，点位选在安全可靠、易保存、不易沉降、便于竖向引测的部位，并要求分布均匀，相互通视。

高程控制点的传递采用鉴定过的钢尺（加温差、尺长、拉力修正系数），在无风条件下铅直丈量各层标高。各层基准点确定后，用精密水准仪进行联测并校核。图 3-6-1 为控制点的布设示意图。

三、全站仪钢柱倾斜实时测绘系统

1. 主要仪器设备（见表 3-6-1）

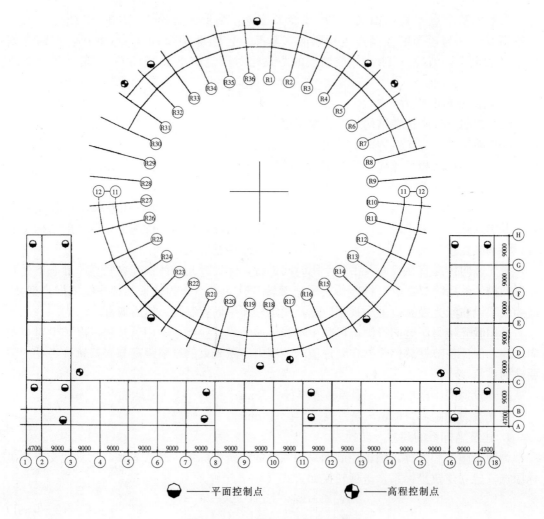

图 3-6-1   控制点的布设示意图

主要仪器设备   表 3-6-1

仪器名称	型　号	产　地	用　途
全站仪	PTS　0.5 GTS-701	日　本	平面网控制 钢柱校正
经纬仪	T2	瑞士	平面网加密
激光经纬仪	LDT5	日本	控制点竖向传递
N3 精密水准仪	WILD	瑞士	高程测量
微　机	ACER586	台湾省	数据处理 成果输出
袖珍计算机	PC-E500	日本	数据采集
对讲机	MOTOROLA	美国	通　讯

2. 实时测绘概要

本系统外业采用PC－E500袖珍计算机与全站仪通信、外业数据采集和处理。全站仪分别观测钢柱上端和下端的特制反光镜片，实时采集并处理观测值，得到两镜片中心点三维坐标数据，将全站仪坐标系统下的三维坐标换算至建筑坐标系，建立外业数字模型，计算钢柱整体偏移角和偏移距，以及沿 A、B 方向的偏移分量（见图 3－6－2）。

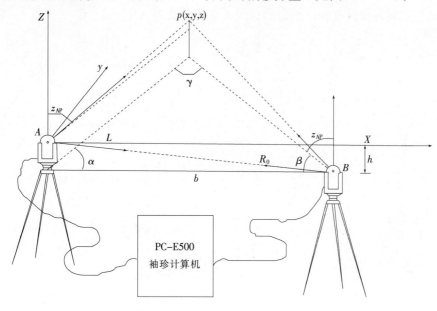

图 3－6－2　实时测绘示意图

3. 系统构成

该系统以全站仪、PC－E500、微机为核心，利用全站仪对钢结构实体进行观测，通过专用电缆与PC－E500袖珍计算机联机通信。对边角观测数据进行实时处理，并通过CE－126P便携打印机输出各种偏差及校正数据，以便现场指挥钢柱安装；然后，通过RS232接口电缆，将PC－E500袖珍计算机预处理过的有关数据传至微机，在微机上利用"钢柱校正成图系统"件绘制偏差曲线，标注偏差数据，并输出图形及报表资料。全站仪测量系统的构成及数据流程见图 3－6－3。

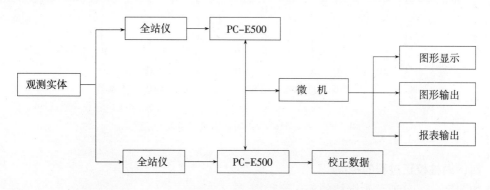

图 3－6－3　全站仪测量系统的构成及数据流程图

4. 系统功能与特点

本系统有数据采集、平差计算、编制偏差曲线、成果输出等功能，且具有实时性、高效性、高精度性和高存储性等特点。

5. 钢柱校正图形的生成

将外业测量经 PC-E500 袖珍计算机预处理的数据传入微机内"钢柱校正成图系统"，便可自动生成偏差曲线并标注平面示意图、立面示意图（见图 3-6-4、图 3-6-5）。

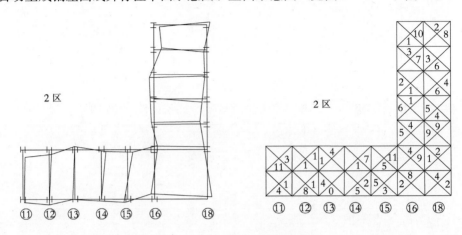

图 3-6-4　钢柱校正图形生成的平面示意图

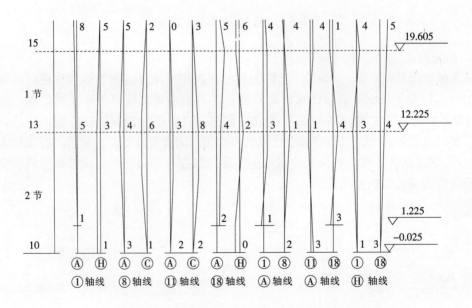

图 3-6-5　钢柱校正图形生成的立面示意图

四、钢柱校正过程的控制

如图 3-6-6 所示为钢柱的校正流程图。

1. 地脚螺栓的检查

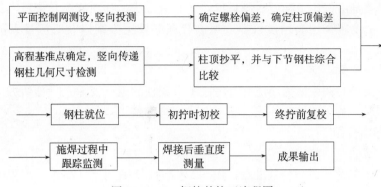

图 3 - 6 - 6　钢柱的校正流程图

地脚螺栓的埋设精度直接影响钢柱的吊装，吊装前应对所有地脚螺栓的平面位置和标高进行检查，要求螺栓平面位置偏差≤2mm，标高偏差≤5mm。

2. 钢柱垂直度控制

（1）矩形钢柱和弧形钢柱的吊装顺序参见图 3 - 5 - 14。应先作好各个首吊节间钢柱的垂直度控制，因为这将直接影响其他节间钢柱的校正。

（2）钢柱校正一般分四步进行：初拧时初校；终拧前复校；焊接过程中跟踪监测；焊接后的最终结果测量。初拧前可先用长水平尺粗略控制垂直度，待形成框架后进行精确校正。此时要考虑偏差预留，焊接后应进行复测，并与终拧时的测量成果相比较，以此作为上节钢柱校正的依据。

3. 影响钢柱倾斜的因素

高层钢结构施工中，影响垂直度的因素主要有以下几点。

（1）安装误差

这部分误差主要由安装过程中碰撞及钢柱本身几何尺寸偏差引起，也包括校正过程中测量人员操作的误差。

（2）焊接变形

钢梁施焊后，焊缝横向收缩变形对钢柱垂直度影响很大，焊接引起的收缩值一般在 2mm 左右，由于本工程焊缝较多，所以累计误差的影响比较大。

（3）日照温差

日照温差引起的偏差与柱子的细长程度、温度差成正比。一年四季的温度变化会使钢结构产生较大的变形，尤其是夏季。

在太阳光照射下，向阳面的膨胀量较大，故钢柱便向背向阳光的一面倾斜。温差在 3℃ 左右时，倾斜量一般在 3mm 左右。

通过监测发现，夏天日照对钢柱偏差的影响最大，冬天最小；上午 9～10 时和下午 2～3 时较大，晚间较小。校正工作宜在早晨 6～8 点，下午 4～6 点和晚间进行。

（4）缆风绳松紧不当

钢柱终拧时，是靠缆风绳强行拉到正确位置的，所以松开缆风绳后，钢柱便会向反方向倾斜（一般 2～3mm），缆风绳过紧过松均会引起钢柱倾斜。

（5）测量本身的误差

这部分误差是由控制点精度、测量仪器、测量方法、柱顶放线及测量人员素质等引起的综合偏差。故要求采用高精度仪器,编制合理的校正方案以及对测量人员应进行专门培训。

（6）偏差预留值不准

按规定,预留的偏差值大小应充分考虑下节钢柱的累计误差,且预留方向应与下节柱的偏差方向相反,若预留偏差不当,极易造成钢柱偏斜。

4. 钢柱标高控制

（1）高程基准点的测定及传递

在首层平面布设 5 个高程基准点,用 N3 水准仪精确测定其高程。高程的竖向传递采用 50m 钢尺,通过预留孔洞向上量测,量测时应充分考虑温差、尺长、拉力等的影响,以保证量距精度。每层传递的高程都要进行联测,相对误差应<2mm。

（2）柱顶标高的测定

根据钢柱实际几何尺寸确定各层柱底标高 50cm 线及各层梁标高的 10cm 线,应从柱顶返量确定,通过控制柱底标高来控制柱顶及各层梁标高。

（3）影响标高精度的主要因素有测量本身的误差及钢柱加工的几何尺寸偏差。应将标高测量结果与上节钢柱的实际长度对比,进行综合处理。

第七节 电 气 工 程

一、供变电系统

中国工商银行总行工程为重点工程,采用一级负荷供电,由金融街 110kV 开关站引来两路 10kV 电源,经设在地下一层的 π 接室向位于地下三层的高压开关站供电,高压开关柜采用单母线分段运行,运行方式为"自投自复"和"手投手复",分别向三组低压变电站的 6 台变压器供电,每两台变压器向一组低压柜送电,低压开关柜采用单母线分段运行,运行方式为"自投自复"和"手投手复"。

电力系统同时采用两台柴油发电机提供应急电力,应急配电柜的每组馈线与每组低压柜的一组馈线采用互投方式通过低压应急配电柜向重要负荷供电。

1. 电力系统构成

系统图见图 3-7-1。

其中"A"组变电站主要供给照明、插座用电,每台变压器的容量为 1250kVA。

其中"B"组变电站主要供给空调用电,每台变压器的容量为 2500kVA。

其中"C"组变电站主要供给电梯、泵组等设备用电,每台变压器的容量为 1000kVA。

2 台 1400kW 柴油发电机向紧急照明、楼梯和出口标志、潜水泵、消防泵、电梯等重要负荷供电。

各柜的开关信号、电压、电流、功率、电能等均经 PLC 与大楼管理系统连接。

2. 主要设备及特点

（1）高压开关柜结构的特点

开关柜为金属铠装手车式,防护等级 IP41,各单元之间完全隔离,上方设泄爆口,高压进线,出线采用"上进上出"。

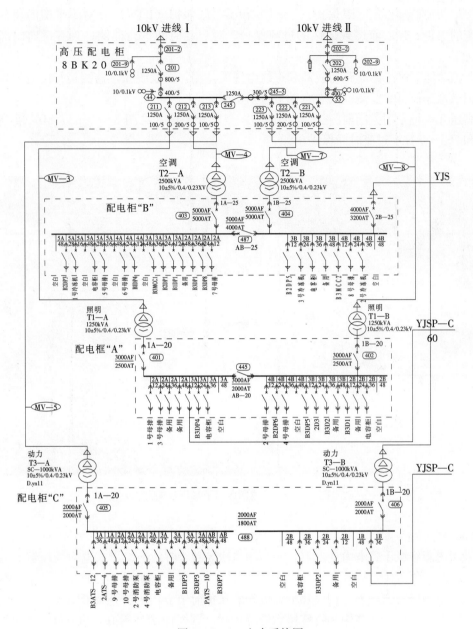

图 3-7-1　电力系统图

具有防止带负荷扒拉可移开部分，具有防止人带电间隔，断路器与接地刀之间有可靠的闭锁以防误操作。

高压断路器。断路器采用电动机储能弹簧操作机构，具有"接通、试验、隔离"三个位置，有直接脱扣装置，失电时自动脱扣。

具有遥控功能，可以遥控主开关的通、断；电动接地开关的通、断；可移开部分的隔离、接通。

数字过流时间保护单元的功能如下。

保护功能。进行定时限保护（DMT）和反时限保护（IDMT）；对不平衡的负载进行不平衡的保护；带以前过载记忆的过载保护；对启动时间进行监测；具有反向内部联锁功能。

监测功能。对线路断路器线圈和进线电缆的监测，试验脱扣，监测运行电流值，进行错误记录，进行自我监测。具有自动重合闸功能。

高压开关柜采用德国西门子（Siemens）金属开关柜（见图 3 - 7 - 2）8BK20 高压断路器和 7SJ600 数字过流时间保护单元。

图 3 - 7 - 2　德国西门子高压开关柜

（2）变压器

采用树脂绝缘干式电力变压器，有强制风冷装置，树脂绝缘干式电力变压器具有以下特点：

——阻燃能力强，不会污染环境，可安装在负荷中心，防护等级 IP20。

——铁芯采用特殊结构和特殊树脂进行密封，因而防潮性能好，可在 100% 湿度下正常运行；停止运行后不经干燥处理即可投入运行。

——环氧树脂采用真空浇铸，无空穴和气泡，局部放电量小，可保证在长期工作电压下安全运行。

——低压绕组内置测温元器件，与温控系统配合使用，可以实现自动温度监测与保护，为变压器安全运行提供可靠保障。

——线圈采用优质电解铜，损耗低，散热性能好，过载能力强，强制风冷时可使额定容量提高 50%（冷却通风量 $4m^3/min \cdot kW^{-1}$）。

——抗裂，抗温度变化，机械强度高。

——采用玻璃纤维和环氧树脂复合材料，绝缘水平高，抗短路、耐雷电冲击性能好。

——体积小，重量轻，安装方便，免维护，经济性能好。

——本工程采用广东顺德特种变压器厂生产的树脂绝缘干式电力变压器 SC3-1000/10、SC3-1250/10、SC3-2500/10 强制风冷。

（3）低压开关柜、应急柜

采用法国梅兰日兰（Merlin Gerin）公司的 Master Block 系列低压开关柜（见图3-7-3）。

此种低压开关柜有以下特点：

——低压开关柜采用模块化设计，使柜具备很大的灵活性，同时具有高性能的通风；

——柜体的金属板内外表面均喷有环氧树脂粉末，具有一定的防火和阻燃性，防护等级 IP31；

——电缆上进上出。

低压断路器。低压断路器采用抽出式空气断路器，有储能装置，可以手动操作，也可以进行电气操作。断路器为固态脱扣元件，断路器有控制接点，可实现由控制单元或远程控制。

低压断路器控制单元。低压断路器控制单元为一独立单元，与 Merlin Gerin 低压断路器配合使用，组装于同一框架式开关内。低压断路器控制单元能提供以下功能：

——过负荷长延时保护（延时不可调）；

——短时限短路保护和高定值瞬时短路保护；

——接地故障保护；

——连续显示最大负荷电流和各相、中性线及地电流，三条光柱在线地显示三相负荷值；

——负荷检测：与长时限保护相关，触发两个光隔离通道发出两个指令，可用以报警、切负荷、信号显示、联锁等；

——故障跳闸指示，显示在面板上；

——检测控制单元，自身超温并跳开断路器；

——有两个输出传送不同的参数至专用的 DIALPACT 模件进行处理；

——试验功能。

本工程选用法国梅兰日兰（Merlin Gerin）公司的 STR38S 控制单元（见图3-7-3）。

（4）电容柜

本工程采用低压侧无功功率补偿，目标功率因数为 0.8，3 组电容器组的容量分别为 300kVAR，420kVAR，780kVAR，由控制器对功率因数进行检测、计算、显示、延时、控制电容器组的接触器自动分级投入，每级容量为 60kVAR。采用了法国梅兰日兰（Merlin Gerin）公司的 LV 系列免维护低压电容器组，电缆采用上进上出方式，防护等级 IP31，采用占地面积小的垂直机箱和集成有电容器、接触器的通用组合安装板。

（5）直流屏

直流屏为开关站提供原始电流，包括直流 110V 固定密封免维护电池、电池柜、晶闸管整流滤波型电池充电器和自动投入的电池隔离断路器。本工程直流屏采用新加坡 CHLORIDE 公司生产的 CBC-4 型免维护直流屏。本工程直流屏输出电压为 127.6～132.9V，电流为 5A。

图3-7-3　梅兰日兰低压开关柜

（6）发电机组、同步柜

发电机组（见图3-7-4）包括柴油发动机、风冷系统、排气系统、进风系统、油箱、油路、电池启动系统及充电器、发电机、同步控制柜（见图3-7-5）、配电柜等部分，有关电气和油路、油箱状态和信号与 BMS 连接。采用了柴油发动机，柴油机工作转速为900r/min，水冷，四冲程。

图3-7-4　柴油发电机组

图 3-7-5　发电机同步控制柜

1）发电机：同步式交流无电刷发电机，1400kW（在功率因数为 0.8 下相当于 1750kVA），900r/min，风冷，F 级防护。

2）同步控制柜：根据变电站的停电信号，发出柴油发动机启动信号，用电池进行启动，启动时间为 10s，自动频率控制系统对频率进行自动控制，频率误差为 0.25%。油路控制系统对油泵进行控制。自动调压系统对电压进行控制。当一台发电机电压首先达到 70% 时，作为领先机组首先供电，第二台根据第一台的相位自动合相后送出。在收到变电站的复电信号后，自动切断供电，柴油机空转 1min 后，自动停转。同步控制柜同时具有手动功能。

3）发电机配电柜。两台发电机的低压供电采用单母线分段运行，每段母线各带部分负载，在一台发电机出现故障时，可以自动闭合两段母线的联络开关，用一台发电机提供应急电力。

本工程柴油发电机组和控制柜、配电柜等配套设备均选用美国 CATERPILLER 公司产品。

4）电池启动系统及充电器，正常状态下提供 6 次启动。

（7）馈线电缆

由高压开关站入户的高压进线采用 YJV-15kV 交联聚氯乙烯电力电缆在电缆沟内敷设，经穿墙套管进入 π 接室。由 π 接室至高压开关柜的 YJV-15kV 交联聚氯乙烯电力电缆经电缆夹层和电缆井沿桥架上敷设。

由高压开关柜到变压器的高压馈线——YJV-15kV 交联聚氯乙烯电力电缆沿桥架上敷设。

由变压器至低压开关柜的低烟无卤电缆沿桥架上敷设。由低压开关柜引出的低压馈线采用低烟无卤电缆和氧化镁矿物质绝缘电缆沿桥架上敷设。

发电机与楼宇自控系统（BMS）的连接：BMS 监测发电机的启停信号、油位信号。

（8）可编程逻辑控制器操纵台（PLC）

可编程逻辑控制器操纵台（PLC）监测高压开关柜的各种状态和故障报警及有关数据处理，包括可编程逻辑控制器、中央处理器（CPU）、输入输出模板、电源、程序设计器、模拟母线、信号器及线路组成，并与 BMS 连接，安装于高低压变电站监控室。可编程逻辑控制器、中央处理器，可进行数据处理和程序设计。采用模拟母线，显示电力系统的运行状态，由直流 24V 直流供电

（9）电源监测和控制系统（PMCS）

电源监测和控制系统（PMCS）由电子电路监测器、可编程控制器、PC 机、网络和软件组成，并与 BMS 连接。计算机显示系统主页如图 3-7-6 所示。

图 3-7-6　计算机显示系统主页

电子电路监测器具有以下功能。

1）能测量和显示频率、温度、电流、电压、功率因数、有功功率、无功功率、视在功率等几乎所有的电气数据，可以取代现存的所有测量仪表屏和分散的测量仪表（见图 3-7-7）。

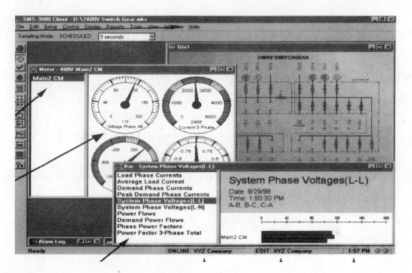

图 3-7-7　电源监测和控制系统数据图形显示

2）可以同时监控、捕捉、报告三相电压、电流、接地线电流、中性线电流的数据和波形，输出到 PC 机内进行数据和波形分析，发现并捕捉和记录故障、干扰、谐波等威胁和潜在的威胁，进行保存和故障时的诊断（见图 3-7-8）。

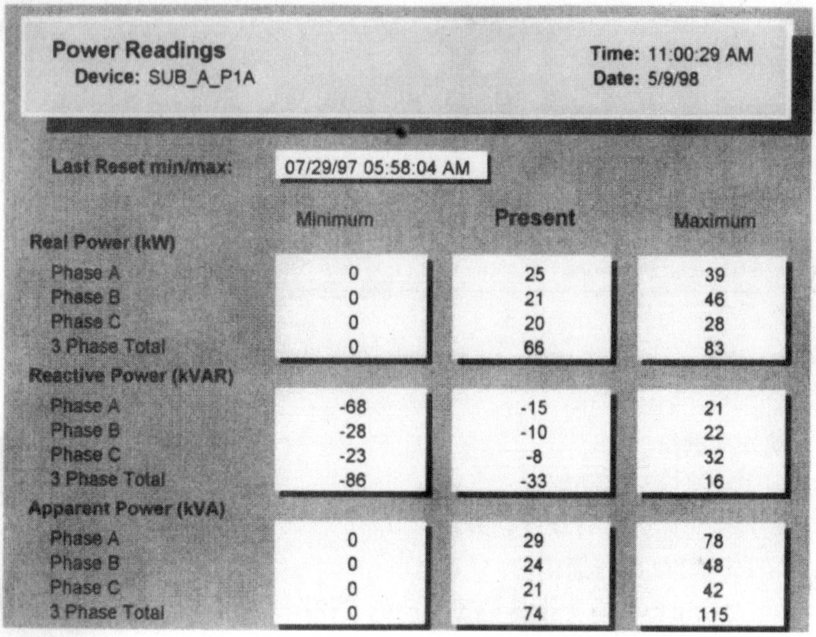

Power Readings Device: SUB_A_P1A		Time: 11:00:29 AM Date: 5/9/98	
Last Reset min/max:	07/29/97 05:58:04 AM		
	Minimum	**Present**	Maximum
Real Power (kW)			
Phase A	0	25	39
Phase B	0	21	46
Phase C	0	20	28
3 Phase Total	0	66	83
Reactive Power (kVAR)			
Phase A	-68	-15	21
Phase B	-28	-10	22
Phase C	-23	-8	32
3 Phase Total	-86	-33	16
Apparent Power (kVA)			
Phase A	0	29	78
Phase B	0	24	48
Phase C	0	21	42
3 Phase Total	0	74	115

图 3-7-8 实时功率数据显示

具有很强的通信能力，具有 RS-485 接口和一个光纤通信口。

3）具有可编程能力，进行有效的实时控制。

本工程高压采用 SQUARED PM600，低压采用 SQUARED POWER LOGIC 2000 系列产品。

本工程采用的 PMCS 可编程控制器为 POWER LOGIC SY/MAX 可编程控制器具有以下功能：

——具有自动转换功能；

——可以根据负荷情况进行减载处理；

——具有控制断路器的动作顺序功能；

——能够进行功率因数的自动控制补偿。

控制器的软件：采用面向 Windows 的 Squared Power Logic 配套软件，进行在线多窗口显示、处理、记录、诊断电力系统的所有数据，该软件用户界面友好，功能强，可满足用户的不同需求（见图 3-7-9）。

（10）智能中央报警器

本工程的高压中央监视系统采用智能中央信号报警器，该产品采用单片机，具有以下功能：

1）32 路信号通道报警，可直接驱动点亮相应光字；

2）可对信道进行屏蔽，选常开、常闭接点，可选延时，选择报警声音；

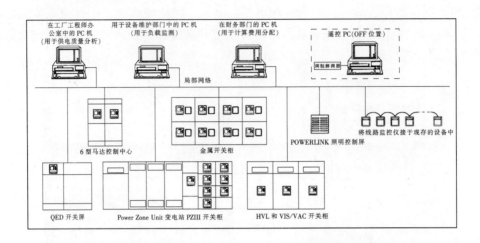

图 3-7-9　电源监测和控制系统框图

3) 可驱动外接电笛；

4) 有时间先后排序记忆功能；

5) 能实现人机对话，进行软件修改；

6) 有外接 RS-232 串行通信口。

本工程采用北京市山迪电力设备公司生产的 C32Z-J/F-HL9210 中央报警器。

3. 安装

(1) 基础

按设计要求，全部电缆为上进上出型配线，故高、低压变配电室不设电缆沟。

因无电缆沟，只须在底板混凝土浇筑时根据基础图采用带脚钢板进行预埋，与底板钢筋绑扎固定，调好标高和水平，每块钢板间距为 1m。

地面完成后，进行基础槽钢安装，根据图纸位置与预埋钢板进行焊接，用薄钢板进行误差调整，保证安装好的槽钢保持水平和焊接牢固，并进行防腐处理。

(2) 吊装

因为高低压变电站面积狭小，设备体积和重量都很大，在设备吊装前应先进行设备的吊装顺序安排，以免出现吊下后无法移位或移位困难。

对变电站内的空间进行清理，根据设备的尺寸对部分门和墙进行预留，使设备均能通过。

设计好运输路线，在变电站地面上铺上槽钢、木板、钢管等运输用具，为防止设备损坏，还应布置好手动绞盘、葫芦等人力牵引工具。

室内运输条件具备并做好安全措施后，利用起重机将设备吊下，利用室内绞盘将设备运送到位；其中变压器可用自带轮子进行运输。

(3) 安装

1) 设备安装

设备运输到位，开箱检验后，将设备放置于槽钢基础上，调整好设备的位置和水平，进行固定，其中变压器应拆去轮子。

2）桥架安装

根据图纸在顶板上标出支架位置，对型钢支架进行断料、加工、刷漆、安装，因为该处桥架密集、复杂，因而在桥架安装前先根据桥架的层次进行分层安装，按层次从上而下进行桥架的安装。

3）电缆敷设

根据图纸对电缆进行走向设计，确定每根电缆在桥架上的位置，优化电缆的走向，避免出现同一桥架上的电缆分层，然后对电缆进行绝缘摇测。

根据电缆排布图进行电缆敷设，先敷设大电缆，再敷设小电缆，对电缆进行调整和处理，完毕后用电缆卡子、扎带进行固定。

4. 调试

（1）高压柜调试

设备安装完毕，对器具进行绝缘摇测后，进行电缆的压接，电缆压接完毕后，对设备进行电气和机械联锁的安装和调试，必须符合有关联锁逻辑要求，此时应有直流110V的电源提供，进行继电保护的安装、整定和调试。整体验收后，通电试运行，做好相应记录。

（2）变压器调试

变压器安装完毕后，进行变压器的阻抗、绝缘、压损等数据的测量和试验并做好记录。进行电缆的试验、压接和连接，并做好相应记录。

（3）低压柜调试

设备安装完毕，对器具进行绝缘摇测后，进行电缆的压接，电缆压接完毕后，对设备进行电气和机械联锁的安装和调试，必须符合有关联锁逻辑要求。

进行保护单元的整定和调试，整体验收后，通电试运行，做好相应记录。

（4）配电屏母线及操作机构编号原则

在正式送电前，首先要对高低压配电柜的母线及操作机构进行编号，编号的原则如下：

1）母线的编号原则：一段母线为 3 号，二段母线为 I - 4 号、II - 5 号；

2）10kV 第一个字用"2XX"，0.4kV 第一个字用"4XX"；

3）主进柜中间用"0"，如"X0X"；

4）第一路主进用"X01"，第二路主进用"X02"；

5）第一路出线用"X1X"，第二路出线用"X2X"；

6）电压互感器用9，如"X9"；

7）母联母线号双写，如"44"，"55"，"445"，"245"；

8）隔离开关靠近电源的用2，靠近母线的用母线号，如："201 - 2"，"201 - 4"。

二、配电线路

配电线路是指由变电站到每个用电点的线路。本工程的配电包括紧急供电均由配电室的低压配电柜经电缆或封闭式母线配出。配电系统采用三相四线加接地系统。

本工程在地下室每层分四个区，每区设一供电间（若干供电间设在鼓风机房内）。照明、空调、电梯、设备等各系统的馈线均敷设至此，由此向下分配到各个设备的配电箱、控制箱或刀开关，变电站引出的馈线采用电缆沿桥架敷设，由配电柜（马达控制中心）到设备、分配电箱至设备或照明箱的电缆沿桥架或穿管敷设。

本工程在地上部分每层分四个区，每区设一供电间。照明、空调、设备等各系统的馈线均敷设至此，由此向下分配到各个设备的配电箱、控制箱或刀开关，变电站引出的馈线至电气管井采用封闭母线敷设，由配电柜到设备、分配电箱至设备或照明箱的电缆（电线）穿管敷设；电梯馈线直接由封闭母线敷设至机房。

本工程在北裙房每层设两个供电间。照明、空调、电梯、设备等各系统的馈线均敷设至此，由此向下分配到各个设备的配电箱、控制箱或刀开关，变电站引出的馈线采用电缆沿桥架敷设，由配电柜（马达控制中心）到设备、分配电箱至设备或照明箱的电缆沿桥架或穿管敷设

1. 氧化镁矿物质绝缘电缆

铜芯铜护套氧化镁绝缘防火电缆也称矿物绝缘电缆（简称 MI 电缆），是将高导电率的铜导线嵌置在内有紧密压实的氧化镁绝缘材料的无缝铜管中而制成的电缆。这种电缆区别于其他电缆的典型标志是它的防爆、耐高温的特性。本工程的应急电力干线电缆均采用铜芯铜护套氧化镁绝缘防火电缆。

铜芯铜护套氧化镁绝缘防火电缆沿桥架进行敷设。

2. 低烟无卤电缆

低烟无卤电缆是为了满足环保要求而出现的一种新型电缆，也称"绿色电缆"，即电力电缆所用的绝缘材料均采用低烟无卤材料制成，在着火燃烧时不产生烟或产生很少的烟，火灾情况下不会形成烟场，且不会对大气产生危害和污染，因此低烟无卤电缆是一种绿色电缆。目前这种低烟无卤电缆的部分材料尚须进口。

低烟无卤电缆沿水平和垂直桥架进行敷设。

3. 封闭式低压母线

封闭式低压母线采用西屋公司的产品，主要用于垂直干线，而水平干线由于有抗震要求，故采用电缆供电。在竖井里封闭式母线与电缆相连接。

4. 电伴热系统

因为本工程的冷却塔冬期也要运行，为防止冬季室外管道冻裂，室外管道采用电伴热系统。冷却塔也有电加热系统。

电伴热系统由导电塑料和两根平行母线外加绝缘层构成。导电塑料是由塑料加导电碳粒构成，平行母线通电时，碳粒在两条平行母线间构成电路。

伴热线内母线之间的电阻值随温度变化，它控制发出的热量随温度变化，不会太高和太低，达到防冻和节能的目的。伴热线周围温度变冷时，导电塑料产生微分子的收缩而使碳粒连通形成电路，此时电阻降低，电流通过使伴热线发热；温度升高时，导电塑料产生微分子的膨胀，碳粒渐渐分开，引起电路中断，电阻上升，伴热线自动减少功率输出。

电伴热系统由温控器、控制盘、伴热线等其他附件组成。

本工程屋顶冷却塔的管道使用的电伴热系统，采用美国瑞侃（RAYCHEM）公司的产品。

三、配电系统的主要设备

1. 带旁路隔离的自动转换开关

自动转换开关是在重要的电力系统中为保证重要负荷的不间断供电而使用的电气控制

设备，可以自动切换供应的两路电源，同时还提供一个失电、复电信号以控制发电机的启动和停止。本工程 ATS 选用美国 ZENITH 产品。ATS 内部结构如图 3－7－10 所示，电脑控制板如图 3－7－11 所示。

图 3－7－10　ATS 内部结构图

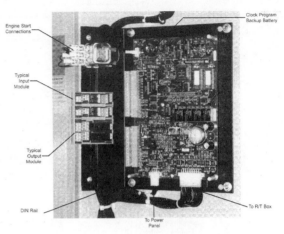

图 3－7－11　ATS 内部电脑控制板

（1）ATS 系统原理图

ATS 系统原理图如图 3－7－12 所示。

（2）ATS 的工作顺序

1）当市电的任何一相电压下降至 70％的额定电压且超过 1～3s 后，ATS 应命令发电机组启动。

2）当发电机组的发电电压和频率达到额定值的 90％后，ATS 切换至紧急电源侧。

3）当市电复电且三相电压均不低于 90％额定值时，ATS 经过 0.5s～30min（可调）的延时后自动切换至市电侧，并发出发电机停止信号，同时 ATS 复位，准备下一次的切换。

4）当发电机在供电中出现故障时，一旦市电复电 ATS 不经延时即立刻切换至市电侧。

（3）ATS 的构造和性能

1）ATS 为瞬时激磁双投接点型开关，由 Linear Motor 驱动，在三个周期内完成切换。

2）市电侧和紧急侧的接触器有电气和机械的联锁，无论激磁线圈或故障均不会使 ATS 处于中间位置而导致两路电源出现短路。

3）ATS 为四极开关，即把市电和紧急电源的中性线进行隔离，一极开关切换时为最后切离和最先投入。

4）ATS 的主接点和消弧接点均为银钨合金。

5）ATS 要求很高的耐过电流性能。

典型转换开关设备供电电路简图

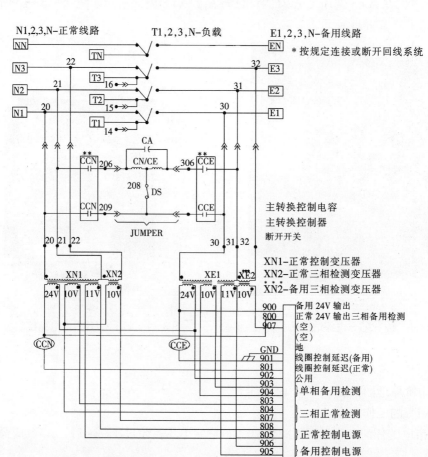

图 3-7-12 ATS 系统原理图

6）ATS 配有旁路开关，在 ATS 故障或失灵时可以手动操作。

本工程系重要工程，对电力系统要求极高，因此在末端配电箱和设备处直接加设 ATS，进行末端切换，以保证切换的直接性和减少故障，发电机的启停控制则由变电站进行控制。

2. 马达控制中心（MCC）

为方便设备的集中管理和维护，本工程采用集中式马达控制中心（Motor Control Center，MCC），统一控制各种设备的启停，并采用抽屉式控制单元以便于维护。

本工程的电机在 30kW 以上的均采用 Y-△ 启动或其他降压启动方式，30kW 以下的电机均采用直接启动，电机的启动设备均安装于马达控制中心（MCC）中，马达控制中心（MCC）主要设置在地下室和屋顶层设备较集中的部位，采用法国梅兰日兰（Merlin Gerin）公司系列产品。

3. 照明配电箱

为实现大楼的节能管理，需要在夜间对照明进行自动管制，除公共部位的照明外，都将统一熄灭，这一切通过对照明配电箱的若干回路进行控制，在照明配电箱中加设接触器，由 BMS 进行统一管理，照明配电箱选用天津中航产品。

4. 照明调光系统

在董事长会议室、行长会议室、部门会议室等和董事长办公室、行长办公室、部主任办公室等以及学术交流中心、交谊厅等部位要求对灯光进行亮度调光，这就必须加设亮度调光系统，亮度控制系统是通过晶闸管实现的，小房间装调光按钮；会议室设调光盘；学术交流中心、交谊厅设调光台，并可遥控。

调光设备采用美国 LUTRON 公司的 GRAFIK EYE 系统调光系统产品。

四、防雷及接地系统

接地是建筑物，尤其是高层建筑最重要的部分。接地分为防雷接地、电力系统接地、弱电接地、防静电接地、等电位接地等等。本工程采用混合接地，各种接地连为一个接地网，对大楼的各种接地提供工作和保护。

本工程均采用铜导体作为接地导体，因铜质有耐腐蚀、载流量大等特点，所以使接地质量大大提高，根据设计要求本工程接地电阻不大于 1Ω。

1. 防雷系统

防雷接地是工程中最重要的部分，是保证建筑物、人身安全的重要措施，同时也是电力系统和各弱电系统正常运行的重要保证。

防雷接地主要是对直击雷、侧击雷进行防范，防雷器具主要由接闪器、引下线和接地装置组成。

本工程地上部分为钢结构，屋顶为铝合金，周围为铝合金玻璃幕墙，因此只须将屋顶铝合金和玻璃幕墙铝合金框架作为接闪器与钢结构进行有效连接。

本工程的钢结构作为防雷引下线。接地装置为人工接地。

2. 屋顶防雷

屋顶是建筑物的最高点，主楼矩形区屋顶为平形铝合金结构，因为铝板与龙骨之间为螺栓连接，因此将钢柱最高点焊出 25mm×3mm 铜带与铝龙骨连接，该处应注意采取防止发生电化学反应，将铜带镀锡处理及做好穿出楼板时的防水措施。

主楼矩形区两侧为钢质女儿墙，与结构钢柱并不是焊接的，因此在女儿墙上部设避雷带，避雷带采用 25mm×3mm 铜带，铜带与钢柱焊接，应对铜带进行镀锡处理及做好穿出铝板时的防水措施。

主楼矩形区西侧烟囱为主楼矩形区的最高点，采用 25mm×3mm 铜带与烟囱焊接，应对铜带进行镀锡处理及做好穿出铝板时的防水措施，以防止发生电化学反应。

主楼弧形区屋顶为钢架结构，需将该处建筑钢用 25mm×3mm 铜带将最高点的梁与钢柱进行焊接。

主楼弧形区两侧和中央电梯机房顶部为本建筑最高点，因此在电梯机房顶部设避雷带，避雷带采用 25mm×3mm 铜带，铜带与钢柱（钢梁）焊接，也应对铜带进行镀锡处理及做好穿出铝板时的防水措施，防止发生电化学反应。

3. 侧向防雷

本工程玻璃幕墙铝龙骨通过转接件与钢柱或楼板进行有效连接，从而保证玻璃幕墙与钢结构进行有效的连接，防止侧向雷击。

4. 接地

本工程采用人工接地。接地导体采用 240mm² 裸铜线构成环状，并与钢柱进行焊接，引出室外，与室外人工接地极连接，构成统一的整体接地。本工程接地分为室内部分、室外部分。

(1) 室外

接地环路室外采用 240mm² 裸铜线暗敷设于室外土层内，距主体为 4.6mm，埋深为 900mm，作为水平接地体，并与室外接地极和室内接地环路及钢柱连接。

接地极采用 φ20mm×3200mm 铜棒。为使接地电阻便于测量及便于检修，设接地极检修井，在井内设断线卡。

(2) 室内

引下线。本工程防雷引下线自屋顶到 B3 层，地上部分防雷引下线直接采用钢柱作为防雷引下线，将铜线与钢柱焊接，引至 B3 层之架空层内。焊接的方式为采用 CADWELD 公司产品，进行放热式焊接，地下部分柱为混凝土结构。将铜线暗敷设于柱内并与柱内主筋上下各一处进行焊接。

接地网。接地线于架空层内构成为网状，以利于多向引出，接地导体采用 240mm² 裸铜线进行敷设，铜线的连接均采用焊接，焊接采用放热式焊接，铜线周围用水泥砂浆保护。

(3) 电力系统接地

在高低压变电室设置主接地母排，接地母排采用 70mm×10mm 的镀锌铜母排，距地面 500mm 高，接地母排至少两点与室外接地极相连，即构成本工程的电力系统接地，变电站的地排和中性线排均与此相连，构成本工程的电力系统接地。

(4) 变电站接地

本工程在变电站周围设置一周接地带，接地带采用 50mm×6mm 镀锌扁铜沿墙敷设，距地面 200mm，过门口采用均压带做法，并通过接地引出线与室外接地极相连。变电站内设备保护接地均由此引出。

(5) 配电间接地

由于本工程的配电电缆的 PE 线只供保护电缆与设备之用，而不作为接地干线，因此采用 240mm² 单芯电缆进行单独敷设各层配电间作为配电接地干线，该接地干线在变电站均由主接地母排引出。

(6) 弱电接地系统

本工程弱电系统较多，有 BMS、火灾报警系统、综合布线系统、保安系统、视听系统等，因弱电系统均有逻辑接地问题，因此对接地效果要求极高。为保证接地效果，弱电系统接地均采用单独敷设，由变电站主接地母排引出 240mm² 单芯电缆进行单独敷设至各层电信间作为弱电接地干线。在每层电信间设置接地母排，与弱电接地干线连接，同时该接地母排与钢结构进行焊接以重复接地。

(7) 等电位接地

为防止二次雷击、漏电等电气隐患和电气事故，本工程均进行等电位接地，将接地线由变电站或配电间引至各设备机房，如冷冻站、热交换站、空调机房、泵房等，在此部位与各种金属管道进行有效连接，保证了各部位的等电位接地。

5. 施工方法

（1）预埋

根据图纸要求将 $240mm^2$ 裸铜线混凝土内预埋于结构混凝土柱和结构混凝土板内，并与上方钢柱进行连接，在下方引出与室内接地环路进行连接。铜线的连接均采用焊接，焊接采用 CADWELD 放热型焊接。

（2）敷设

室内敷设。室内铜线的敷设均为在 B3 层底板上敷设，并用 M10 水泥砂浆进行保护。铜线的连接均采用焊接，焊接采用 CADWELD 放热型焊接。

室外敷设。室内铜线的敷设均为在室外土方内敷设，因铜线具有防腐能力及作为水平接地体的要求，采用直埋。铜线的连接均采用焊接，焊接采用 CADWELD 放热型焊接。

铜线与接地极的连接为压接，便于检查、维护和定期摇测。

第八节 计算机网络系统

为了满足大楼中用户和服务器之间高速数据交换的要求，计算机网络系统主干采用 3 个带有多协议交换服务（Multi-Protocol Switch Service，MSS）的全冗余 IBM 8260 ATM 交换机，MSS 是提供全 ATM 服务和第 3 层交换功能的核心技术。8260 之间采用 2 条 OC3 155 Mb/s 连接，并可在需要时非常简便地升级到 OC12 622 Mb/s。服务器组与 IBM 8260 ATM 交换机的主干之间采用双重连接以确保高可靠性，并可实现一个负载均衡环境。一个 VOD 服务器与 IBM 8260 之间采用双重 OC3 连接，向用户分配视像点播服务。

从 1 层到 12 层每层放置 2 台 IBM 8274 10Mb/s 独享式以太网路由交换机，可完全支持 VLAN，每层还放置 4～5 台 IBM 8224 提供 10Mb/s 共享式以太网端口。24 台 IBM 8274 将提供总共 1728 个独享式 10M 端口，超过了当前的需求（有 128 个共享式用户备用接口分布在楼层间）。50 个 IBM 8224 提供总数为 800 个共享式 10M 用户接口，满足当前项目需求。当然，如果今后需要，端口总数可以通过增加 IBM 8274 和 IBM 8224 来扩展，同时不会改变基本结构。

计算机网络系统主干网络通过 IBM 2216 路由器连接到主机所在的翠微路旧楼。翠微路旧楼的 ES/9000 通过路由器连接到新楼，该连接既可提供批处理，也可提供交互式 SNA 会话。通过这样的安排，新楼的用户和其他的终端用户一样，与 ES/9000 保持一个全面可靠的连接。这种与 ES/9000 的独特连接且用户友好的解决方式，是用 IBM 产品来实现的。

中国工商银行总行新的总部大楼是一个信息资源中心。因此，需要提供 DDN 连接将信息及时地送往全国各地的分支机构。所设计的新网络与中国工商银行总行现有的基于 IBM 2200 WAN 交换的帧中继网完美平滑地集成为一体。

一个拨号交换使得在大楼以外的职员可以通过电话线路连到网上，继续和其他用户共享文件，就像他们在北京一样。

与 Internet 的连接将通过由中国工商银行总行维护的一个 Web 服务器来实现，在 Web 服务器和 Internet 之间建立一个防火墙，阻止非法访问，达到最大限度地保护中国工商银行总行的数据库。

随着网络体系日益复杂，该网络提供了有效并且用户友好的基于 AIX/NetView 的网管系统，可以随时了解网络的实时状态。为了监控网络的使用情况，发生故障时帮助诊断和维护网络，根据用户需要配置了 VLAN/ELAN 组。在相同的 NMS 硬件和软件平台上支持 Open Topology，API 可以开发集成一套电缆管理系统，为网络管理者规划和诊断布线系统中出现的问题提供一个有效的工具。

新大楼具有对称双竖井的结构，综合布线工程采用光纤作为主干，为各信息点提供了高带宽的物理介质。网上信息以数据为主，但应用需求正在迅猛发展，随着计算机技术和计算机网络技术的发展，办公自动化应用已从传统的字处理、电子邮件和管理信息系统扩大为具有多媒体应用的系统。新大楼计算机网络必须能支持多媒体应用。就目前可以考虑的多媒体应用有电视电话会议（Video Conference）应用和视频资料点播（Video On Demand，VOD）应用。

新大楼计算机网络的应用中，应以办公自动化、管理信息系统应用为主，同时包含总行营业部的业务需求、国际业务部的业务需求。办公自动化应用的主要内容是数据信息交换、视频资料点播、电视电话会议等。在新大楼内既要有各部门相对独立的信息共享，同时又要有各部门间的信息交换。既要有本地网络的信息共享，又要考虑与全国各省、市分行，甚至地市行、经办机构间的信息交换，总之新大楼网络是一个规模较大的局域网，其设计必须满足中国工商银行总行作为"决策指挥中心"、"控制管理中心"、"资金调度中心"的信息交换需求。

由此可见，此系统是一个涉及到多方面的网络系统，需要做到统筹安排。下面，就各部分需求作一描述。

一、管理信息系统（MIS）

根据各个办公室的不同需要，并结合中国工商银行总行各部门的职能，网络应能支持各种 MIS 管理信息系统应用。

二、办公自动化（OA）

办公自动化业务包含全行共享的信息系统，各部室在新大楼物理网络上组建的逻辑信息系统网络（虚拟网络），这是较大型局域网络必不可少的。办公自动化业务应用具有以下特点：突发性、分散性和共享性。

办公自动化业务使用的时间是随机的，使用的类型是不固定的，大多数应用如文件传输、电视电话会议和影像资料点播都具有突发性。办公自动化业务一般是以不同专业部室为单位分布在一定的区域内，有更广泛的信息共享的应用才会跨区域。无论是在一定的区域内或在全网内都会有一些有限的网上共享设备，如打印机等，其应用结果也会造成数据传输的突发。

在考虑办公自动化业务的随机性与突发性的同时，由于不仅有本地相对独立的信息共享，还有各部门间的信息共享；既要有本地网络的信息交换，又要考虑工商银行内部网络信息共享，与上级单位的信息交换。

在各个网络层次间还需要考虑网络的安全性。

三、以主机为核心的业务

总行机关在保证办公应用的同时，也提供对业务系统的支持。业务交易采用大型机系统，采用以主机为核心的终端操作方式。

总行机关在保证办公应用的同时，也提供对业务网络的支持，业务交易主要包括：储蓄业务、会计业务、信贷、信用卡业务与国际业务。业务交易应用采用的是 IBM 大型机系统，网上数据以交易数据为主，也有部分批量数据，数据量不大。对于这类应用，SNA 协议、NetBIOS 协议可以对网络进行非常友好的支持。

新大楼包括总行营业部及总行机关两部分，因此大楼的网络设计还应包含总行营业部业务的需求。总行营业部业务系统是以主机/终端方式为主的应用，每一个终端（或仿真终端）以柜台交易方式和主机通信，即使是以以太网加终端服务器方式互联，网上数据量也很少，自身的带宽无须特殊考虑。但在与 OA 互联上要考虑带宽优先保障和安全性问题。此外，个别业务室还要加入某些全国联网业务（如：利用电子汇兑进行资金调拨等）。

国际业务部在总行新大楼的清算处设有以主机为核心的计算中心，其使用方式为主机终端方式，其他处室与一般办公室网络需求一致。

四、广域互联

总行要与分行间进行业务和办公数据交换，还要向国家部委及上级主管部门提供数据、报表、图像资料的信息及查询功能。因此，要通过 DDN 专线与 X.25、Frame Relay、ISDN 等公网进行互联，也要考虑安全问题。

五、Internet/Intranet 的应用

总行既要向外界发布信息，也要从网上获取外界信息。要能做到网上的每个用户"可管理"地使用 Internet/Intranet 资源，并且要设置拨号服务器等设备，使员工能够通过电话拨号方式远程访问办公大楼的服务器及由此漫游 Internet。

六、VOD/视频会议

随着计算机技术的发展，网络上的数据已不仅是文本数字，还有图形、表格、图像、声音等。目前可以考虑的多媒体应用有电视、电话会议（Video Conference）应用和视频资料点播（Video On Demand，VOD）应用，所以数据量也在不断增大。

七、与旧楼的连接

新大楼与翠微路旧楼的连接采用 DDN 专线及光纤。

八、信息点分布

有 2000 个左右信息点，其中 2/3 的信息点要求提供独享 10MB 的带宽，其余信息点是共享 10MB 带宽。此外，还必须有 100 个左右 25 MB 带宽的信息点。

在新大楼的计算机网络应用中，应以办公自动化为主，主机数、端口数要考虑的因素有：当前人员数量，近期人员数量的增加、冗余，共享设备（如服务器、打印机等）和统一模式化。在大楼内的人员是按组织机构分布的，即同一处人员在同一办公室或相邻几个

办公室，同一部室的几个处在同一楼层相近的区域。

为了适应人员移动、办公室布置、冗余备份等各方面因素，新大楼布线网点数必须有最大冗余，因为布线工程是一次性的，不应经常增减。新大楼总共布了 4856 个布线网点。

九、网络体系结构的需求

总行的业务计算机系统一般都是 IBM ES/9000（或 9672 等系列），网络为 IBM 系统网络结构，局域网采用更多的是 TCP/IP 协议。并且两种网络都作为计算机资源子网接入已建成的全国通信子网。通信子网是在邮电 DDN 链路的基础上，组建 Frame Relay 网络，具备升级 ATM 网能力，支持 SNA、TCP/IP 计算机网络协议，具有对中国工商银行总行全行通信子网的监控管理能力，并且在满足业务数据传输的基础上，支持语音和图像的传输能力，这些将为全国范围内的业务系统互联以及决策支持系统的建设奠定基础。这将势必要求作为通信子网的接入节点（包括总行大楼、省分行、地市支行大楼等节点）具有符合与通信子网连接的能力，并且只有做业务的 IBM 主机与作 OA 的开放式系统有信息交换才能进一步提高中国工商银行总行经营管理水平。根据应用需求的不同，SNA 和 TCP/IP 互联有两种基本方式：集中访问方式、分散访问方式。

其中，SNA 信息将主要通过集中访问方式，而 OA 系统的信息将主要通过分散访问方式。

十、系统与网络管理的需求

在网络计算时代，用户在将重要系统从主机向企业级客户机/服务器结构转换的时候，将系统管理作为首要的考虑。在很多情况下，这些企业级客户机/服务器应用是在整个企业运营中至关重要的，因此要求与大型主机同样级别的可预测性、可靠性和可控制性，但是企业级的客户机/服务器是一个更为复杂的环境，它是针对大量用户，多种异质的操作系统，网络和数据库而设计的，而且经常分布在不同的地域。企业需要一套工具克服这些复杂性，同时经济有效地控制、管理整个企业客户机/服务器的资源。

十一、网络工程的需求

对网络系统工程的要求主要集中在以下几方面：

——高度的网络安全性、可靠性和稳定性；

——全面的网络管理；

——支持多媒体应用，如电视会议；

——支持已有和新的应用；

——易于现有应用系统的移植；

——支持已有和新的网络设备；

——提供可伸缩的产品系列。

十二、网络设计的要求

网络的设计要求高度的网络安全性、可靠性和稳定性，包括防止非法访问，网络设备的高度冗余设计，网络结构的冗余设计等。

全面的网络管理，包括网络设备管理、端口管理、VLAN 的灵活划分及管理、支持多媒体应用、易于已有系统的移植和连接（如与旧大楼 ES9000 计算机和帧中继网络的连接），支持已有的和新的网络设备，提供可伸缩的产品系列。

采用现在世界上公认的先进技术，使中国工商银行总行大楼在本世纪内保持领先的地位。整个网络系统总体结构见图 3－8－1。

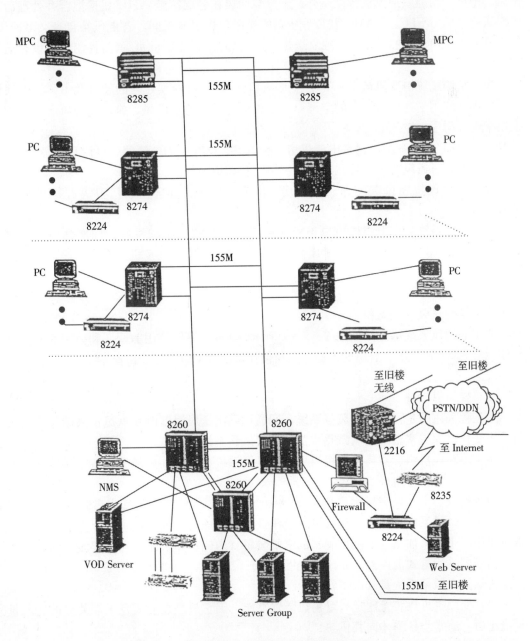

图 3－8－1　网络系统总体结构

第九节   通风空调风系统

一、概述

通风空调系统包括新风系统、回风系统、排风系统、排烟系统、楼梯间及前室正压送风系统。标准层新风均由屋顶新风机组预冷（或预热）送至各层空气处理机房（AHU），排风、排烟、均经屋顶风机排至室外；新风与回风在各层区经 AHU 机房混合并处理后再经混风箱（FP、FPC、VAV）及带静压箱的送风口送至各房间，各混风箱自身又可回风，带盘管的混风箱（FPC）冬季可独立送热风；电梯机房/计算机房/消防控制中心设有送热风的电脑机。

集中空调系统由变风量（VAV）空调机组（AHU）经预处理的新风及由顶棚作回风箱所构成系统用于标准办公层的空调；由定风量空调机组及送风、排风和回风所构成的系统用于底层门厅的空气处理。

机械冷却/通风系统设置在电梯机房、变电室、标准层的电气间、电话间等房间。

机械加热、通风系统设置在所有的停车层和卸货平台。

排风系统设置在公共厕所、洗衣房、浴室、厨房、办公室、门卫等有排风要求的场所。

生命安全系统主要有楼梯出口正压送风系统、前室送风和排风、标准办公层排烟换气、停车区送排风换气、中庭送排风换气、地下层送排风换气及机房和电气设备房通风系统等。

二、空调送风系统流程图

典型的送风系统示意图如图 3-9-1 所示。AHU 整体使用美国开利公司的产品，盘管使用特灵（TRANE）公司的产品，风机使用英国 WOODS 公司的产品。

三、变风量系统

本工程采用的是再热式变风量系统，即通过固定送风温度改变送风量来满足室内余热值发生变化时保持室温不变的带热水加热的变风量系统。

系统由新风机组、空气处理机组、中压送风系统、带水加热的变风量末端装置、消声装置及自控元器件等组成。

新风机组、空气处理机组采用美国 AIR SYSTEMS 的产品，其中盘管是特灵公司的产品；中压送风系统采用镀锌钢板风管模压铁皮法兰连接、欧文斯玻璃保温棉；末端装置采用美国产带热水加热（外侧房间）的末端装置（内侧房间末端装置不带加热）；

消声器采用管式消声器。系统图如图 3-9-2 所示。

再热式变风量系统具有以下特点：

（1）变风量再热装置比定风量再热装置节能。因它只是在变风量末端装置的送风量减至最小后，通常是冬季才向其供热；

（2）由于变风量系统可以随着被空调房间实际需要的负荷的变化而改变送风量，使系统供冷量可以随负荷的变化在建筑物各方位之间调节，充分利用了在同一时刻，建筑物各

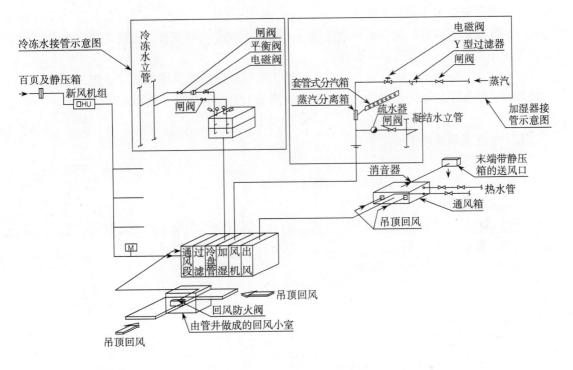

图 3-9-1 典型送风系统示意图

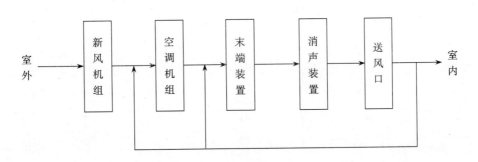

图 3-9-2 变风量系统示意图

朝向的负荷参差不齐这一特点,减少了系统的负荷总量,降低了运行费用;

(3)同时这种系统可以满足同一时刻有的房间需要供热,有的房间需要供冷的要求;与定风量系统相比,对室内相对湿度的控制质量要差一些,但对民用建筑可满足要求;

(4)由于末端装置的诱导比高,空气分布均匀,送风量小的情况下也不会产生死角,这样可以减小风管尺寸,减少一次性投资;

(5)由于这种末端装置需有两条带保温的管道,一次性投资较高;

(6)虽然变风量系统设备本身价值较高,但由于总负荷的减少,综合性投资将会降低。

四、无风管全吊顶回风的特点

（1）优点：无风管，减少了一次性投资，降低了成本，可节省一定的空间，为其他的设备管道布置操作、检修提供了方便。

（2）缺点：全吊顶回风，钢结构松散的防火涂料易随空气飞扬，通过矿棉吊顶缝流动影响环境，增加了过滤网堵塞的机率，回风在隔墙上开洞，降低了隔声效果。

五、中压送风管的试压

1. 试压范围

AHU 至混风箱前送风干管（不含阀门、设备）。

2. 试压标准

DW143"风管泄漏试验实用指南"规定的最大风管空气泄漏率。测试数据小于或等于表 3-9-1 数值者为合格，反之为不合格。试验压力为该段风管的工作压力。

空气泄漏率　　　　　　　　　　　　　　　表 3-9-1

不同静压	最大泄漏率			
	低压	中压	高压	
	A 类	B 类	C 类	D 类
1	2	3	4	5
Pa	L/s·m²			
100	0.54	0.18		
200	0.84	0.28		
300	1.10	0.37		
400	1.32	0.44		
500	1.53	0.51		
600		0.58	0.19	
700		0.64	0.21	
800		0.69	0.23	
900		0.75	0.25	
1000		0.80	0.27	
1100			0.29	0.10
1200			0.30	0.10
1300			0.32	0.11
1400			0.33	0.11
1500			0.35	0.12
1600			0.36	0.12
1700			0.38	0.13
1800			0.39	0.13
1900			0.40	0.14
2000			0.42	0.14
2100				0.14
2200				0.15

续表

不同静压	最大泄漏率			
	低压	中压	高压	
	A类	B类	C类	D类
2300				0.15
2400				0.16
2500				0.16

3. 试压设备连接

试压设备原理见图3-9-3。

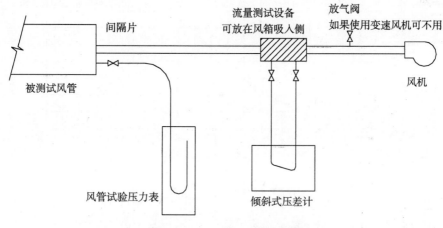

图3-9-3 试压设备原理图

4. 试压过程

(1) 按图3-9-4方式连接试压机及被测风管,并严密不漏;

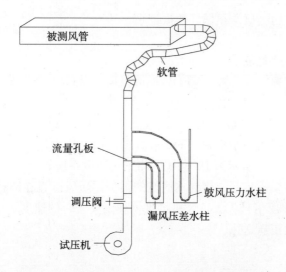

图3-9-4 试压设备连接示意图

（2）计算被测段风管表面积；

（3）启动试压机，待压力等于被测风管工作压力并稳定后，读出漏风压差数（mmHg）；

（4）查图3-9-5漏风量—压差对照表，算出漏风量；

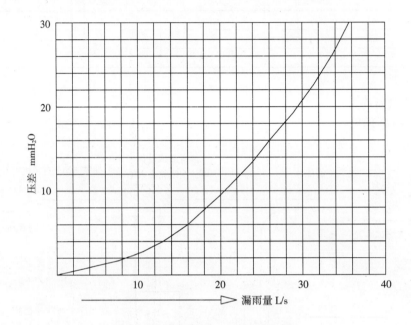

图3-9-5   漏风量—压差对照曲线

（5）算出单位面积风管每秒钟漏风量（L/s·m²）（漏风率）；

（6）用算出的漏风率与表3-9-1进行比较，小于或等于为合格，大于为不合格；

（7）不合格的，修补后须重新试压15min后读数，仍不合格的要拆除重做，直至合格为止；

（8）测试与修补后的测试均须做好数据记录。

六、典型送风系统的工况

（1）正常工况。变频驱动装置（VFD）调节以保证送风管静压为30mm，热水盘管和冷水盘管的阀门可按设定程序以维持送风温度10℃。加湿蒸汽阀可开闭进行调节以保持冬季湿度在30%，同时送风湿度最高在85%。夏季冷冻盘管可根据送风温度和降湿控制的要求来控制。如送风机停机，加湿和VFD不再起作用。热水循环泵在新风温度降到4℃时开始运行。如图3-9-6所示为B2层地下停车场送风系统。

（2）火灾工况。如果楼控系统接到本区域的报警，送风机就连续运行调节以保证送风静压30mmHg，如果静压信号失去，风机将维持静压失去时的速度，由每层独立的空调阀门来控制排烟和楼层的正压送风。

图 3-9-6 B2 层地下停车场送风系统

第十节 电梯工程

本工程采用的三菱 GPS 和 GPM 系列电梯是日本三菱电机株式会社 20 世纪 90 年代的产品，其控制系统采用了人工智能、模糊逻辑控制器，采用了 16 位电脑并建立"人—机"对话的新概念。

三菱电机是世界上第一家将变频、变压逆变控制技术应用于高速电梯的公司，第一次成功地将该技术使用于从低速到超高速的各个速度范围。GPS 和 GPM 系列亦是三菱电梯中应用 VVVF 技术的代表产品，采用简单而坚实的感应电机，却可获得直流电机才具有的良好调速性能，使乘客感到十分平稳和舒适，具有高度的可靠性和最佳性能。

三菱 VVVF 控制的电梯的设计平层误差为 ±10mm，目前三菱电梯的实际使用和调试的数值往往会低于标准值。在本工程采用的三菱电梯 GPS 和 GPM 系列中，逆变器采用了基极绝缘的双基极三极管 IGBT（Insolated Gate Bipolar Transistor），由于它的开关频率高达 10kHz，所以噪声小、容量大，驱动功率小，与续流二极管组成模块，减小了体积，提高了可靠性。

在中高速电梯的曳引系统中的传动部件，也采用了斜齿轮传动来代替以往常用的蜗轮蜗杆传动方式，降低了噪声，提高了传动效率。

根据对电梯的故障率分析，以往电梯中门的故障率最高，且伴有较大噪声，影响了乘坐品质，并成为降低故障率的最大问题。三菱电梯在 GPS 和 GPM 系列产品中引用 VVVF 控制技术，并为其专设了一部 16 位门控制电脑和一部 16 位门驱动控制电脑，用电脑来控制门的换速、运行和停止，使开/关门顺滑性进一步提高，因为采用了 MOS 技术，使 VVVF 控制减少了磁和电刷引起的噪声，增加了两个齿轮在传动轮间，减低链的噪声。此外，在安装和保养上，由于各种参数均由工厂设定，所以不需在现场进行门速度的调整。

该系统由门机构、主回路、控制回路和辅助回路组成，具有如下特点。

（1）采用具有电流环的 VVVF 工作原理，采用高频功率元器件，使噪声降低；

（2）采用编码器（轴向型），可测门电机实际速度作速度反馈之用，可测门位置；

（3）全数字控制（包括 PWM 电路）；

（4）门形和门速可在站控制盒内的设定点设定；

（5）由于采用了高性能单片机，所以板的尺寸小；

（6）各种站安全检测由硬、软件来进行；

（7）门安全操作信号和轿厢开关按钮操作信号皆在串联传输内进行；

（8）门超负载检测由软件来执行；

（9）当门有安全装置故障时，能强行低速关门。

本工程采用的三菱电梯 GPS 和 GPM 系列，采用了 Al－21 电脑群管理系统（见图 3－10－1），该系统分别采用 16 位电脑，用"心理等候时间"的仿真信息器（人工智能），将乘客流量的程序预测交通量分析专家意见操作判断并发出指令，以数字网络形式传送，并用模糊逻辑控制理论分配电梯的应答厅呼叫，以达到最短的等候时间，舒适而精确地分配，Al－21 系统强调一体性和仿效人工智能（专家意见）来进行分配。

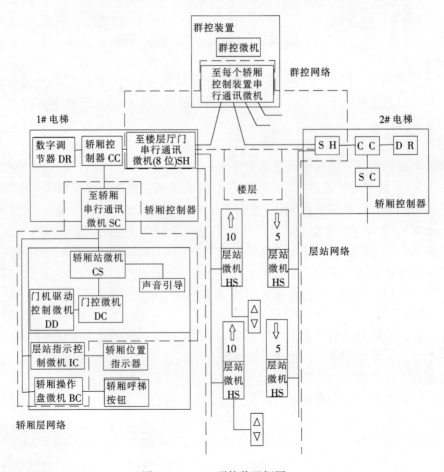

图 3－10－1   群控装置框图

在本工程的电梯控制系统中,电梯机房、轿厢内及在每个厅门都附有微处理器并以数据网络系统将所有微处理器联系起来。此数据网络系统增强了"人—机"对话能力。在数据传输方面,此系统经由串联传输方式将各微处理器连接起来,容许各微处理器互相检查,确保数据传输准确,且每部群控电梯之间的数据传送是通过光纤传送,亦保证了传输的快速与准确。

鉴于上述的驱动和控制系统,使整套电梯设备具有很高的可靠性和效率,并节省能源,使其在正常保养维修的条件下,有很高的使用寿命和极低的故障率。

另外由于设备中选用了电子部件及新的控制技术,例如交流感应电机、斜齿轮曳引机、VVVF控制门机系统,使机房轿厢和开关门获得了较低的噪声,电梯设备中采用了很多的降低噪声的措施,使机房的噪声远远低于中国国家标准,即低于50dB。

本工程有两台电梯由于机房高度所限而采用下置式机房,其井道、机房剖面图如图3-10-2所示。

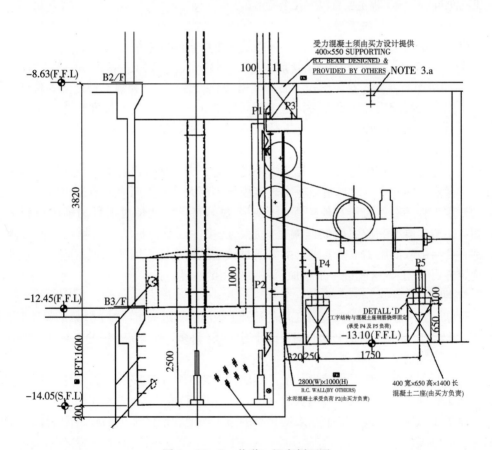

图3-10-2 井道、机房剖面图

第十一节 外饰面装修（幕墙、石墙裙）

本工程的外立面装饰幕墙以玻璃幕墙、铝幕墙为主，辅以部分石材幕墙构成。一方面对建筑物的总体风格、外立面效果作了总体考虑，使整座建筑结构庄严凝重，结构线条简单明了，外装饰材料质感和色调丰富，玻璃与铝板、玻璃与花岗石交替使用，加上立面上船头形的挑檐，又使得建筑线条富于变化，避免了单调呆板的形象。

另一方面，由于建筑物临长安街，考虑玻璃幕墙对街上行车司机的影响和对行人的影响，如正立面的玻璃幕墙反射光线聚焦的位置不能落在长安街上，玻璃幕墙的反射光线不能太耀眼等。对建筑物玻璃幕墙临街的正立面中间部位考虑成外凸的弧型，对光线构成散射。同时设计上突破了国内玻璃幕墙通常采用的镀膜反射玻璃的做法，而大量采用透明玻璃的做法。在解决了光污染的同时，也使整个建筑物风格独特，在长安街众多雄伟建筑中独树一帜。

工商总行的幕墙工程主要有以下几个特点。

1. 工程量大、幕墙种类繁多

工商总行幕墙工程工程量非常大，并且是一个综合性的幕墙工程，其中幕墙部分施工面积共为 $76520m^2$，这中间包括玻璃幕墙 $27847m^2$、铝幕墙 $41672m^2$、花岗石幕墙 $7001m^2$。如按饰面种类、安装形式、品种规格细分的话则可分为数十种之多。幕墙种类几乎包括了国内现有的所有幕墙做法，由于不同种类的幕墙，其技术标准和施工工艺各不相同，因此对幕墙工程的管理和操作工人的素质提出了更高的要求。

2. 材料高档，施工要求高

幕墙工程的装饰材料绝大部分是从国外进口的。工程材料进货周期较长，而且由于材料高档、昂贵，因此甲方对材料损耗率规定极严，都大大低于国内一般工程同类材料的损耗率。幕墙工程还有不同于其他工程的另一个显著特点，就是对工程的辅助材料要求极严，如：结构硅酮密封胶、耐候硅酮密封胶、连接件以及各种防火、隔热保温和隔声性能，都有严格细致的施工工艺要求（并需通过权威机构进行幕墙的模拟试验，各项指标均符合规定方可使用），这就进一步增加了幕墙施工的难度。

3. 工期紧

工商总行工程的合同工期在定额工期的基础上被压缩了近一年，加上频繁的设计变更和其他各种因素影响，幕墙工程的开始时间又比计划推迟了许多，使幕墙工程的工期更加紧张。

4. 交叉作业多

工商总行工程各系统工程较为复杂，幕墙工程施工集中在整个工程的中后期，此时所有的分项工程施工均已开始，分包队伍众多，管理难度加大。施工工作面拥挤，施工安全和成品保护工作压力很大。加上本来就狭小的施工场地和市区施工的种种限制，更加大了幕墙施工的难度。

一、幕墙工程的材料

1. 幕墙铝合金构件

（1）铝合金构件的材质

工商总行的幕墙铝合金构件广泛应用于玻璃幕墙支撑系统、包覆系统和铝板幕墙中，幕墙支撑结构主型材厚度不小于 3mm，主要承载部位厚度为 5mm，非结构厚度不小于 1.6mm。铝合金主要承载型材化学成分相当于国内合金编号为 LD31 的型材，供应状态主要有三种，分别相当于国内高温成型后快速冷却及人工时效状态（国内状态编号为 RCS）、淬火人工时效状态（国内编号 CS）和热挤压状态（国内编号 R）等。型材尺寸允许偏差等级为高精级。表面阳极氧化处理氧化膜厚度级别为 AA20（GB8013）以上。

（2）型材材质主要化学成分

工商总行幕墙系统铝合金构件按其受力不同分为非承重构件和承重构件，由于韩国采用的合金标准和我国不同，其合金化学成分和国内类似产品略有不同。经分析对比工商总行幕墙铝合金主要受力构件的各项性能指标相当于国内的 31 号锻铝（LD31），在一些力学性能上略优于国内标准的规定。

（3）工商总行幕墙铝合金型材颜色

工商总行幕墙铝合金型材颜色按型材安装部位划分主要有以下两种。

1）外露部分：亮银白色。

2）非外露部分：普通镀铬处理。

（4）工商总行幕墙其他铝合金构件和附件简介

所有铝构件安装之前应先除去无用的记号、标签。防止标签长时间附着在铝合金构件上会在表面上留下很难清理的痕迹，影响今后的装修效果。

1）挤压铝合金五金件：构件厚度多在 3mm 以上，其化学成分符合 GB/T 3190—1996 的规定。

2）铝板：尺寸和规格较多，厚度多数在 5mm 以上。主要用于装饰带和包板，合金成分和硬度适于挤压成型和加工，并具有足够的结构性能，适宜幕墙的装修。

3）穿孔板：尺寸及规格较单一，数量较少，多为 5mm 厚铝板，用途为连接固定幕墙的铝合金构件，板面开 6mm 直径的孔，孔距 6mm，距板边缘 12mm。

4）铝合金构件用树脂涂料：按亮银白色配制成金属色和设计要求的特殊光泽，色彩及光洁度与美国 SOM 设计公司提供的样品相吻合。涂层用 70％的碳氟树脂（美制型号为 HYLAR500）在铝合金构件表面做四层涂层，干膜总厚度 0.04064mm。

5）和铝合金配套使用的不锈钢构件：此类构件多用于幕墙系统中的五金件安装和紧固件安装。不锈钢构件上到铝构件里的深度规定为大于 3mm。外露在外面的部分，表面处理成和周围铝合金相同的色彩。不锈钢表面处理为 4 号刨光，采用的标准为美国 AISI 类型 302 和 ASTM A167、A276、A269。

6）非电镀铁制金属的涂装：非电镀铁制金属的防锈底漆，采用编号为"4 - 55 VER-SARE"（美国 TNEMEC Co. 公司）的产品。

7）绝缘分隔：采用编号为 CARBUMASTIC 90（美国 CARBOLINE Co. 公司）的产品。

8）滑动垫片（玻璃幕墙栓接滑动接缝）：高强聚苯乙烯或石墨填充酰胺纤维。

9）隔离垫片（除栓接滑动缝外）：采用 No162 弹性组合条或 CHROME LOCK N 型条注入式隔离。

10）隔热：采用聚氟乙烯，硬度为 Shore（邵尔）A 型硬度 50 度，误差为±5％，并采用结构聚氨酯，断面上与铝合金构件联锁（最少 10mm 间隔）组成一个整体结构单元。

11）角钢、钢板、钢杆、钢条和其他用来加强铝构件的钢配件：须符合美国 ASTM

A36 和 ASTM A283 的规定。电镀在韩国现代公司加工厂上指定的底漆，剪裁成合适尺寸后上漆。埋入或与混凝土砌体相接的锚件均应进行热浸镀锌处理。

12）型材、铝板、铝杆和其他用来加强铝构件的铝材：此部分主要是指国内加工的构件，其加工除满足合同要求外，尚须满足国内规范的相关要求。这部分工程量较小，主要由武汉凌云公司负责加工生产。

13）遮水板网状（氨基甲酸酯）泡沫塑料，泡为不封口泡，约 25mm，30～40 个，用 PVB 塑料罩面。

14）隔热复合金属板：隔热复合金属板铸入的泡沫塑料，其中至少 90％ 的泡是封闭的，隔热复合墙板同时还具有防止内表面结露的功能，其设计还具有抗风雨功能。

15）压型铝板：

①块板：轮廓按设计图纸。铝成型板，用各种尺寸的整板，最小厚度 5mm，冲压或真空成型，在第一层和有人使用的空间 3000mm 高度以下，板反面加吸声材料，使用应有足够厚度和强度的金属以避免挠曲和变形。背面用适合的粘结材料贴隔热层。

②转角板：从背面切削板，以便形成的转角很挺。把板加工成匚形或宽边形，与挤压铝材铝板结合在一起形成要求的外观形状。

16）铝百叶窗：把铝材加工成设计形状，然后焊接。在风管与百叶窗连接处加防鸟网，用线经为 1.5mm 的铝线，进行 12mm×12mm 网眼编织，镶在铝框内。在风管没有覆盖的地方，加铝盖板最少 1.5mm 厚。防鸟网和盖板的表面处理与百叶窗一样。百叶窗的百叶和框每个部分应是整料。

17）铝挡板和柱外壳（没有隔热）：尺寸、厚度和形状按设计图纸，铝板厚度约 5mm，柱外壳内表面有吸声材料。板面的平整度在 300mm 内，不超过 1.5mm，整个表面不超过 3mm，测试方法按 ASTM C314。

18）吸声材料：使用美国 COATING EC－1000（3M 公司）产品，用抹或喷的施工方式，最少厚度为 3mm。

19）挡风条（旋转门）：挡风条是可拆装的羊毛编织物，装在旋转门上、下和旁边框上，也装在门框上、下槛和边框上，由于设计精度较高、材料合适，所以密封性能良好。

20）防水材料：

①液体状态施工的防水材料，加热熔化，液态施工沥青符合美国 CAN/CGSB－37.50M 的标准，选用美国 MONOLITHIC MEMBRANCE 6125（AMERICAN HYDRO-TECH INC. 公司）的产品。

②弹性防水片：合成橡胶，最少 1.5mm 厚，防水厂家为美国 HYDROTECH FLEX-FLASH LIN（AMERICAN HYDROTECH INC. 公司）。

③ 保护层：树脂玻璃纤维外加沥青或者 0.15mm 厚聚乙烯。

2. 幕墙用密封胶

工商总行幕墙工程的密封，主要采用橡胶密封条，依靠胶条自身的弹性在槽内起密封作用，要求胶条具有耐紫外线、耐老化、永久变形小、耐污染等特性。国内一些大型工程采用胶条密封，至今没有出现问题。如：北京长城饭店外墙单元式明框幕墙接口处和深圳国贸大厦隐框幕墙接缝均为胶条密封。但如果在材质方面控制不严，有的橡胶接口在一二年内就会出现质量问题，如：发生老化开裂，甚至脱落，使幕墙出现漏水、透气等严重质量问题，甚至玻璃也有脱落的危险，给幕墙带来不安全的隐患，因此，不合格密封胶条决不允许在幕墙中使用。国外目前正向以耐候硅酮密封胶代替橡胶条方面发展，但因耐候硅酮密封胶价格较贵，对施工条件要求高，施工工艺复杂，在国内还较少使用。

工商总行幕墙工程使用的密封胶有：结构密封胶（美国 DC983 双组分中性结构硅酮密封胶）、建筑密封胶（美国 DC791P 中性耐候硅酮密封胶）、卫生密封胶（美国道康宁公司产的非伸缩性抗霉酮胶）。除卫生密封胶为白色外，前两种均为黑色。

由于目前国内还不具备大批量生产结构硅酮密封胶的条件，有些厂家正在进行试制，并进行小批量的试生产，做了一些实验，但其质量稳定性还有待进一步改进。因此，工商总行的幕墙工程没有采用国内生产的结构硅酮密封胶，而是采用美国进口的结构硅酮密封胶。通过这几年来的实践证明，只要进货前认真进行结构硅酮密封胶与接触材料的相容性试验，同时性能检测合格，在使用有效期内，严格按施工操作要求施工，其质量是有保障的。

二、幕墙的安装施工

1. 工程管理程序

在工商总行幕墙工程的建设中，由于其外部环境的要求和幕墙工程项目本身的特点，决定了必须按照国际惯例，采用项目管理方法和手段进行工程项目建设管理。工程建设的实践证明了这种项目管理体系能有效地实现各种生产力要素的优化组合，使工程建设达到质量高、工期短、成本低的目标。

工程建设项目管理是从揭示项目内在建设规律与施工生产力特点来研究管理体制、运行机制和承包方式的管理科学。在工商总行幕墙工程建设中，建立了为投资主体服务的工程咨询管理体制，以工程合同为纽带的总、分包运行机制，存在着为各类承包企业服务的市场体系等。幕墙施工管理程序详见图 3-11-1～图 3-11-4。

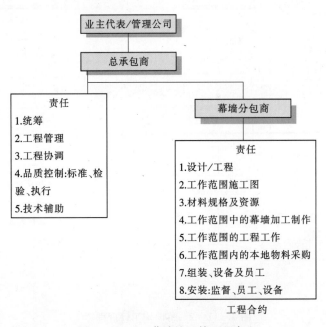

图 3-11-1 幕墙施工管理程序 1

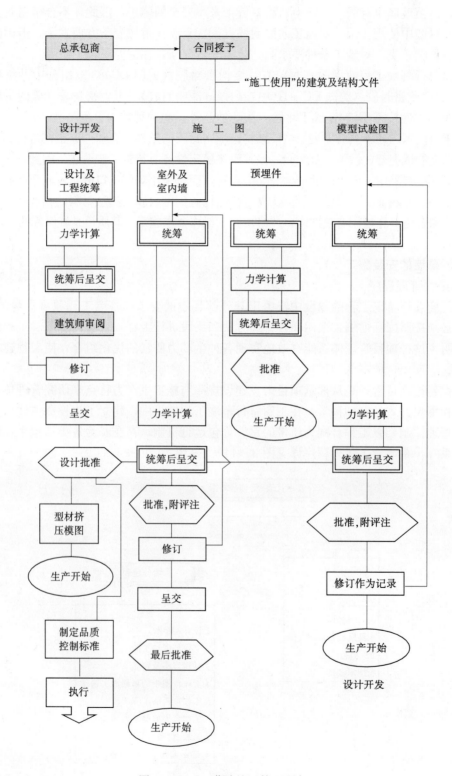

图 3-11-2   幕墙施工管理程序 2

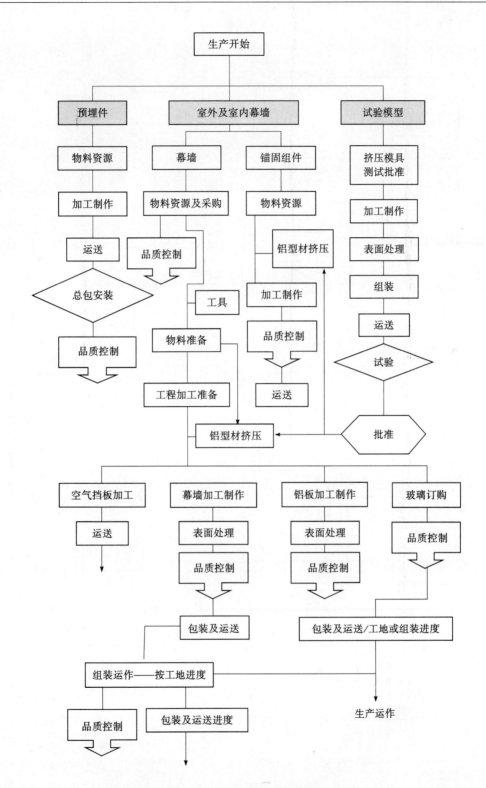

图 3-11-3 幕墙施工管理程序 3

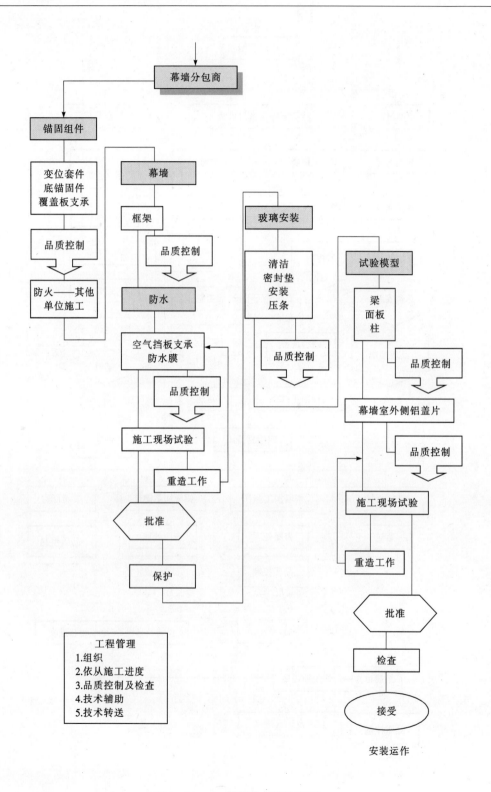

图 3-11-4   幕墙施工管理程序 4

2. 幕墙工程项目管理结构

由于承包工作繁多，承包商众多，子项目系统的工作内容不尽一致，其管理方法的主要特点如下所述。

（1）工程分层次管理。工商总行幕墙工程项目管理实行了二级管理。第一级管理由业主方和施工方的项目经理组成的高级管理体系，主要进行工程统筹的宏观决策，通过每周召开高层次的协调例会和现场巡视，制定计划目标，提出实现计划的措施，组织和协调诸子项目的全方位实施的决定。第二级管理主要由子项目系统进行，贯彻决策层的决定和指令，修订子项目计划，确定工艺流程，协调各专业之间交叉施工的矛盾，每日控制生产计划进度和工程质量，保证子系统阶段目标实现。

（2）严格的项目控制。项目控制是幕墙工程实施过程中，保证按计划规定的轨道进行的一种必要手段，是项目总负责人的职责。在控制过程中，一是预测可能发生的各种可能性，建立工作标准；二是查明正在发生的问题，用建立的标准衡量当前工作；三是比较预测的结果和正在发生的事实，分析产生偏差的原因；四是及时采取补救措施，以满足项目目标、进度或预算的要求，项目控制的主要依据是合同、进度计划、反馈的信息、图纸、标准、规范等。控制的主要内容是进度、费用和工程质量等。通过不间断的控制，力争使实际执行情况与控制标准之间的偏差减少到最低限度，确保项目目标的圆满实现。

3. 幕墙的安装顺序

工商总行工程的幕墙安装分为矩形主楼、环形主楼、北侧裙房、天窗，共对四部分进行安装。幕墙施工流程详见图 3-11-5。

其整体安装顺序如下：

（1）矩形主楼：3 层～9 层（南面、东面和西面、北面）；

（2）环形主楼：3 层～9 层（北面）；

（3）矩形主楼：10 层～11 层；

（4）环形主楼：10 层～11 层（北面）；

（5）北侧裙房；

（6）矩形主楼：屋顶层；

（7）环形主楼：3 层～11 层（南面）；

（8）环形大楼屋顶；

（9）天窗及雨篷；

（10）矩形主楼：1 层～2 层（南面、东面和西面）

4. 幕墙施工

（1）总体施工步骤和要求

外墙工程施工之前，在现场开预备会，审查材料选择、外墙安装方法与程序、特殊的细节与条件、工艺标准、质量控制要求、施工组织与其他工序的协调和其他与本工程有关的事项。会议包括建筑师、施工管理人员、监理测试人员、幕墙专业承包商的项目经理、主要构件材料的供应商和其他与此工程有关的分包商。

1）现场验证支持结构的尺寸，这样外墙工程将会精确地安装到这个结构上。

2）外墙工程应与其他单元工程相协调。在其他工程施工时，应预埋的构件应及时预埋，以免耽误外墙工程，精确地放置这些构件，包括插件和锚件，其精确性以外墙最终验

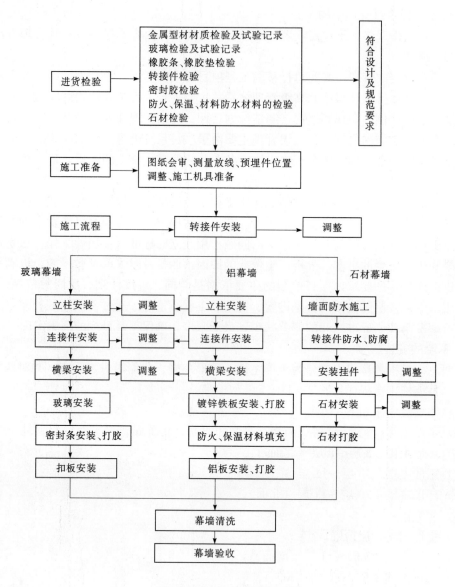

图 3-11-5　幕墙施工流程

证的位置为准。

　　3）按供货厂家的书面说明和建议，准备外墙构件。按最后加工图所表示的方法，把锚固件装配好并摆放在预定堆放区域中，并保证有足够的数量保证施工的连续性。

　　4）所有构件的安装须控制在误差之内。

　　5）放线采用经纬仪、水平仪及吊线锤，依据大样图和土建提供的细线，在主体结构上测量放线，确定主框架与主体结构安装中心点的位置，并检查预埋件。玻璃幕墙测量放线前，应把楼层的所有幕墙主干龙骨预埋件全部显明，然后在主楼±0.000 楼层由现场提供整栋楼的直边梁、斜边梁、圆边梁的外边基准线，作为主楼玻璃幕墙安装的基准线，然后按基准线向外借出 100mm 预作为借出线，在出线的四个外角交叉点作为竖向控制，基准线用激光垂直仪将玻璃幕墙出线引到顶层上，然后以竖向基准点为准，按玻璃幕墙铝合金竖龙骨的设计间隔尺寸把每条竖龙骨的基准点至顶层屋面的边梁上，再用激光经纬仪将竖龙骨的垂直线引到每层的玻璃幕墙预埋件上，玻璃幕墙的水平分隔基准线，以主体±0.000水准为基准，用高精度水平仪，把每层楼幕墙水平点引到预埋件上，最后根据每个预埋件上的十字交叉基准点，以竖向基准点为准，用激光经纬仪测量出每个面的每块铁件在垂直面内的水平误差值，作为安装转接件的依据。

为了防止每条竖龙骨在安装时产生同轴线内转的角度误差，在90°转角处的竖龙骨以竖向基准线和主体施工时预留的垂直龙骨的转角安装误差，直边梁和斜边梁竖龙骨采用在转角处龙骨与钢丝基准线，控制调整因预埋件埋设时角差造成的竖龙骨安装的转角误差。

6）根据放线进行二次转接件的安装，初步调整转接件的位置，进行初步固定。

7）安装竖框、横框。并用经纬仪、水平仪进行垂直和水平方向的调整校平。竖向构件的准确和质量，影响整个幕墙的安装质量，是幕墙安装施工的关键工序之一。通过转接件幕墙的平面轴线与建筑物的外平面轴线距离的允许偏差应控制在2mm以内。特别是工商总行工程的幕墙平面有弧形、圆形和四周封闭的幕墙，其内外轴线距离均影响幕墙的周长，所以应认真对待。

8）相邻两根立柱安装标高偏差不应大于3mm，同层立柱的最大标高偏差不应大于5mm；相邻两根立柱的距离偏差不应大于2mm。

9）框架调整完毕后焊接固定转接件，焊接后除去焊渣疤，并涂防锈漆。

10）安装主材前检查隐蔽部分，并及时交监理检验，通过后再进行主材安装。

11）按幕墙的避雷、隔热层、防火层的节点施工安装。固定防火保温材料应锚固牢固，防火保温层应平整，拼接处不应留缝隙。冷凝水排出管及附件应与水平构件预留孔连接严密，与内衬板出水孔连接处应设橡胶密封条。

12）安装玻璃、花岗石、铝板。主材进货检验，用色标及封样对照检查，特别是当花岗石安装时，当出现标准允许的色差时，应将颜色一致的花岗石安装在同一平面上。

13）幕墙边缘封口，按设计图进行。

14）接缝注胶。注胶前应进行清理，保持注胶缝的清洁干燥，并注意型材、玻璃、铝板的保护，以防被胶污染。

15）幕墙安装完毕后，工地质检人员和公司质检人员组织检查，不符合图纸和标准应及时返工，达到要求后交监理验收。

16）在幕墙安装中所需脚手架，根据工程进度提出脚手架使用计划。需要对临时脚手架调整时，应及时提出要求，安排架子工及时调整。外用脚手架搭设要求按工程整体的搭设方案进行。

（2）玻璃的安装

开始加工图工作之前，与幕墙玻璃加工的工厂研究所选玻璃材料、加工方法及安装步骤、工艺的装配程序、标准、品质控制要求，评估一些特定的玻璃组件及密封剂是否符合适宜预料的气候，与其他行业统筹作业及统筹有关项目。

1）玻璃的安装准备工作：清洁装配玻璃的框或槽口，以免带入的杂物及有害物质，对玻璃造成损害。

2）玻璃的安装标准：由于幕墙设计是在美国完成，因此玻璃工程执行的标准也为美国标准，须符合美国 FGMA "装配玻璃密封系统说明书"及"装配玻璃说明书"的建议和需求。

3）安装前应及时检查每块玻璃，不要安装大小不适宜或边有损坏、有刮花、磨损或其他损坏迹象的玻璃。安装后，及时除去标签。

4）除去个别部位外，应从玻璃端 1/4 处安放橡胶垫块。使用比玻璃宽 3mm，比装配沟窄 1.5～3mm 的安置橡胶块。

5）在金属框钝边安装边块，确保玻璃没有移动以及防止玻璃接触金属钝边，并确保玻璃在装配系统中被准确咬住了。

6）提供连续的装配垫块，在角或其他有需要的接口，提供连续不透水的密封。在与安装程序兼容的地方，将角缝僵化。模型的垫片如在沟里应偏向一面使另一面受压，应提供适当的锚件，使垫片不会在安装时避开。在安装玻璃时不要超过制造商规定的边压力。

7）安放隔热玻璃：在单位边与装配框之间留缝，不要用对密封有害的装配构件来装配隔热玻璃。

8）结构性装配单位：

①为所有的玻璃提供面垫片，以便从止面处分开。面垫片对向安放，间距不得超过 600mm 距离，及不得近角超过 300mm。提供适当的空间用于咬口，在玻璃上一般为 6mm 或以上。

②提供连续的装配垫片：大小及位置要满足容纳密封剂之用，可参照其性能标准进行。

③如果使用接口填料作为后备密封剂，根据厂家建议的深度及形状，连续地安装填料，准确地敷涂填料，形成接口。提供连续不透水的角及接口。

④接口处，安装粘结分离件，防止密封剂粘结挤出表面，损坏工程。

⑤上底漆或密封底层时，连续挤压式的密封剂不得有开的接口、空隙或气袋。于接口处提供不透水、不透风的密封。

⑥按厂家建议，涂敷密封剂，将外露的密封剂擦去。

9）安装外面的玻璃窗，必须不透水、不透气，能承受不同的温度转变、风力负荷以及操作（门及框）的影响，而不会造成失灵，包括损失或损坏玻璃、密封无效、密封泄露或损失装配材料。

10）清洁及保护：

①涂敷密封剂后，应按使用说明或生产厂商建议，使用溶解剂和清洁剂，立即将多余的密封胶清除。

②安装后，即马上实施保护玻璃不会受损的措施。使用飘带或将警示带附于框上而不要接触玻璃。不要直接在玻璃上做任何警告标记，不要让玻璃边接触到水。

③在业主接受工程时，应保证完好没有缺损。

④工程施工期间内，不论何种原因，包括气候、人为、划花或有意破坏，以致玻璃有破裂、裂碎或损坏，都必须及时更换，而不能等到工程交工前更换。

⑤工程施工期间，保持玻璃合理清洁。避免交工前进行大面积清洗，对其他作业面造成不必要的污染。

⑥在单项工程交工前四天内，清洁玻璃两面。

（3）密封胶的施工

1）安装准备会议

在安装密封胶前，按承包商的意见，在工程现场召开会议审查所选的材料、接口准备工作、安装方法以及与其他工程的协调一致。参加会议的人员应包括建筑师、承包商、密封胶安装公司、制造厂代表以及其他受密封胶安装影响的分包商。

2）准备工作

①接口表面的清洁：按照密封制造厂的要求，在安装接口密封胶之前，清除接口，清除接口基片上各种可能影响密封胶粘合性的物质。

②接口上漆：按照说明或根据要求，在接口基片上涂上底漆，把底漆限制在缝的范围，不要涂到相邻区域。

3）安装

①根据制造厂的说明，安装材料。

②密封胶填片：

接口填料：把填料安装到密封胶制造厂要求的深度和形状，以便产品发挥性能。安装填料，以便在应用时，在所需的位置提供对密封胶的支撑形成剖面形状，使安装好的密封胶深度对应于接口的宽度，从而使密封胶的弹性达到最佳程度。

粘连分隔带：安装在密封胶与接口填料或接口背面之间，因为接口背面的表面上密封胶的粘合性不强。

③以不间断挤涂方式涂上密封胶。不要使接口开口，不要有空隙或气泡，从而使整个接口保持水密、气密，使密封胶保持最佳弹性。

④按照说明，用工具使密封胶保持平滑、不间断的滴珠形。除去空气气泡，确保密封胶与接口四周保持接触和黏合，清除表面与周围接口之间的过多密封胶，用工具将密封胶暴露的表面稍稍形成凹陷，除非另有说明。

⑤将自动调平式密封胶倒入水平接口，倒至比周围的表面大约低 1.5mm 为止。

4）保护与清洁

①在固化期间与固化以后，要保护密封胶和相关部分不要接触和污染物质，或由于施工或其他原因造成损坏，从而在基本竣工期间使密封胶保持不变质。

②用接口密封胶以及接口产品的制造厂允许的方法和清洁剂清除接口周围多余的密封胶或污斑，然后再继续工作

5）现场质量控制

防水试验：在养护外部密封胶以后，利用一 20mm 软管，以正常的城市用水压力喷出一股清水，试验接口是否漏水。试验密封接口系统不应少于 5% 的建筑元件。修理漏水部分或其他毛病，按照要求再进行试验、修理或更换由于这种漏水问题所损坏的工件。

中国国际贸易中心二期工程

电梯门厅

中庭大堂

第四章　中国国际贸易中心二期工程

（2000 年获鲁班奖）

位于北京市建国门外大街 1 号的中国国际贸易中心于 1990 年开业，开业 9 年来，国贸中心以其特有的地位成为北京乃至中国改革开放与对外贸易的窗口，成为中国人民和世界人民相会之地。目前这里云集了 200 多家著名的跨国公司、外国商社和外国政府使馆与常驻机构，世界 500 强中有 50 强代表机构长驻于此。1999 年 9 月，国贸二期工程竣工，至此，中国国际贸易中心以 56 万 m^2 的超大规模，一举跃升为仅次于纽约世贸中心的第二大世界贸易中心。

第一节　工程概况

中国国际贸易中心二期工程位于国贸中心院内东侧，占地面积 12000m^2，总建筑面积设计为 123930m^2，后经扩大为 131379m^2，是一座集办公、休闲、娱乐、餐饮、商场、停车为一体的多功能现代化智能建筑（见图 4-1-1），总投资为 83450 万元人民币。

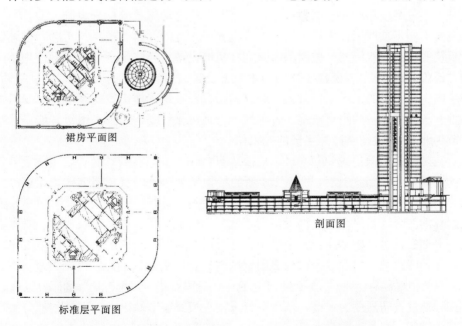

裙房平面图

标准层平面图

剖面图

图 4-1-1　国际贸易中心二期工程平面图和剖面图

整个二期工程由两大部分组成：

地上部分——国贸大厦（二期工程）总高 156m，建筑面积 80340m²，地上 38 层，除了 1、2 层为大堂、商务中心外，3 至 37 层为写字楼层；地下 3 层主要是商场、银行、设备机房、库房以及后勤区。屋顶为直升机停机坪。4 组 16 部客梯和两部货梯和卫生间、茶水间等设施布置在大楼中央。正门面朝东三环路的裙房（大堂）为 14.6m 高的钢结构建筑，外墙采用花岗石及大面积玻璃外墙，使大堂通透明亮、气势不凡，顶部玻璃天窗，在屋顶植物的映衬下，充满现代气息。大厦西面是占地面积近 1 万 m² 的国贸商场地上花园。

地下部分——大型商场和停车场，共地下 4 层 42700m²，地下 1 层为商场区，分布着大型商场、专卖店、书店、美容美发、工艺品等商业服务设施，与高层写字楼地下相连，又通过南北两个通道及自动扶梯与南侧的原国贸商场及北侧的国贸饭店相贯通，形成一个近 3 万 m² 的大型商场，地下 2 层设有一个面积为 800m² 的京城第一座建在商厦内的四季真冰场以及射箭馆、美食广场等服务娱乐设施。地下 3、4 层为大型停车场、仓库、机房、人防设施。

该工程 2000 年荣获鲁班奖。

第二节　工程的特点、难点

整个国贸二期工程最为显著的特点，就是在设计上，主写字楼的外墙采用玻璃幕与花岗石饰面石材（干挂）相结合，造型及高度保持与已经投入使用的国贸大厦（一期工程）外形、色彩完全相同的风格，两座大楼以中国大饭店为中心，呈点对称布局，犹如长安街上的一对孪生兄弟。

但是，主写字楼在设计、材料选用、施工及办公自动化基础配套设施方面，与一期主写字楼完全不同，二期工程大量采用了当今世界最先进的材料、技术与工艺，如外墙采用了单元板块明框结构双层充气玻璃幕，又如在机电设备、通信设备等方面除使用了国际最先进的"BACKBONE"办公楼宇通信技术，无公害又节约能源的 HVAC 中央空调系统，还引进了国内最先进的卫星电视接收系统、消防报警系统、楼宇管理系统、保安监视系统等一大批软、硬件兼备的配套设施，各项性能与现代化程度均达到了甲级智能型写字楼的标准，成为北京 21 世纪新型写字楼的代表作。

国贸花园是一个面积达 10000m²、植被达 5000m² 的"空中花园"，它实际上是建在地下商城的屋盖之上。"新的设计思路"、"新的植物品种"使国贸花园突破了北京以前花园的格式，利用植物的空间划分和大色块的组成，使其既具有一定的欧美园林风格，又保持了自然园林的韵味。三组大型玻璃天窗与各地名贵树木、灌木丛林相映成趣，既可以从地下商场往上仰视，也可以站在花园中平视，还可以在周围高楼中向下俯视的多视角观赏园林，有立体及图案感突出的效果，构成国贸城内独特的景观。同时，由于大量新型园林植物的引入及植物观赏期合理搭配，使花园达到了"三季有花，四季有景"的园林景观效果。

本工程抗震设防烈度为 8 度，基础部分采用平板式筏形基础，地下结构部分采用现浇钢筋混凝土结构（混凝土方量为 5.5 万 m³，钢筋 9900 余吨）。主体结构部分采用现浇钢筋混凝土内筒加钢结构框架结构（混凝土方量为 28000m³，钢筋 6500 余吨，钢结构 7900 余吨）。外筒钢柱坐落在地下 1 层现浇钢筋混凝土地下室层，地下 1 层至 4 层为 SRC 结构，即钢柱外包钢筋混凝土。

机电设计体现了当代世界科技发展的成果，主要有：

——功能强大的 HVAC 中央空调系统和变风量空调技术。变风量空调技术则是根据室内负荷的变化，改变空调系统的送风量，能够节约能耗 50%，在国际上属于先进技术，现国内高档办公楼开始逐步应用。

——蓄冰制冷和溴化锂制冷相结合的空调技术，实现了昼夜用电负荷的综合平衡，起到了削峰填谷，节约能源的作用。它是国内目前最大规模的民用蓄冰制冷装置，相当于减少 10000kW 的电力装机容量，溴化锂制冷则是采用柴油为燃料，在节约用电的同时完全实现了环保要求。

——综合布线方面，使用了一套由电缆、光缆及相关产品组成的传输网络技术"BACKBONE 技术"（国际最先进的垂直光纤基础电缆和 UTP 电线的中心电缆柱），再结合遍布各楼层公共通道的水平中继线布线系统办公楼宇通信技术。这两项新技术为各租户内部数据处理和对外通信网络连接提供了极为方便的条件，从根本上解决了跃层布线带来的种种麻烦。

——在灯光照明系统、卫星电视接收系统、消防报警系统、楼宇管理系统和保安监视系统等方面采用了国际最先进的设备。

——面积达 800m² 的室内人工真冰溜冰场技术在京城独树一帜，由香港 P&A 及加拿大 CIMCO 公司提供。

第三节　深基坑钢内撑支护体系

为了克服无法进行放坡和坑边降水的困难，采用混凝土灌筑现浇护坡桩加锚杆与分为上、下两层的大型钢支撑系统相结合的顶撑方案。边开挖、边支护，土方完成后，坑内形成了由大型工字钢梁组成满铺钢结构支撑体系的壮观场面，最后采用边进行地库结构施工边分步拆除支撑系统的方法。在地库结构封顶之前，全部拆除钢支撑。此举创造了国内大面积采用钢结构支护系统之最（使用钢梁 1800t）。此项成果经专家论证，具有国内科技领先水平。

由于坑边无法正常实施降水，采用了在深基坑内实施降水的技术。克服了本工程的第二大难题。即，在基坑开挖达到一定土层时，打出 30 口深达 9m 的降水井，内设滤水砂管及豆石，使地下水位一直保持低于土方工作面的状态，满足施工要求。当基坑开挖接近设计标高时，沿四周再开挖深 0.7m、宽 2m 的水平砾石盲沟，沿盲沟内每隔约 20m 距离设置专用集水井，之后回填直径为 5～32mm 排水性好的砾石进行疏水，采用小型压路机分层碾压，直至达到设计地基承载力要求。地库施工完成后，又成功地封堵了集水井，保证了地下压力水不再回流室内。此技术解决了深基坑基底贴紧黏土层，采用坑外降水而无法达到降水目的的难题。由于井深度较小，施工方法简便易行、造价低，基本不占施工工期，降水效果容易保证，突破了传统降水施工技术。

一、深基坑环境条件与基坑条件分析

国贸二期深基坑长约 256m，宽约 51m，面积约 13000m²。基坑深 18.6m，整个工程支护面积约 11400m²。其规模及开挖深度均为罕见。难度高、风险大，是本工程地库施工的第一大难点。国贸二期工程用地为在国贸院内预留地，四面全部是已经建成的高层建筑：南有38层的国贸中心写字楼和16层的中国大饭店，北临10层的国贸饭店、10层的职工宿舍和15层的信息中心大楼，西侧为30层的国贸南北公寓，东侧为住宅楼。周围的建筑群与本工程深基坑之最小距离仅有5～6m。

邻近建筑物的基础埋深只有8m和14m，远小于本工程的基础埋深。要在离建筑物不到10m的距离内开挖一个长250m、宽50m、深18.6m的基坑，同时不能损坏一点基坑周围正在使用和为二期预留的各种密布管线，稍有不慎就会带来国际影响。详见图4-3-1周边建筑物分布图。

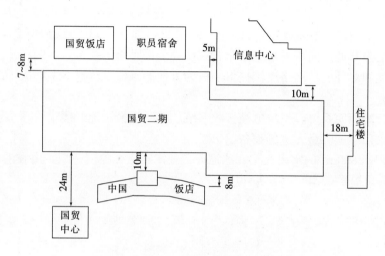

图4-3-1　周边建筑物分布图

二、支护方案的确定

根据国贸二期工程深基坑的环境条件和基坑条件，在地下8m和地下14m以上由于邻近建筑物的影响，土层锚杆或土钉无法实施，即采用北京地区常用的基坑支护体系对本工程已不适用，必须寻求一种新的支护形式。经过认真的计算分析，国贸二期深基坑支护采用如下方案，详见图4-3-2基坑支护剖面图。

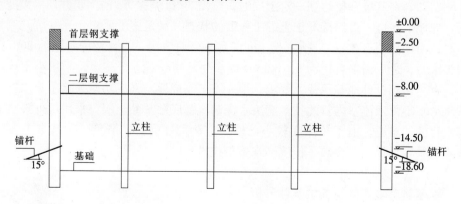

图4-3-2　基坑支护剖面图

(1) 围护结构：采用 φ800@1600 的钻孔灌注桩；

(2) 内支撑体系：在 -2.5m 和 -8m 处设二道钢支撑，沿基坑横向设三排型钢立柱；

(3) 外支撑体系：在 -14.5m 处设锚杆一道；

(4) -2.5m 处设钢筋混凝土帽梁，-8m 处设型钢帽梁；

(5) -2.5m 以上采用带钢筋混凝土构造柱的砖砌挡土墙。

本工程是北京地区以至全国首例在深大基坑中采用钢支撑加锚杆的支护体系。

三、支护设计分析

深基坑支护结构的设计是一项复杂的岩土工程设计，影响它的因素很多，因此必须充分考虑各种因素，并采取一定的对策。一般其设计原则为：

——深基坑支护结构虽然是临时结构，但它是保证主体结构施工和基坑周围环境安全的重要结构。因此必须合理地选择其安全度。

——深基坑支护要求安全可靠，稳定性好，确保基坑周围高大建筑物的安全和保证主体结构的施工。

——深基坑支护设计要充分考虑方便土方开挖和主体结构的施工，对钢支撑要注意便于安装和拆卸，利于钢材的回收，降低工程造价。

因此本工程在长 253.7m、宽 51.8m 的基坑中，钢支撑的布置考虑了主体结构的立柱和剪力墙位置，每隔 8m 左右布一道横撑，角部采用斜撑，横向设三排型钢立柱，以减少钢支撑的自由长度。纵向布置三道系杆，端部布置有剪力撑。立柱、支撑、系杆、剪力撑构成了空间作用的刚度较大、稳定性较好的支撑体系。钢结构支撑及锚杆布置见图 4-3-3 的钢支撑平面布置示意图。

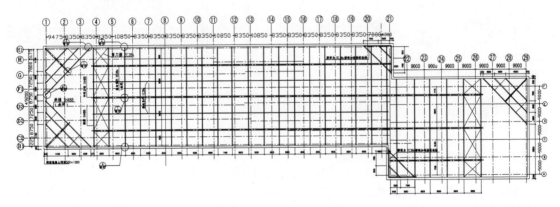

图 4-3-3 钢支撑平面布置示意图

钢筋混凝土灌注桩围护结构和土层锚杆在近年来的工程实践中已相当普及，其技术已趋成熟，在此不进行阐述。所以本工程中的技术关键是钢支撑体系。

1. 钢支撑体系的内力分析

国贸二期工程的基坑长 256m、宽 51m，基坑开挖深 18.6m。长宽深比较大，深基坑的空间效应不明显。本设计将钢支撑简化为平面问题来计算分析，每道钢支撑可简化为相互独立的受压杆件（详细计算结果略）。

2. 钢支撑的杆件设计

考虑业主的要求和施工单位现有材料以及内力的分析结果，进行综合选择，得出钢支撑体系的杆件材料。钢支撑及腰梁等主要材料均选用日产 H 型钢（H488mm×300mm×18mm×11mm），纵向系杆为 2 [28a 热轧槽钢；与工字钢连接的拼接板、加劲板、端头板选用 16 锰钢板，与热轧槽钢连接的拼接板、加劲板、端头板选用 Q235 钢板，焊条为 E4303 碳钢焊条。

3. 钢支撑体系的节点设计

考虑现场的施工情况，对钢支撑的连接采用法兰连接，可保证质量，且便于操作，容易调节对中。为减少钢支撑的自由长度，加强支撑体系的整体刚度，采用了临时立柱嵌固的办法。由于系杆是沿基坑的纵向布置，其温度变形对钢支撑的侧向稳定影响较大，因此在设计中系杆的接长采用螺栓连接，接头处留 20mm 间隙。

4. 钢支撑预压力接头设计

为了保证钢支撑对围护结构的支撑作用，在钢支撑安装就位后须施加预压力。钢支撑与围护结构的水平构件的连接一端为固定，另一端可自由伸缩，即为"活接头"（见图 4 - 3 - 4 的活接头详图）。

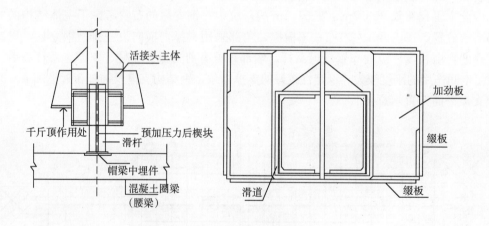

图 4 - 3 - 4 活接头详图

5. 钢支撑、系杆、临时立杆连接的三维节点设计

为了将钢支撑、系杆、临时立柱三个构件连成整体，协同工作，成为稳定的支撑体系。根据钢支撑的受力特点，此节点要求既有三向约束作用，又允许钢支撑、系杆在各自轴线方向有变形。因此设计了一个采用摩擦力为传力机理的三向 U 形螺栓套箍连接的三维节点。

在深基坑的开挖和支护的计算过程中，常遇到一些经典土力学理论无法解决的问题，因此在进行计算时往往进行简化处理。

在本工程的深基坑的结构计算中使用了结构通用程序 SAP84 和二维有限元程序 2D - σ 软件，通过对不同假设时的计算结果进行比较，为以后同类工程设计与施工方案制定提供了参考依据（具体计算过程略）。

四、施工分析

国贸二期钢支撑支护体系在深大基坑中的应用在北京尚属首次，在施工中存在如下技术难点：

——钢支撑作为基坑内支护体系尚无国家和行业标准作为组织施工和验收的统一规范。

——钢支撑内支护体系在北京应用尚属首次，无经验可循。

——国贸二期工程位于建筑物密集区，为确保周围建筑物安全，变形控制要求严格，需要较高的施工质量和技术上较为灵活的应变能力才可保证。

在本工程施工过程中，根据本工程的施工实际并结合以往的深基坑支护施工经验，深入研究，解决了施工技术的关键。

1. 制定合理的总体施工工艺流程

－3m以上一层土方开挖→护坡桩和型钢立柱施工→帽梁及预埋件砖挡土墙施工→一层钢支撑型钢立柱牛腿施工→－8.5m以上二层中部土开挖→一层钢支撑安装和施加预压力→－8.5m以上二层两端土开挖→降水井施工→二层钢支撑型钢立柱牛腿施工→－15m以上三层中部土开挖→二层钢支撑安装和施加预压力→－15m以上三层两端土开挖→二层钢支撑施工和施加预压力→锚杆施工和施加预压力→四层土方开挖到底

2. 钢支撑施工工艺流程

构件加工编号→构件运输→型钢立柱、预埋件、腰梁安装→钢支撑安装，钢支撑的安装是确保整个支护体系安全和稳定的关键。

3. 钢支撑安装施工要点

由于现场场地紧张，构件加工在第二场地进行。成品运输，使用10m长半挂拖车运输。钢支撑的安装分为上下两层，分别跟随土方开挖进行安装，安装方向与土方开挖方向相同，均由西向东依次进行。根据支撑的重量（一般在2t左右）和上下两层撑的间距，选QL3－16t轮胎式吊车进行钢支撑的吊装（吊臂10～13m），卸车采用一台30～50t履带吊车，钢支撑由临时马道运进基坑。

4. 钢支撑安装步骤及要求

(1) 钢支撑安装前，对护坡桩上的预埋件进行复查，必要时进行调整。

(2) 钢支撑安装前，根据设计尺寸安装腰梁及中间立柱的支托。

(3) 钢结构的安装顺序必须确保结构的稳定性和牢固性。

(4) 在中间柱四周要搭设工作台，以便于钢支撑的就位和焊接。

(5) 主支撑就位后，要进行找正，必要时对支托位置进行调整。

(6) 主支撑与腰梁及中间柱节点焊接时，按设计预留焊缝，焊缝间隙要符合质量标准。

5. 主支撑两端预应力施工要点

(1) 每根水平支撑一端制作活头，施加预应力，并加焊置放千斤顶的位置，另一端焊死。

(2) 安装千斤顶，在水平支撑一端加预应力，采用钢楔子固定，并焊牢。

(3) 千斤顶采用4个50t的液压千斤顶，利用油表控制压力。横撑施加预应力为500kN，施加预应力时要监测邻近支撑预应力的损失情况，当损失50%以上时，应重新施加。

6. 钢支撑拆除

地下室结构自下而上施工至第二道钢支撑下1.0m，即地下二层楼板（－9.25m）混凝土及底板后浇带混凝土浇注完毕，混凝土强度达到80％以上时，可拆除第二道钢支撑。第一道钢支撑须在地下一层楼板及地下三层、地下二层楼板和外墙的后浇带施工完毕时拆除。拆除时将钢支撑范围内的纵向系杆、八字撑、剪刀撑、缀条、柱箍等首先拆除，然后用千斤顶将钢支撑卸载，撤除撑端的钢楔。用塔吊将钢支撑吊出基坑。

五、降水方案及其施工

根据国贸二期的工程地质资料，对基坑开挖造成影响的地下水有两层，一层为埋深-11.8～-20.5m的粉细砂、中砂、粗砂、砾石层中的潜水层，另一层为-24.0～-34.0m的中砂、砾石层中的承压含水层，-20.5～-24.0m为不透水层。

由于基坑开挖深度为18.6m，基坑四周满布管线，且周围高层建筑较多，若将降水井布置在基坑外，势必会使周围高层建筑物的沉降量加大，建筑物的安全将产生隐患；另外降水井的深度也会加深，降水效果有可能不理想。因此考虑将降水井布置在基坑内，但需解决如下问题：一是降水停止后井口的封堵问题，二是解决可能出现的由护坡桩之间向基坑内渗水的现象，三是在挖土过程中如何防止降水井被土方埋没。为不让承压水对基坑施工产生较大影响，设计拟不打穿隔水层，这样既可减少因降水对周围建筑物沉降的影响，又可减少出水量。根据地质资料地下水位最高可能在-12.0m，因此降水井施工安排在土方开挖至-9.0m时进行。根据降水计算若将水位降至基底下0.5m，降水井需井深14.0m（从-9.0m起），井身直径0.6m，井数量38口，井距约15m，降水周期28天。

（1）根据基础底板结构图进行降水井平面布置，避开结构柱、墙和钢支撑立柱。

（2）由于土方开挖，降水井井管需逐节随即拆除，所以降水井要注意保护，井口周围土方采用人工清除，避免降水井被土埋死。

（3）封井措施：由于降水井位于基坑内，当地下室结构的载荷能抵消地下水的浮力时方可停止降水，降水井井口位于底板内，因此，封井时井口须做特殊处理，处理方法见图4-3-5的降水井封井详图。

（4）盲沟降排水措施：土方开挖至基底时，在基坑周边条形基础下的黏土层中挖一条盲沟，与降水井相连，沟宽2000mm，深1000mm，坡度1％，顶面低于条基底面300mm。沟内填充30～50mm卵石，用振捣器或小型压路机振实，承载力大于200kPa。

盲沟施工的同时，用装满砂砾土的草袋填充由于砂土流失而形成的桩间孔洞，根据水量大小，在草袋中插入白塑料管，引导外来水流入盲沟中，再排入降水井内。水量稳定后挂钢丝网片，抹水泥砂浆。

经过施工实际检验，以上降排水措施效果很有效，周围建筑物的沉降量在规范允许的范围内，垫层施工在干槽的状态下进行。见图4-3-6的盲沟排水示意图。

六、施工检测技术

在国贸二期深基坑施工过程中，我们建立了一套严密的观测系统。检测内容包括：

——护坡桩水平位移检测；

——相邻建筑物沉降观测；

——支护结构临近地面裂缝观测；

——钢支撑施加预压力时侧向挠度控制；

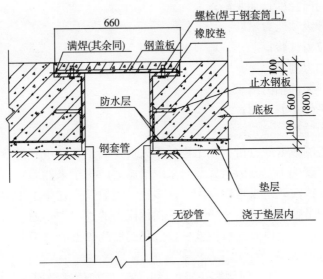

图 4-3-5 降水井封井详图

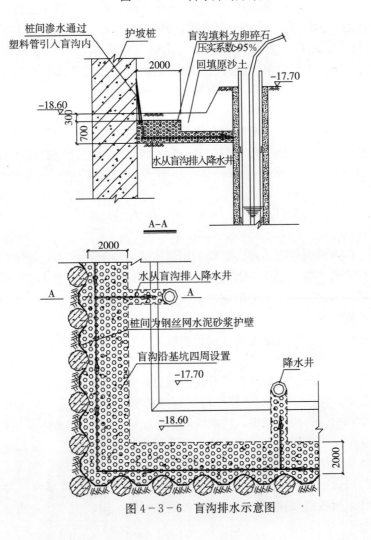

图 4-3-6 盲沟排水示意图

——钢支撑侧向挠度长期观测；

——钢支撑分级预压力试验；

——锚杆预拉力试验；

——钢支撑轴力测试；

——系杆和斜撑的轴力测试；

——土体水平位移的监测；

——锚杆受力监测。

通过对以上监测数据的分析，使工程技术人员及时了解基坑开挖各阶段的变化情况和趋势，分析可能出现的不安全因素并及时采取措施，防患于未然。

大跨度的钢支撑在北京是首次应用，许多控制参数需要在施工中逐步摸索，尤其是钢支撑预压力的施加是整个系统安全的关键，在预压力的过程中，通过对钢支撑挠度、腰梁同护坡桩的顶紧程度、土体开挖后护坡桩顶位移的监测数据的整理分析，逐步摸索到了一个合适的预压力施加值。

预压力的施加首先从基坑西侧第一层角撑开始，施加值逐级递增，从 81kN→162kN→243kN→324kN，钢支撑对应挠度为 0→0.5mm→1mm→1.5mm，属于弹性变形阶段。活接头用楔子锁定以后，拆除千斤顶，钢支撑残余挠度为 1mm，施加预压力后，随着土体的逐步开挖，不断用经纬仪进行监测，第二天土体开挖完毕后，护坡桩顶位移最大达1.2cm。根据观测结果，与有关单位分析后，推断是由于预压力施加较小和中部节点焊接使预压力传递受阻所致，在以后的钢支撑施加预压力过程中，预压力确定为设计值的50%，考虑到压力损失，预压力的施加值提高到 810kN。活接头用楔子锁定后，撤除千斤顶，钢支撑残余挠度为 1～3mm，随着土方的开挖，通过对护坡桩顶位移的监测，土体开挖后有的护坡桩基本不动，大部分位移仅为 2～3mm，这样通过合理的预压力的施加，达到有效控制支护结构位移的作用。

第四节 核心筒结构施工

主体结构施工创造国内领先速度。二期主体结构采用混凝土核心筒与钢结构框架相结合的形式，施工顺序依次为核心筒—钢结构—玻璃幕。核心筒的施工速度、质量直接决定工程的成败。在结构形式复杂、场地限制、工期紧张的困难面前，采用了电动全液压爬模体系进行核心筒的施工。

该技术主要是配备一套整层高度的大模板，由近 200 个穿心式电动液压千斤顶固定在支架、横梁和模板组成的整体爬模体系上，顺着预先设置的爬杆平稳爬升到位后进行一次校正，一次浇筑整层混凝土；随后模板脱开，清理之后再爬升、就位、校正，浇筑完成下一个循环。在施工中，抓住了两个关键环节：①垂直误差的控制。为了克服模板在顶升过程中斜向顶升、整体扭转等质量隐患，将单根的独立横梁用槽钢连成整体，从而避免了模板的斜向顶升，在爬升中采用激光投测基准点方法严密监视运动偏差，逐层消除偏差，经过不断矫正、平衡整个体系，使整个核心筒垂直度达到了设计要求。②表面平整度。在外桁架上模板的下方加设了吊挂平台，满足了清理模板、放线、清理埋件、焊接梁托的需求。尤其重点抓住了模板清理这一影响质量的关键性问题，采用流水作业方法分区负责落实到人，混凝土浇筑质量得到了有效的控制。在爬升过程中，一套模板，一次爬升到顶，在钢结构框架施工的紧跟下，创造出主体结构施工平均 2.5d 一层的国内最快速度，前后仅用了 165d，使整个主体结构工期整整提前了四个月。采用爬模方式并有效控制施工全过程是结构施工成功实现优质高速的关键决策。

工程主体结构施工期间，按照规范要求每隔两层进行主体结构的沉降观测，结构竣工后继续观测，目前主体结构沉降已经基本稳定，核心筒部分沉降为 9cm 左右，钢结构部分为 5cm 左右，核心筒不均匀沉降差在 1cm 左右，在规范误差控制范围内。地库施工期间，对周围建筑物也进行了沉降观测，目前周围建筑物沉降观测也已稳定，沉降值未超过设计规定的 25mm。

创造了 156m 超高层建筑主体结构垂直偏差仅为 14mm，成品垂直偏差为 7mm 的国内领先水平。核心筒垂直度的有效控制，为钢结构、玻璃幕的准确安装打下了良好的基础。

一、方案的确定

由于国贸二期主楼处在中国大饭店和信息中心之间，施工场地狭窄，又根据钢结构最大构件 12t，回转半径 21m 这个条件的限制，只能在核心筒内立一台 4500kN·m 的大吨位内爬塔作为主体结构施工的主要垂直运输工具。又因钢结构吊装时构件件数较多，塔吊吊次十分紧张，因此除再吊一些钢筋外，已没有时间再吊运模板，因此采用全液压整体爬升模板就解决了塔吊吊次这个问题。

二、全液压爬升模板的特点

（1）支模方法同普通模板基本相同，配置同标准层层高相同的整层模板，每安装校正完一层浇筑一次混凝土，每层误差在本层内消化，不会导致误差积累并向上传递。

（2）模板一旦组装、安装完成后，每层每次向上提升，由设在平台上的液压控制中心及穿心式千斤顶带动横梁、主柱、模板整体共同上升，一直到顶不落地，除首次安装及到顶层拆除外，中途不用塔吊吊模板，减少了塔吊吊次，给钢结构安装创造条件。

（3）各操作部位均设有操作平台，从模板的拆除、清理、钢筋绑扎、混凝土的浇筑都如同常规施工方法一样，十分的方便。

（4）可单独组织包括木工、钢筋工、混凝土工、电工、机械工等多工种的综合队伍施工，按照时间排定工序，施工组织和管理都十分简便，受外界影响因素少。

（5）由于爬模是汇集滑模和常规模板的优点，混凝土外观质量好。

（6）由于模板为一整体，浇筑混凝土时宜从中间向两边，或从四周向中间对称浇筑，防止整体偏移。

（7）层高大于标准层 700mm 以上的非标准层，可多爬升一次，少于 700mm 的可采用支模的方法接高，整层一同浇筑混凝土。

（8）当模板连续使用多次后可将其利用横梁上的滚轮脱开墙面 500mm，使人能进入模板内侧，彻底清理干净，从而保持模板板面的清洁，使混凝土外观质量自始至终保持良好的效果。

三、爬模的主要构造

全液压整体爬升模板体系共由模板系统、液压提升系统、操作平台系统三部分组成。

1. 模板系统

是由定型组合大钢模板、调节钢模板、调节缝板、打孔模板、角模、钢背楞及对拉螺栓、铸钢螺母、铸钢垫片等组成。

2. 液压提升系统

是由提升架立柱、横梁、斜撑、活动支腿、槽钢夹板、围圈、千斤顶、钢管支撑杆、液压控制台、油管及阀门、接头等组成。

3. 操作系统

是由固定平台、活动平台、吊平台、中间平台、外架栏杆、立柱、斜撑、安全网等组成（详见图4-4-1的"核心筒爬模剖面图"）。

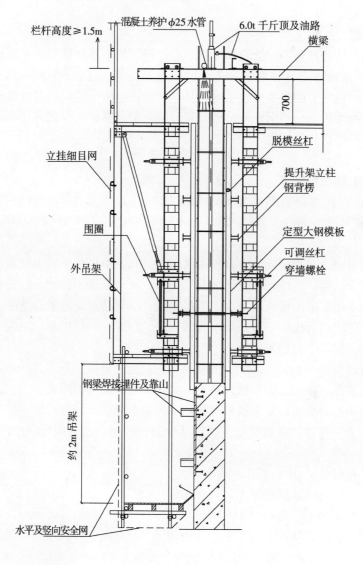

图4-4-1 核心筒爬模剖面图

四、安装程序及方法

模板及配件到现场后，按加工详图尺寸要求逐项检查，抽查量不少于30％，达到要求后方可使用，达不到精度要求的返工重做，直到满足质量要求为止，从而保证整体质量要求。

安装顺序如下：

拼装模板→支设模板→安装提升架→安装围圈→安装活动平台边框→安装挑梁和外架立柱→安装通长槽钢→平台铺放→安装拉杆及安全网→安装液压系统→确定垂直监测基准点并安装激光靶

1. 模板拼装

在首层26轴以东已浇完的平整楼板上弹出两条相互垂直的十字线，每块模板按图自十字线向另一边逐块排列标准模板及打孔模板。本工程使用8mm厚大钢模板，主要宽度为750mm、600mm，其余为调节模板。穿墙螺栓部位采用150mm宽打孔模板。拼装时用M16螺栓将模板连接牢固，并保证模板的后勒不错位，以确保拼装后的模板平整度。然后再安装水平背楞。

拼装完成的整块大钢模板背面按图编号，正面涂刷清机油，如发现局部有错位可直接用锤敲击使之平整，之后将整块拼装好的大钢模板吊入已搭好的模板放置架内以防倾倒。

2. 支设模板

安装模板前，首层墙体钢筋须通过隐蔽验收，各门、窗洞口及其他预留洞口木模板安放完成，墙边线及外出200mm的控制线弹好，爬模底部用1∶2.5水泥砂浆找平完成。

本工程标准层层高3.89m，模板按3.9m配制，上层模板高度2.4m，下层模板高度1.5m，底口设下包模板。穿墙螺栓下层二道，上层三道，水平背楞除在穿墙螺栓处设一道外，上、下层模板接缝处设一道，共6道。模板安装就位时按排列图由一端开始逐块安放，为防止倾倒，在吊环上用10号钢丝与竖向φ32主筋临时拉结，随后穿对拉螺栓并校正。拐角处调节缝板在模板校正之后插入安装。详见图4-4-2的"核心筒爬模平面布置图"。

对拉螺栓采用挤压成型的T20大螺距螺栓，长度为墙体截面厚度加600mm。对拉螺栓外套采用内径φ21mm、外径φ24mm的塑料管，穿入打孔模板后用铸钢螺母及垫片紧固，以塑料管两端出模板的长度来控制墙壁厚度。

3. 安装提升架

提升架事先在地面上组装完成，待模板安装、校正完成之后，用塔吊逐根就位安装在模板背面。提升架安装前在地面上划出其安装位置，就位后拉通线固定，以确保其正确位置，为安装横梁创造条件。立柱由支腿与模板相连接，既能吊住模板又能使模板自由伸缩。

在管井及电梯井道小墙处、外墙拐角处由于空间较小，采用常规支腿则放置不下，因此采用了30根单支腿来保证该处模板的伸缩，单支腿螺栓不超过立柱宽度。

提升架横梁在安装时先安装贯穿中部18个电梯井剪力墙的通长横梁，然后安装外围剪力墙的短向横梁，两根［16槽钢横梁与立柱之间用6根M16mm×120mm螺栓相连接。

提升架斜撑及提升架立柱上端的滑动滚轮、柱顶连接角钢等随后安装，这些都是为了以后模板退开墙面500mm而大清理模板板面而设置的。待模板大清理完并回到原始位置

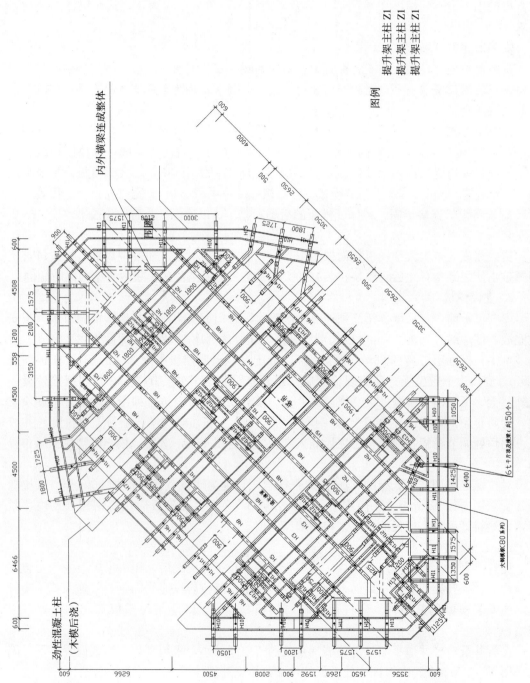

图 4-4-2　核心筒爬模平面布置图

后，立柱与横梁之间相连接的 6 根 M16mm×120mm 螺栓仍然须恢复。

4. 安装围圈

围圈是位于提升架立柱之间的桁架，其作用主要是使提升架立柱连成一整体，增加其侧向刚度。围圈由上、下弦〔10 槽钢、斜撑、立管及对拉螺栓组成，围圈两端通过连接板和螺栓与立柱相连接。

5. 安装活动平台边框

活动平台边框采用单根 L70mm×7mm 角钢，用边框压铁紧固在活动平台连接槽钢或外挑梁槽钢上。

6. 安装外挑梁和外架立柱

上、下各两根外挑梁安装在外架立柱及提升架立柱外侧，用 M16mm×120mm 螺栓紧固。外架斜撑上端用两块斜撑连接板同外架立柱相连，下端与提升架立柱上的槽钢夹板对穿 M16mm×120mm 螺栓连接。

7. 安装通长槽钢

通长槽钢是设置在提升架横梁上面使横梁连通成为一整体的〔16 槽钢，其目的主要是防止横梁侧向变形。安装时首先将槽钢连接板与横梁用 M16mm×40mm 螺栓连接，再把通长槽钢焊接在连接板上。通长槽钢之间用分段连接板焊接。

8. 安装平台板

固定平台板采用 50mm 厚木板安装在提升架立柱上、下的连接槽钢或外挑钢梁上。活动平台则采用 50mm×100mm 木枋作龙骨，上铺 18mm 厚胶合板，龙骨间距不大于 350mm，下部用 φ48 脚手架钢管卡在活动平台边框上。中间平台用 200mm 宽、50mm 厚木板卡在中间一组的槽钢夹板上，作为操作人员调节上部活动支腿及脱模丝杠用。

用作核心筒外侧钢结构埋件上清理、放线、焊接钢梁靠山用的吊架用 φ48 普通钢管脚手架自底部平台上吊下来，高度 2m，底部用 50mm×100mm 木枋做龙骨，18mm 厚胶合板作为平台板。为防止爬模施工时上部掉物下来伤及底部钢结构施工人员，在吊架与核心筒外墙之间设置了翻板式平台，爬升时打开，爬完后关闭。从而有效地防止零星散物的坠落。

9. 安装栏杆及安全网

为了保障施工人员安全并防止杂物坠落，爬模外侧四周及底部水平方向均布设安全网，四周栏杆不少于 3 道，高度不少于 1.5m。

在外架立柱外侧用 φ12 拉钩螺栓紧固平台水平钢管栏杆，共六道，安全网挂于水平钢管上。平台栏杆则用 φ48 钢管插入外架立柱上端，用 M16mm×70mm 螺栓连接。外平台及外吊平台外侧均设 250mm 高、25mm 厚木踢脚板。

10. 安装液压系统

爬升采用 6t 滚楔式穿心式千斤顶，每台提升架安装一台，共设 140 个，平均每个负重 2t，未超过 1/2 倍额定承载力，满足使用要求。每个千斤顶上设限位器，并在支承杆上设限位卡，每台千斤顶上安装一只针形阀。

本工程共设四个环形油路，一个控制台。主油管径 φ19，沿通长槽钢及横梁布置。每个油路由二根 φ19 主油管与控制台相连通，环形油路上设若干个油管（φ16）和分油器，从分油器到千斤顶的油管为 φ8。控制台选用 1 台 72 型，主电动机功率为 7.5kW。控制台安装在核心筒中间部位塔吊旁边。

油路安装完成后进行液压系统排油、排气和加压试验，检查漏油、渗油情况。如出现渗漏油则予以紧固，直至不漏为止。

最后插入 φ48 焊接钢管作为支承杆，埋入式支承杆用 φ20 短钢筋同墙主筋（主筋 φ32、φ22）焊接成十字形格构式柱加固，竖向每隔 600mm 加固一道（首层可不需要）。电梯厅内工具式支承杆用脚手架管相互连接形成格构式，以保证支承杆受力后不失稳。

11. 确定垂直控制点并安装激光靶

在首层地面上核心筒外围 300mm 处共设投测点 16 个，主要设在墙体转角处及端部。控制点处预埋铁件与楼板面平齐，点位用钢针打上小坑并点上小红点，以便于日后用激光铅直仪投测。

五、爬模施工方法

爬模的施工程序如下：

焊接、绑扎钢筋→立洞口边框模板→爬升模板→合模并校正→浇筑混凝土→拆模、清理板面→混凝土养护→焊接、绑扎钢筋

本工程核心筒剪力墙竖向主钢筋为 φ32，采用电渣压力焊连接，每层焊接共分三组，待下层墙体混凝土浇完并终凝后开始焊接。所有钢筋由塔吊直接自地面加工场吊至中间平台上均匀分布，防止荷载过于集中而压弯横梁。

水平筋先绑扎高度 700mm 至横梁下，待监理验收后开始爬模。钢筋隐蔽验收手续在模板爬升完成后进行。

1. 立洞口边框模板

墙上门洞及预留机电洞口内模用 18mm 厚胶合板及 50mm×100mm 木龙骨制备，内侧加对撑及斜撑，防止浇筑混凝土时变形。洞口模上、下及两侧加钢支顶，防止混凝土浇筑时移位。洞口模宽度同墙厚。

2. 爬升模板

模板开始爬升时由控制台操作人员利用控制台上的电铃统一发出指令，每爬升 500mm 高度进行停机、调整，同时沿爬升杆向上移动限位卡。提升过程中钢筋工绑扎水平钢筋，当水平筋绑扎速度不及提升速度时稍做停顿等待。爬升过程中木工随时查看提升系统及油路系统，如发现有卡住或漏油现象，及时修整排除，必要时停止爬升，排除后再继续爬升。

3. 合模并校正

当模板爬升至本层设计标高后即停止爬升并进行合模。先利用调节丝杠将模板伸至正确位置，再对穿塑料套管及对拉螺栓，拧紧螺母使塑料套管两端各出模板面 10mm 即到位。

校正模板时先将拐角处模板按激光铅直仪投测在下层已浇好的墙上的点位偏差，吊 1kg 线坠予以校正，然后拉通线调节丝杠进行校正。中间的墙体根据平面图与外墙的关系排尺进行校正，与四根劲性柱相连的四道剪力墙及电梯厅大梁预甩钢筋，施工缝处插入钢板网、钢丝网片，外侧用 φ20 短筋焊于水平筋上作为施工缝。垂直度控制详见图 4-4-3 的"核心筒偏差检查示意图"和图 4-4-4 的"核心筒墙体偏差控制检查点位图"。

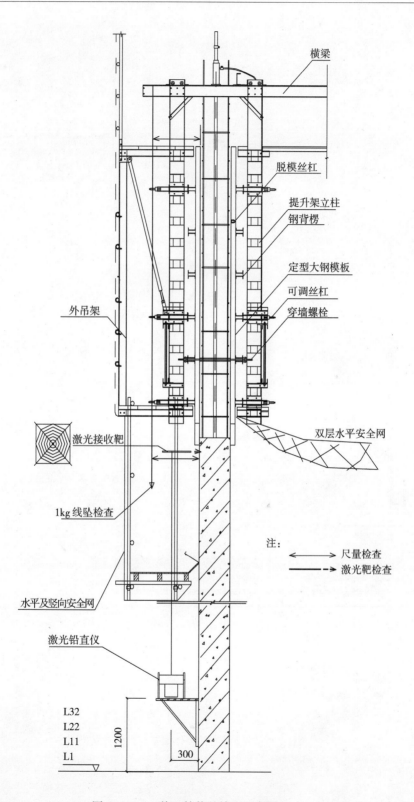

横梁

脱模丝杠

提升架立柱
钢背楞

定型大钢模板

可调丝杠
穿墙螺栓

双层水平安全网

外吊架

激光接收靶

1kg 线坠检查

注：
⟷　尺量检查
━ ━ ⟶　激光靶检查

水平及竖向安全网

激光铅直仪

L32
L22
L11
L1

1200

300

图 4 - 4 - 3　核心筒偏差检查示意图

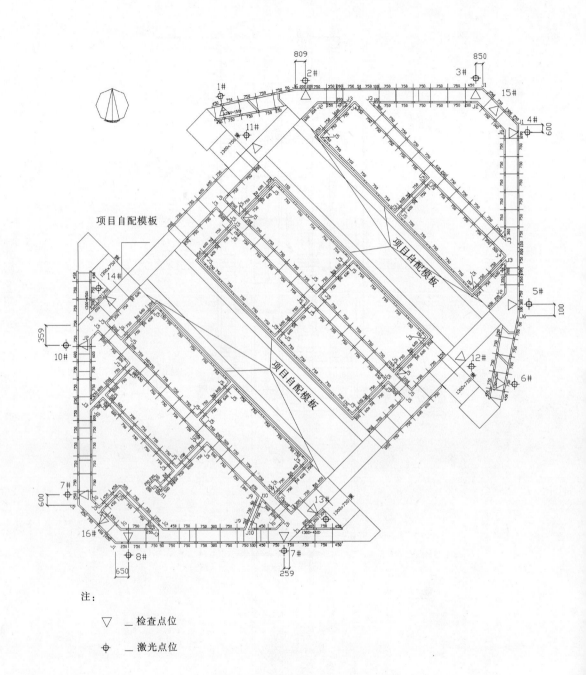

图 4-4-4　核心筒墙体偏差控制检查点位图

4. 浇筑混凝土

为了防止墙体整体偏移，混凝土浇筑时要从中间向两端或从两端向中间对称分层浇筑，并且每次分层厚度不大于 1.0m。混凝土采用泵送商品混凝土，浇筑方式同常规墙体混凝土。

混凝土浇筑过程中木工要派专人看模，一旦发现问题及时调整。为了防止水平方向泵管反冲力对系统造成影响，泵管下垫 φ48 圆钢管于横梁上，使之自由滚动。

浇筑完成后，混凝土表面要将浮浆清除并待终凝后，用钢筋划出纹道，以使上、下层混凝土之间更好的粘结。

5. 拆模、清理模板

模板拆除时间应以墙体棱角不因模板拆除而掉角为原则，拆除程序为：

松开并取出穿墙螺栓，松开调节板缝螺栓→拆除角模与平模间的小木方→拧开打孔模板上的脱模丝杠，使模板与混凝土脱开→正拧活动支腿伸缩丝杆，使模板脱开墙体 50～80mm→将角模用长螺栓连接在大模板上，以便使之与大模板一起爬升。

模板的清理要在脱模后及时进行，操作人员站在顶层操作平台上用带长杆的铲刀铲除模板上粘结的混凝土及砂浆，然后再用棉纱醮清机油涂刷（因易污染钢筋后改用脱模剂）。

6. 混凝土养护

混凝土浇筑完成后应及时养护，夏季一般在浇完 6h 后开始养护，养护方式为浇水养护。由于平台上拖拉水管不方便，后改用喷淋方法淋水养护，即在横梁上方设置带孔的 25mm 水平水管，将养护用水用变频高压水泵利用消防主干管送至施工层，打开控制阀门使自来水喷淋在墙上口，然后从墙两面自然流淌下来，从而浇遍整个墙身。

养护人员设专人进行，夏季浇完混凝土 6h～7d 每 2h 浇一次，7d 后每 4h 浇一次。竖向 φ100 干管随施工层随层上接，每两层甩出一接驳口。

六、防偏与纠偏

本工程为超高层建筑，总高度为 156m，结构复杂，单层面积大，对主体工程垂直度要求高，施工中以防偏为主，纠偏为辅。

1. 防偏措施

（1）支撑杆的间距按模板的单位重量均匀布置，使每个千斤顶承重的荷载基本相同，均衡地同步爬升。

（2）严格控制支撑杆上限位卡标高统一，每 500mm 找平一次，当爬到楼层标高时另外限位调平，始终保持模板处在同一水平面上。

（3）平台上的荷载包括设备、材料、人员等应均匀分布，钢筋、支撑杆放置在靠近千斤顶的横梁上对称放置，绑扎用水平筋放置在提升架立柱内侧，保持整个系统均衡上升，防止偏载。

（4）支撑杆对接时，使之保持垂直，提升时注意加固，防止失稳。

（5）保持支撑杆的清洁，并定期对千斤顶进行强制性更换保养，保证每个千斤顶都能正常工作。

（6）浇筑混凝土时要用两台泵对称分层浇筑，浇筑顺序从中间向两端或相反，防止整层模板因侧压力不同而产生整体偏移。

（7）使内、外墙横梁相互连成一体，防止局部偏移或由于横梁不平而产生斜向顶升。

（8）墙体拐角处，由于内外模面积不相同，混凝土产生的侧压力也不尽相同，该处模板将向外胀出，因此在浇混凝土前应预先用手拉葫芦在模板上口向内侧倾斜约 10～20mm，确保浇完混凝土后墙体的正确位置。

2. 纠偏方法

（1）对于整体偏移，纠偏采用多个 2t 手拉葫芦和 3/8in 钢丝绳从外墙一个角的提升架或外围圈与另一个墙角的下层洞口或埋件拉紧，直至拉正为止。

（2）对于局部墙体的偏差可通过调节支腿调节丝杠进行模板截面和垂直度调节，直至正确为止。

（3）对于整体偏移应事先分析，弄清产生的原因，有针对性地纠偏。浇完混凝土之后，再放松钢丝绳并撤除手拉葫芦。

第五节　钢结构施工

一、钢结构工程的特点

1. 挤：施工现场狭小、拥挤

由于施工现场位于居民区内，整体上拥挤狭窄。现场无环行道路，更无空闲场地，少许的构件临时堆放，只能占用场内人行道路。因此，施工现场的构件存放，受到很大限制。

2. 难：施工存在一定的难度

塔楼新颖的直角、弧形、橄榄状的筒体结构给钢结构施工带来了一定的困难，具体表现在：

（1）钢结构连接节点复杂、多样。

（2）大起拱梁的广泛采用。

（3）直角弧形橄榄状筒体结构的尺寸控制。

（4）钢结构焊接。

3. 紧：施工工期紧

钢结构合同工期，塔楼部分 185 日历天；裙楼部分 15 个日历天。

考虑到塔吊爬升，混凝土核心筒施工，土建及其他工序的跟进及交叉以及天气的影响，实际可作钢结构正常施工的工日很少，大约 130d 左右。其施工工期之紧，不言而喻。

4. 杂：钢结构量杂、交叉多

钢结构总重量约 7000t，构件数量约万余件，诸多工种、工序的交叉配合，体现在钢结构工程中的方方面面，此为本钢结构工程的又一特色。

二、钢结构工程量概述

（1）钢结构总重量 7000 余吨，数量 9937 件（不含压型板、栓钉等）。

（2）钢柱共 22 根，分 19 节，约 426 件，均为焊接工字形及十字形柱，单根最重为 12.8t，其长 12.31m，最大截面为 850mm×850mm。

（3）钢梁为轧制 H 型钢，约 2934 件，单梁最重为 3.566t，其长 12.5m，截面为 714mm×356mm（凡长度大于 9m 的钢梁，均有不等的起拱尺寸）。

(4) 本工程安装的高强螺栓约 11 万套；熔焊栓钉约 12 万套；临时螺栓约 3.8 万套；焊接焊缝超过 17 万延长米；核心筒梁埋件 764 件。

三、施工布署

(1) 根据工程工期要求和现场施工的实际情况，在施工顺序上，先进行塔楼钢结构安装，待塔楼钢结构基本完成后，再吊装裙房钢结构；

(2) 吊装起重塔吊，设在核心筒内，型号为 C7050B，为内爬式塔吊，其臂长 40m，起重力矩 4500kN·m，最大起重量为 20t。

(3) 本塔吊主要用于钢结构吊装，并随混凝土核心筒的递升分次爬升。

(4) 辅助塔吊，设在塔楼外侧，型号为 H3/36B，其臂长为 55m，起重力矩为 2950kN·m，最大起重量为 12t。

(5) 施工人员的垂直运送利用设在电梯井内的双笼升降机进行。型号为 SCD200×200，使用高度随混凝土核心筒的结构施工上移。

(6) 混凝土核心筒施工，采用液压爬模工艺。其中，少量钢骨柱的混凝土施工，要随后翻模进行。混凝土核心筒的施工高度，高于钢结构施工层 4～6 层后，方可进行钢结构构件的安装，并保持动态平衡。混凝土核心筒到顶满足强度要求后，再逐层继续完成钢结构安装。

(7) 塔楼钢结构安装的竖向作业顺序为先下后上，以工厂生产的柱节为施工安装节，吊装工序在前，其他工序跟进。

塔楼钢结构安装的楼层水平作业顺序，拟按四个吊装分区，逆时针方向，流水作业。

(8) 钢结构安装的构件供应顺序，应满足现场吊装进度的要求。原则上，构件吊装以分节、分层、分区混合进行，即：

柱→外框梁→主梁→辐射梁→次梁→栓钉→压型板→钢筋混凝土

钢构件供应按此顺序陆续输送。

四、钢结构吊装

(1) 单节钢结构层吊装工艺流程详见图 4-5-1。

(2) 钢柱的安装过程如下所述。

1) 吊装准备：钢柱吊装前，先在柱身安好爬梯，拴好缆风绳，且柱接柱耳板也已设置在指定位置处，牢固无误后，方可进入下步工作。

2) 吊点设置及起吊方式：钢柱吊点设置在预先焊好的吊耳连接件处，即柱接柱临时连接板上。为防止吊耳起吊时的变形，采用专用吊具装卡，此吊具用普通螺栓与耳板连接，起吊时，为保证吊装均衡，在吊钩下挂设 4 根足够强度的单绳进行吊运。

钢柱的起吊方法，拟采用单机回转法起吊。起吊前，钢柱应横放在垫木上；起吊时，不得使柱端在地面上有拖拉现象，钢柱起吊时必须具有一定的高度。

3) 临时固定及校正方法：钢柱吊升到位后，首先对钢柱四边中心线与基础十字轴线对齐吻合，即用直尺将钢柱四方中心线延长到对齐，四边兼顾。当对准或已使偏差控制在规范许可的范围内时，即为完成对位工作。然后，对钢柱进行临时固定，即采用四方向拉设缆风绳的方法，如受环境限制不能拉设缆风绳时，则采取在相应方向上做硬支撑的方

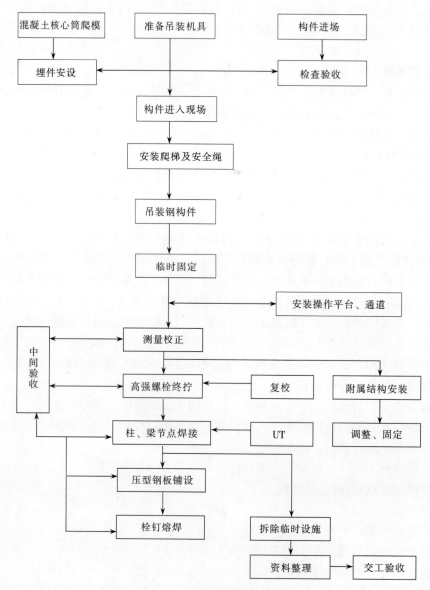

图 4-5-1　单节钢结构层吊装工艺流程

式，进行临时固定及校正。

钢柱对接时，则以安装在吊装柱下的双夹板平衡插入基础柱对应的安装耳板上，穿好连接螺栓，进入校正阶段。

临时固定完成后，应在测量工的测量监视下，利用临时固定用缆风绳、倒链、管式支撑、千斤顶等对柱垂直度进行校正，对柱的标高进行调整，对柱的水平位置、间距进行处理。确认坚固无误后，进入下一步工作。

4）地下室钢骨柱的特殊作法：

①顺序、对称紧固地脚螺栓螺母。

②灌筑无收缩砂浆。

③混凝土浇筑时柱垂直度需复验。

五、钢梁的吊装

1. 绑扎、起吊

钢梁吊点选择可视具体情况而定，以吊起后钢梁不变形、平衡稳定为宜，以便于安装。

为确保安全，防止钢梁锐边割断钢丝绳，要对钢丝绳进行防护，吊索角度不小于45°，钢梁可以使用钢丝绳直接绑扎，或采用专用夹具进行吊运。

为加快进度，提高工效，可采用多头吊索一次吊装三根钢梁的方法。

2. 钢梁临时对位、固定

钢梁吊升到位后，按施工图进行对位，要注意钢梁的起拱，正、反方向和钢柱上连接板的轴线不可安错。较长梁的安装，应用冲钉将梁两端孔打紧、逼正，然后，再用普通螺栓拧紧。普通安装螺栓数量不得少于该节点螺栓总数的30％，且不得少于一个。

为确保吊装质量，保证构架稳定及方便校正，安装多层柱节时，应首先固定顶层梁，再固定下层梁，最后固定中层梁。

吊装固定钢梁时，要进行测量监控，保证梁水平度调整，保证已校正单元框架整体安装精度。

3. 与核心筒相连钢梁的固定、对位

（1）在核心筒埋件上，按梁中心线及梁底面线，安设一角钢靠山。

（2）将吊装就位的梁与柱相联（临时安装螺栓），与核心筒相连处，则搁置在安装靠山上。此时，梁平面标高无误。

（3）根据梁孔距核心筒预埋件的距离，确定连接尺寸。

（4）安装高强螺栓，初拧梁两侧连接板上的高强螺栓。

（5）焊接连接板。

（6）校正后，终拧连接板高强螺栓。

4. 大起拱度梁的安装

（1）注意大起拱度梁的拱向，确保正确安装。

（2）绑扎、吊装方法同普通梁的安装。

（3）其他事宜，同普通梁的安装。

5. 次梁安装

（1）根据结构特点，部分次梁的安装，如圆弧部位次梁，可在地面或楼面上完成。

（2）部分次梁也可采用集中吊运，使用简易机具，分头在楼内进行。

6. 钢梁安装的注意事项

（1）梁与连接板的贴合方向。

（2）高强螺栓的穿入方向。

（3）按吊装分区顺序进行。

（4）钢梁安装时孔位偏差的处理，只能采用机具绞孔扩大，而不得采用气割扩孔的方式。

六、钢结构安装的测量

高层钢结构安装施工的质量控制直接与钢构件的制作、安装、焊接、高强螺栓连接等因素有关。但安装工程的核心是安装过程中的测量工作，它包括：平面控制、高程控制、柱顶偏差的放线测量、钢柱垂直控制、柱顶标高的检测、梁面高差的高速复测以及钢柱位移的允许偏差。

1. 主楼地下室测量方法

（1）平面控制

1）将 J2 经纬仪架设于轴线控制桩投点测设于地下一层楼面。

2）在四角交叉点复测 90°夹角度，误差分别为 −5°、+3°、+2°、+4°。

3）东南西北四边距离，用 50N 标准拉力，经温差和尺寸改正后，距离误差分别为 −2mm、+2mm、0、+2mm。

4）作为平面控制网，经复测距离误差达到 1/20000，符合高层建筑定位测量精度要求。

（2）高程控制

直接在地下室一层楼面 20/D 轴线位置移交标高点一个，高程值为 −3.800m。本标高点将作为土建与钢结构两部分的共用基准点，控制建筑物标高及水平度。

（3）轴线细部测设

1）在正方形平面控制网的基础上结合图纸尺寸，采用直角坐标法放出每个钢柱基础的纵横轴线，见图 4−5−2。

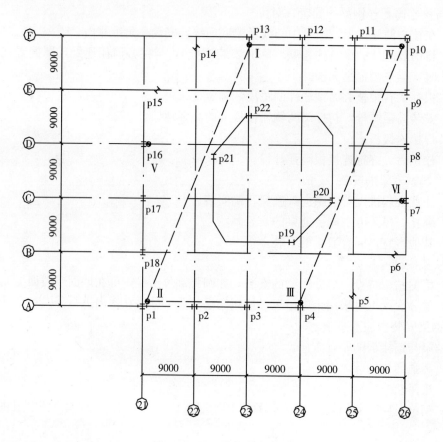

图 4−5−2   激光点布置图

2）将所测轴线弹墨线后，量距复核相邻柱间尺寸。

3）轴线复核无误后，画红油漆三角标记，作为第一节钢柱吊装就位时的对中依据。

（4）柱底标高找平

1）将预埋螺栓定位铁板取出。

2）凿平四角垫铁位置的混凝土。

3）用水平仪从高程控制点引测标高，根据所测混凝土面标高偏差值，用不同厚度的垫铁找平。

4）钢柱吊装就位后，观测由制作厂画定的柱底板之上 1.2m 标高线处，如有标高超差，加、减薄铁板调整。

（5）钢柱垂直度校正

1）钢柱吊装就位，首先是柱底板四周中心线，应严格对准轴线位置。

2）在相互垂直的轴线方向分别架设经纬仪，瞄准柱底轴线测柱顶中线偏差，通过调校钢柱，使垂直度偏差达到小于 1/1000 规范要求。由于第一节柱只有 6m 高，在无风天气下，也可用线锤来调校垂直度。

2. ±0.00 层以上测量控制

（1）平面轴线位置控制

1）待 ±0.00 层楼面混凝土浇捣完成后，在移交来的外围轴线控制桩，再次重复地下一层相同步骤的测设。当矩形控制网的四个内角和四边距离符合北京市《建筑工程施工测量规程》要求时，将四边弹上墨线，以此控制线作为整个大楼轴线定位的依据。

2）一层以上平面轴线位置控制采用内近控法。首先在 ±0.00 层根据矩形控制网，用直角坐标法定出 6 个激光点位，然后分别在各点上架设激光铅垂仪，分区分片地直接将点位竖直向上投递，补到每个施工区域。

3）为了减小激光光斑直径随高度增加而扩散的影响，为减弱仪器整平造成光线不垂直的偶然误差和减少激光光线所通过的楼层混凝土预留洞有障碍使光线受损的机率，当施工高度达到 80m 时，需将 ±0 层的激光点迁移到 20 层楼台面上。首先 1～1V 号激光点投测到 20 层，组成的平行四边形经角度、距离复测，如闭合误差较大时，须重新投测激光点；当误差符合规范要求时，将闭合误差调整后作上标记。然后按直角坐标法，继续测出另外 V、V1 两个激光点位置，并和 ±0 层相应位置激光投测吻合。80m 以上的平面轴线位置控制均采用 20 层激光点位向上投递。

4）核心筒的定位，共同使用土建测设的控制线，并经常与外围钢柱控制点相互复测和调整误差。

（2）高程控制

1）地下一层已采用 20/D 轴线位置移交来的一个 -3.800m 标高基准点，为减少再次远距离标高引测误差，±0 层以上标高就采用这一基准作为标高起算点。

2）用水准仪引测三个水准点至内筒墙门洞内测 +1m 的位置并作好标记。

3）从起始标高 +1m 处，用 50m 标准钢尺分三处垂直向上，用标准拉力量至施工层。在施工层检测三个标高引测点间的误差，如误差在允许范围内，将闭合差调整并作好标记。

4）当起始标高至施工层距离超过 50m 一整尺时，须重新在 13、25、37 层作起始标高迁移测定。同样，每次三点间标高误差检测与调整后作好标记。50m、100m、150m 以上标高量测，分别从13层、25层、37层起始标高向上量距至施工层。每层标高点应与土建使用的标高相互复核，出现误差及时调整，使内筒与外围钢结构标高保持一致，见图4-5-3。

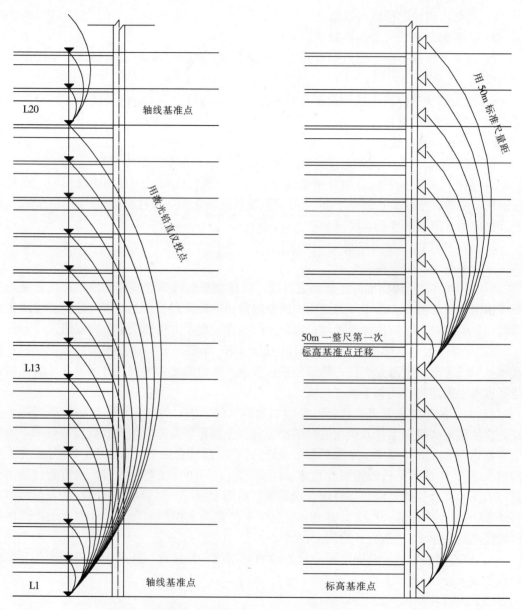

图4-5-3　轴线标高控制点引测及基准点迁移示意图

（3）吊装测量

1）钢柱吊装测量程序见图4-5-4。

2）钢柱吊装首先是柱与柱接头的相互对准，塔吊松钩后用两台经纬仪在相互垂直的轴线位置进行钢柱垂直度初校，便于柱间梁的顺利安装和保证钢柱轴线位置的基本准确。

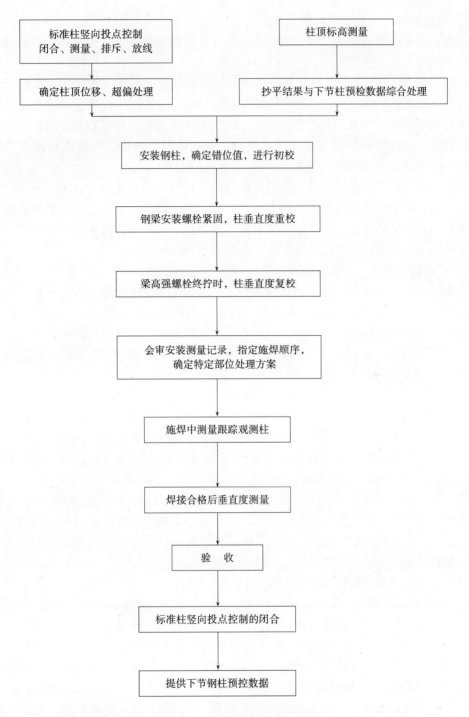

图 4-5-4　钢柱吊装测量程序

3）当一个片区的钢柱、梁安装完毕后，对这一片区钢柱进行整体测量校正；对于局部尺寸偏差，用千斤顶或倒链顶紧合拢或松开；对于整体偏差，用钢丝缆风绳调校。校正后，把高强螺栓拧紧。

　　4）钢柱焊接前、焊后轴线偏差测定

　　①内业准备：根据轴线尺寸、钢柱截面尺寸，计算钢柱四角点位坐标，并绘成钢柱点位坐标平面图，便于使用查找。

　　②观测准备：在±0层架设激光铅垂仪，将控制点投测到施工观测层；在已校正好垂直度并经螺栓终拧的钢柱顶，用附件连接架设全站仪，对中整平仪器于所投递上来的激光点位，分别瞄准另一个点的平面直角坐标，以这两点作起算点和起始点方向。

　　③观测：瞄准各柱顶角点，直接从仪器读数，得各点坐标。每根钢柱测点不少于两点，便于校核误差和计算钢柱扭曲。

　　④计算整理资料：根据记录的各点坐标与内业计算的设计坐标相比较，得 X、Y 2 个方向的差值，即偏差值。根据偏差值大小及方向，对于焊前偏差决定是否还须进行局部尺寸调整和确定焊接顺序及方向。焊后偏差作为资料和上一节钢柱吊装校正的依据，这样就解决了压型钢板预铺设挡住经纬仪校正钢柱垂直度视线的问题。

　　5）柱顶标高测量

　　由钢柱制作厂在柱身标高各楼面混凝土上＋1.6m 标高线，通过水平观测，可测出钢柱标高偏差。但＋1.6m 标高线必须由制作厂从柱顶往下量距定出，将制作长度误差及时反映出来，不能累积传递给上一节。也可直接在钢柱顶架设水准仪，直接观测得出各柱顶标高偏差。根据偏差值大小，在吊上一节钢柱时，垫不厚于 5mm 的钢板，或切割不大于 3mm 的衬板来垫高和降低柱顶标高。

　　6）核心墙预埋件钢梁安装中线与标高定位

　　①中线投测：多边形核心筒的每个面，从±0层起测放偏离轴线一定尺寸的铅锤线，并弹上墨线，作为每层预埋件排尺分中的定位依据。随楼层的升高，铅垂线用经纬仪也不断上引，为减少铅垂线的引测偏差，每隔 3～5 层放线检测铅锤线偏差值，再对上部铅垂线进行校正。

　　②标高投测：从±0.00 层起，核心筒外墙面四周，每层楼面混凝土墙上＋1m 的地方弹上墨线，供埋件上焊接角钢托架定位用。由于核心墙施工高度超出外围钢结构几层，每层＋1m 的标高线无法及时测放，只能用钢尺从下面几层已有标高线向上量距定出钢梁安装前的角钢托架高度。

　　（4）安装精度和测量积累误差的控制

　　1）测量使用的钢尺、仪器首先经计量检定，核对误差后才能使用，并做到定期检校。加工制作、安装和监督检查等几方面统一标准，应具有相同精度。

　　2）根据楼层平面形状与结构形式及安装机械的吊装能力，考虑钢结构安装的对称性和整体稳定性，合理划分施工区域，控制安装总体尺寸，防止焊接和安装误差的积累。

　　3）激光铅垂仪投递轴线控制点的精度是保证高层钢结构安装质量的关键。测量中严格对中整平仪器，投测时应采取全圆回转，每隔 90°投测一次，四次取中。并避开吊装晃动、日照强烈和风速过大等不利观测的因素。

　　4）标高和轴线基准点的向上迁移，一定要组成图形，多点相互闭合，满足精度要求并对误差调整。

　　5）由于柱与柱、柱与核心墙之间通过钢梁和混凝土楼板连接成整体，提高了结构整体强度，日光照射影响可以忽略不计。

6）钢梁接头焊缝收缩一般为 1～2mm，利用焊接收缩预留量使外边柱略微向外侧倾斜，待焊后收缩基本回复到垂直位置。

7）对修正后的钢结构空间尺寸进行会审。如果局部尺寸有误差，应调整施工顺序和方向，利用焊接调整安装精度。

七、钢结构焊接

1. 工程概况

北京国贸二期钢结构工地焊接对象共有柱—柱对接、柱—梁对接、梁连接板与核心墙预埋件等工程焊接，总量约达 17 万延长米。

其中临边 H 钢柱、钢柱对接、柱间连梁均为本次焊接量集中、施焊要求及质量要求均较高的焊接。

本次焊接材料为日本 JIS-G3101-SS400、JIS-G3106-SM490YB 和英国 BS4360-Gr50C 标准材料。其中，SS400 的机械性能、各项力学指标相似于我国 Q235 系列；SM490YB 和 BS4360-Gr50C 的机械性能、各项力学指标相似于我国 16Mn 系列。

2. 焊缝类型

本次柱与柱的连接焊缝，包括 H 形钢柱和十形钢柱。以柱 P1～P22 为例，采用的是加背衬板的单面单边坡口横焊缝，组对时采用柱上预先加焊的上下连接板和安装螺栓。

（1）柱与梁的焊接

本次柱与梁的连接，首先通过安装螺栓定位，而后进行上下翼缘板之间的坡口对接焊，见图 4-5-5。

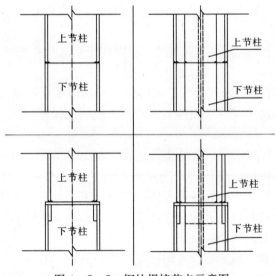

图 4-5-5 钢柱焊接节点示意图

（2）梁与核心预埋钢板的连接

首先将预安装在梁端的连接用螺栓并牢固定位，消除预埋误差后采用竖向角立焊接。

3. 焊接方法

本次工程焊接现场施工主要采用手工电弧焊和 CO_2 气体保护半自动焊两种焊接方式。

整个施工现场分区进行焊接施工，使每个区都形成一个空间框架，提高结构施工期抗风稳定性，便于逐区调整并最终合拢，在工艺流程上给高强螺栓的先期固定，焊后逐区检测安装垂直度，减少累积误差创造条件。

4. 焊前准备

（1）焊接工艺评定

针对 H 形钢柱、十形钢柱、柱与柱、柱与梁的焊缝接头形式，尤其本工程处于寒冷地区的特点，根据《建筑钢结构焊接规程》第五章"焊接工艺试验"的具体规定，组织进行焊接工艺评定，确定出最佳焊接工艺参数，制定完整、合理、详细的工艺措施和工艺流程。

（2）焊工培训

对参加本次焊接施工的焊接工人，按照《建筑钢结构焊接规程》第八章"焊工考试"的规定，组织焊工进行培训，并进行考核。取得合格证的焊工进入现场施焊。

5. 焊接材料的准备

（1）进入北京国贸二期钢结构现场焊接施工所需的焊接材料和辅材，均要有质量合格证书，施工现场设置专门的焊材存储场所，分类保管。

（2）用于本工程的焊条均须进行烘干。对碱性焊条，严格按照下列规定进行使用前的烘焙。

1）E4315、E5015：烘干温度与烘干时间为：$350\sim400℃$，时间为 $1\sim2h$，保温温度与保温时间约为 $100℃$，$0.5\sim1h$。

2）E4303：使用前在烘干箱内烘烤的温度与时间：$100℃$，$0.5h$。

3）对碱性焊条，焊工必须使用保温筒随用随领，使用中切实执行保温筒与焊接电源的规定。

4）对碱性焊条，由保温筒取出到施焊，暴露在大气中的时间严禁超过 $1h$，焊条的重复烘干次数不得超过两次。

5）对酸性焊条，由保温筒取出到施焊，暴露在干燥大气中的时间严禁超过 $4h$，严禁在霜雪气候中露天放置。

6）对于用于本工程的 CO_2 气体保护焊焊丝，必须切实采取禁止油污污染措施，切实采取防潮措施。当班未使用完的必须拆下来，装入包装盒保管。

6. 焊接环境

（1）雨雪天气作业区域必须设置防雨雪措施，根据本工程特点：无论柱与柱连接、柱与梁连接、梁与预埋件焊接，均应采取防雨雪措施。对于柱柱连接，必须专门设置可供 $3\sim4$ 人同时同台作业的操作平台。冬季和春季施工，采用双层彩条布围裹，承台除密铺脚手板外，采用石棉橡胶铺垫，尽可能减少棚外大气对棚内焊接环境的侵扰。防护棚上部应与柱贴合紧密，采用粘贴止水效果良好的材料，严密封贴。对于柱梁处平角焊，应设置防风、防雨水、防高温熔滴飞溅的箱笼式防护架，严密防护。对于梁与预埋件的角立焊，采用夹板式单边防护罩，防止雨雪侵扰。冬季与早春季防护罩应有相当的高度并采用棉纱等吸水物质，阻隔霜溶滴和雪溶液的侵入。

（2）采用手工电弧焊作业时，如风速大于 $5m/s$，采用气体保护焊，风速大于 $2m/s$ 时，未设置防风棚或没有防风措施的部位严禁施焊。

7. 定位焊

要求选用的焊机种类、极性、焊材与母材相符。选用的电流值适当偏大。施焊前，认真清除坡口内渣皮，对于衬于坡口背部的衬板与坡口背部，必须清除锈蚀和污物，不得在正式施焊前粗糙作业给焊接施工带来气孔增生、夹渣等先期缺陷。定位焊要求过渡平滑，与母材充分融合，收弧处填满弧坑。本工程冬季和早春季施工时，定位焊还要严格执行焊前预热工艺，定位完毕，不要急于清渣，必须使用石棉布等保温材料覆盖后离去。

（1）柱与梁的定位焊

1）梁吊装就位、找正、调整、安装螺栓拧紧或扭剪型高强螺栓终拧等工序完成后，首先由辅助工人在梁的上、下翼缘板坡口背部沿坡边向外采用粗砂布或角向磨光机去除锈蚀和污物，在柱的焊缝区域较大的范围内去除污物，锈皮、附着物，用于坡口背衬的衬板运载少于焊缝组合面全部砂除锈蚀污物，然后由持证焊工在衬板的引入、引出部分定位点焊。在衬板与柱贴合紧密段作 $L \approx 30mm$、$K \approx 4mm$ 的定位焊。

2）定位采用手工电弧焊进行，选用 $\phi3.2mm$ 慢电焊条，型号为：E5015（Q235 钢选用 E4315），直流反接，焊接电流 $I \approx 120A$。

3）用于本工程柱、梁接头处的衬板其引入、引出部分应 $\geq 60mm$，梁翼缘 $\geq 16mm$ 时，还应加角板，角板、衬板的材质与母材完全相同，角板的组对与坡口形状相同。由于衬板在接头施焊全过程中可以存储较多能量，对接头的缓冷具有重要作用。

特别在寒冷的冬季，衬板的良好保温作用更加明显，因此衬板除材质与母材完全相同外，还应具有宽度不小于 40mm、厚度不小于 8～10mm，始末两端延长部分不少于 60mm 的特殊要求。

（2）柱与柱的定位焊

1）H 形柱与十形柱在定位螺栓拧紧后，定位焊前，翼缘板坡口背部和垫于背部的衬板彻底砂磨去除锈蚀油污。

2）由于柱翼缘均为较厚板，定位焊前按规范加热，对保证定位焊处不出现气孔、未熔合、头小尾大、焊道凹凸、裂纹等缺陷有重要作用。因此，此处定位焊必须遵循大面积除湿、加热到相当于正式施焊温度、定位完成后迅速采用石棉布保温的原则作业。

3）柱与柱接头处理的定位焊，还必须按照下述作业规程。

①焊缝长度 $L \geq 50mm$，$K \geq 5mm$，间距 $\approx 250mm$。

②左右两端部距翼缘板边沿 $\geq 30mm$，且左右两端向中部收弧并填满弧坑。

③用于定位的弧焊机应为直流弧焊机，手工电弧焊方式，电弧极性：阳。电流值：$I \approx 120A$，焊条直径：$\phi3.2mm$，型号：E4315。

4）柱与柱接头处的背衬，角板应与母材材质相同，宽度 $\geq 50mm$，厚度 $\geq 8mm$，引入引出两端 $\geq 100mm$，角板组对完毕后，另增封头板，以阻止如采用气体保护焊方式时空气对保护气体的侵扰。

（3）梁与预埋钢板的定位焊

对梁与预埋钢板的定位焊，必须给予高度重视。处理连接板切割时，割渣、氧化皮应予以彻底清除，埋件表面的混凝土等污物也应彻底清除。定位时，采用 E4315、直径为 3.2mm 慢焊条，电弧极性：阳，电流值大于 120A，低压电弧。定位焊缝应距连接板上、下两端 $\geq 30mm$，焊缝长度 $L \geq 50mm$，$K \geq 5mm$，定位焊缝应具有足够承重强度。

8. 焊接

构件组装定位焊完毕后，严格按工艺试验规定的参数和作业顺序施焊。工艺实施应遵循如图 4-5-6 所示的流程。

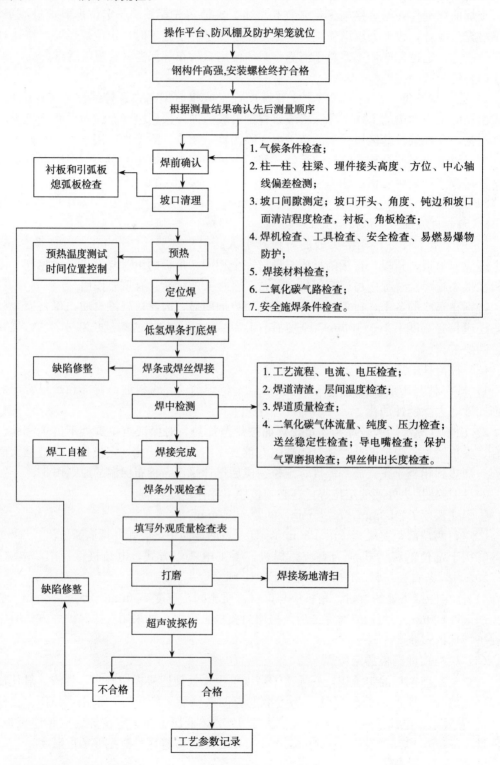

图 4-5-6　焊接工艺实施流程

9. 工艺与工艺参数

(1) 预热：根据 AWS. D1.1 第四章表 4-2 的要求，当板厚小于 19mm，被焊件温度低于 0℃时，母材需要进行预热，最低要达到 21℃。并在焊接过程中保持不低于 21℃；当板厚大于 19mm 时，应根据表 4-5-1 进行预热。

不同钢种不同温度的推荐预热温度值（℃） 表 4-5-1

钢 种	焊接方式	板厚（mm）				备注
		$t=22$	$22<t\leqslant38$	$38\leqslant t\leqslant50$	$50\leqslant t\leqslant75$	
Q235	手工电弧焊				60	丁字焊预热要求与对接相同
	CO_2 埋弧焊				60	
16Mn	手工电弧焊	36	60	60	100	
	CO_2 埋弧焊	36	60	60	100	
Gr50C	手工电弧焊	60	100	150	150	
	CO_2 埋弧焊					
A572（美）	手工电弧焊	60	100	150	150	
SM490YB（英）	CO_2 埋弧焊	60	100	150	>150	

预热范围应沿焊缝中心向两侧至少各 100mm 以上，按最大板厚 3 倍以上范围实施过程力求均匀。对于刚性较大、拘束应力较大的焊接接头，预热范围必须高于 3 倍板厚值，预热范围均匀达到预定值后，恒温 20～30min。预热的温度测试须在离坡口边沿距板厚 3 倍（最低 100mm）的地方进行。采用表面温度计测试。预热热源采用氧—乙炔中性火焰加热。

(2) 焊接时，焊缝间的层间温度应始终控制在 85～110℃之间，每个焊接接头应一次性焊完。施焊前，注意收集气象预报资料。预计恶劣气候到来，并无确切把握抵抗的，应放弃施焊。若焊缝已开焊，要抢在恶劣气候来临前，至少焊完板厚的 1/3，方能停焊；且严格做好后热处理，记下层间温度。各种不同钢种、不同厚度钢材的焊接层间温度见表4-5-2。

不同钢种、不同厚度钢材的焊接层间温度 表 4-5-2

钢 种	板厚（mm）	焊接层间温度（℃）
Q235	22～75	$>50～85$
16Mn	22～50	$>60～100$
Gr50C	50～75	$>100～150$
SM490YB	22～50	$>100～150$
A572	22～75	>150

(3) 后热与保温：后热处理，各种规范中无明确规定。但本工程为保证焊缝中扩散氢有足够的时间得以逸出，从而避免产生延迟裂纹，焊后应进行热处理，热处理温度为

200～250℃,达此温度后用多层石棉布紧裹,保温的时间以接头区域、焊缝表面、背部均达环境温度为止。

（4）焊接顺序：工程柱与柱、柱与梁、梁与埋件的施焊,遵循下述原则。

1）对整个框架而言,柱、梁等钢性接头的焊接施工,应从整个结构的中部施焊,先形成框架而后向左、右扩展续焊。

2）对柱、梁应先完成全部西半球的接头焊接；焊接时无偏差的柱,严格左先焊的顺序,然后自每一节的上一层梁施焊。梁施焊时,应尽量在同一柱左、右同时施焊,并先焊上翼缘板,后焊下翼缘板,而后逐层下行。

3）焊接过程中,要始终进行柱梁标高、水平度、垂直度的监控,发现异常,应及时暂停,通过改变焊接顺序和加热校正等特殊处理。

（5）焊接工艺参数见表4-5-3。

焊接工艺参数 表4-5-3

序号	位置	焊材类型	焊材规格	焊接电流（A）	焊接电压（V）	气体流量（L/min）	电流极性
1	定位焊	E5015（E4315）	φ3.2	90～120	28～32	—	直流反接
		H08Mn2SiA	φ1.2	190～210	25～30	55	直流反接
2	打底焊	E5015（E4315）	φ3.2	90～120	28～32	—	直流反接
		H08Mn2SiA	φ1.2	210～240	29～33	55～65	直流反接
3	填充焊	E5015（E4315）	φ4.0	160～190	32～35	—	直流反接
		H08Mn2SiA	φ1.2	250～320	29～35	55～65	直流反接
4	覆面焊	E5015（E4315）	φ4.0	160～190	30～32	—	直流反接
		H08Mn2SiA	φ1.2	210～240	29～33	55～65	直流反接

10. 焊接检验

（1）焊缝外观检验

Q235系列钢结构在焊缝冷却到环境温度,16Mn、SM490YB、BS-43A、A572等低合金钢在焊毕24h后均须进行的100％外观检验。要求焊缝的焊波均匀平整,表面无裂纹、气孔、夹渣、未熔合和深度咬边,并没有明显焊瘤和未填满的弧坑。

2）焊缝的无损检测

焊缝在完成外观检查,确认外观质量符合标准后,按图纸要求进行超声波探伤无损检测,其标准执行GB/T 11345—1989《钢焊缝手工超声波探伤方法和结果分级》现定的检验等级。或执行AWS.D1.1的质量等级标准。对不合格的焊缝,根据超标缺陷的位置,采用刨、切除、砂磨等方法去除后,以与正式焊缝相同的工艺方法补焊,同样的标准核验。

现代盛世大厦

圆弧阶梯造型石幕墙细部

精装办公室

第五章 现代盛世大厦

（2001年获鲁班奖）

第一节 工程概况

现代盛世大厦位于北京市朝阳区三元桥南侧，毗邻京信大厦，是一座由韩国现代集团投资，集办公、商业于一体的综合智能型建筑。本工程于1999年4月18日开工，2000年9月25日竣工交验，前后历时近18个月。

现代盛世大厦占地面积10200m²，总建筑面积68425m²，檐高99.8m。地下3层，主要为停车场、餐饮、服务中心及机房。地上23层，除1、2层为大堂、银行、空调机房外，3~22层主要为办公区（见图5-1-1）。

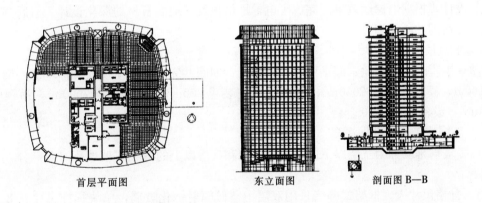

首层平面图　　　　　　　东立面图　　　　　　剖面图B—B

图5-1-1　现代盛世大厦平、立、剖面图

基础形式为灌注桩筏板复合基础，灌注桩直径1m，包括280根抗压桩及55根抗浮桩，底板厚度1.5~2m，最深部位板底标高-17m。

结构形式为外框内筒全现浇框架剪力墙结构，其竖向承重构件包括外围四大角的8根梯形柱、四条边的8根圆柱及中间500mm厚的核心筒剪力墙；水平承重构件包括沿建筑外边的四根弧形环梁、连接梯形柱与核心筒的8根叉形梁、中间连梁及120mm厚的现浇楼板组成。

内部装修：办公区采用铝合金T形矿棉吸声板吊顶，细石混凝土地面，涂料墙面（办公区业主要进行二次装修）。公共区电梯厅为轻钢龙骨纸面石膏板造型吊顶，石材墙地面；卫生间为轻钢龙骨纸面石膏板吊顶，面砖墙地面；机房为涂料墙面及顶棚，环氧地板漆地面；卫生间为聚氨酯涂膜防水，屋面、地下室为 SBS 卷材防水。首层大堂吊顶高达 9.15m，独特的石膏板造型，浑然一体的石材墙地面，通体透明的落地玻璃，使大堂通透明亮、气势不凡。

外装饰设计独具匠心，大面积玻璃幕墙与四大角石材幕墙相互结合，并在玻璃幕墙中间点缀以小块石材，加之上部铝合金饰架，更使大厦平添了活泼与灵动。

机电设计全面完善，充分体现了整个大厦的智能性。大楼配有 10 部客梯、2 部货梯及功能强大的中央空调及通风系统、灯光照明系统、给排水系统、消防报警系统、楼宇管理和保安监控系统、卫星电视接收系统、停车场收费系统、综合布线系统等。

该工程 2001 年荣获鲁班奖。

第二节   工程的特点及难点

1. 涉外合作，协调困难

本工程由韩国现代集团投资，美方设计，中方施工总承包，即甲、乙方及设计单位来自于三个不同的国度，文化背景的不同造成观念上的极大差异。

2. 施工图纸不详，需要大量深化设计

设计图纸无法满足现场施工要求，需要进行大量的详图设计工作。根据外立面效果图完成了室外框架式玻璃幕墙、全玻璃幕墙、东入口网架、23 层铝合金装饰架及石材幕墙的深化设计，根据电梯厅效果图完成了电梯厅吊顶及墙地面石材的深化设计。前后共绘制深化设计详图 300 余幅。

3. 工程量大，工期短

整个工程合同工期比定额工期短 100 余天，期间共完成混凝土浇筑 58000m³，钢筋绑扎 11600t，模板支设 162000m²，玻璃幕墙安装 13000m²，石材安装 7000m²，吊顶安装 44000m²，设备安装 2000 余台。

4. 装饰施工非标准做法多

（1）玻璃幕墙分为三层以下的全玻璃幕墙和三层以上的框架式玻璃幕墙两部分。其特点如下。

1）分格尺寸大，框架式幕墙采用双层中空低辐射钢化玻璃，单块标准尺寸宽 2.4m，高 2.1m，重 180kg。首层全玻璃幕墙高度 9m，单块最大尺寸宽 1.8m，高 3.4m，厚 15mm，重 230kg。

2）四个主立面无论是玻璃幕墙还是阶梯造型石材幕墙全部为直线段拼成的圆弧形。

3）安装高度高，框架式整体幕墙安装高度 80m。大角石材幕墙安装高度 99.8m。

（2）首层大堂：异形石材多，转角石材、竖向装饰线条处 L 形石材全部为整块，水平装饰线条处石材为圆弧形。

第三节   首层大堂石材施工

一、施工详图的设计

首层大厅墙面采用 50mm 厚石材干挂施工，石材面积 1050m²，其中墙面石材主要有两种类型，GR-1（ST-5 雪丽花）、GR-3（ST-4 承德绿）。

首层大堂作为整个大厦的点睛部位，其施工过程经过了精心的组织和策划。使得观感质量不但宏观美观，而且微观细腻。总体效果达到了"三无一有"，即无色差、无现场二次切割及打磨、无后期变形错台以及有自由变形余量。

在色差控制方面，针对石材面积比较大的特点，将大堂划分为 5 个流水段。根据流水段的划分，对三个石材矿山及加工厂进行了全面的比较和评估。确定后，对开采的石材荒料进行编号。大厅有 5 个立面：SE1、SE2、SE3、SE4、SE5（详见图 5-3-1），共绘制施工图 41 幅。

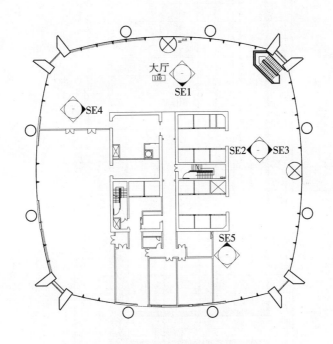

图 5-3-1 首层大堂平面图

根据石材排版图对每一个流水段、每一个立面上的每一块石材进行编号。加工厂根据编号图对石材进行预拼，现场则按照编号图进行对号入坐安装。

通过以上精心选材、编号预拼及对号入坐安装等控制手段，保证了 1000m² 地面、1200m² 墙面基本无色差。立面石材布置以 SE1 为例，见图 5-3-2。

针对石材厚度大（标准块石材厚度 50mm）、异形石材多（如竖向装饰线条处的整块 L 形石材、阳角处的整块转角石材及水平装饰线条处的圆弧形石材等）的特点，对每一块都绘制了石材加工图，图中不但明确了几何尺寸、抛光位置，而且还明确了加工质量标准，并派专人进驻石材加工厂对石材加工质量进行监控，良好的石材加工质量保证了石材无现场二次切割和打磨，安装后平整光洁、拼缝严密。石材备料单以 SE1 承德绿石材备料单为例，详见表 5-3-1"SE1 立面承德绿石材备料单"。

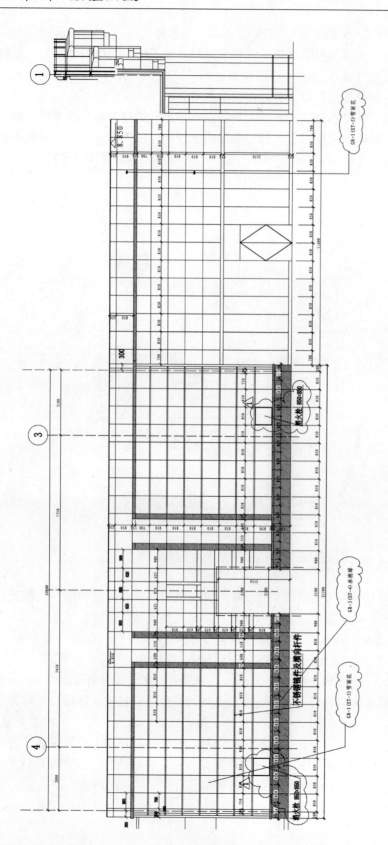

图 5-3-2   SE1 立面石材布置图

SE1 立面承德绿石材备料单 表 5 - 3 - 1

序号	名称	规格（宽×高×厚）(mm)	数量	简　图	备　注
1	承德绿	850×850×50	18	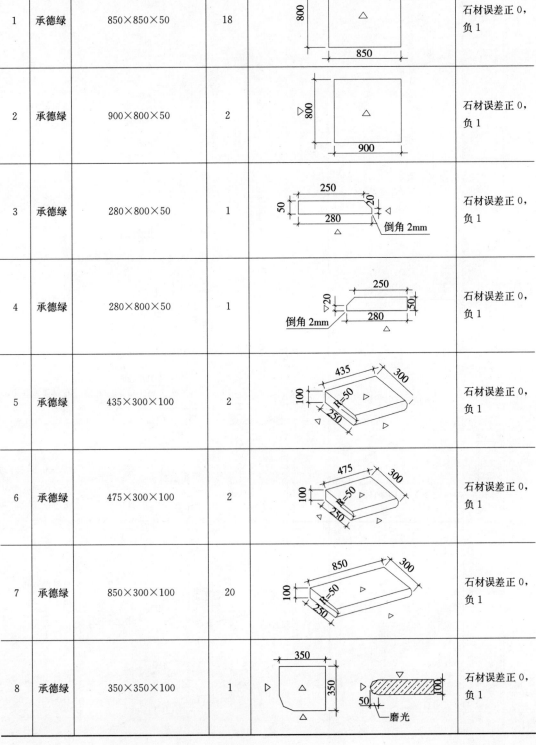	石材误差正 0，负 1
2	承德绿	900×800×50	2		石材误差正 0，负 1
3	承德绿	280×800×50	1		石材误差正 0，负 1
4	承德绿	280×800×50	1		石材误差正 0，负 1
5	承德绿	435×300×100	2		石材误差正 0，负 1
6	承德绿	475×300×100	2		石材误差正 0，负 1
7	承德绿	850×300×100	20		石材误差正 0，负 1
8	承德绿	350×350×100	1		石材误差正 0，负 1

序号	名称	规格（宽×高×厚）（mm）	数量	简　图	备　注
9	承德绿	340×850×50	14		石材误差正 0，负 1
10	承德绿	340×700×50	2		石材误差正 0，负 1
11	承德绿	270×850×100	14		石材误差正 0，负 1
12	承德绿	270×700×100	2		石材误差正 0，负 1
13	承德绿	850×310×150	26		石材误差正 0，负 1
14	承德绿	300×310×150	2		石材误差正 0，负 1
15	承德绿	250×310×150	2		石材误差正 0，负 1
16	承德绿	750×310×150	2		石材误差正 0，负 1

续表

序号	名称	规格（宽×高×厚）(mm)	数量	简　　图	备　注
17	承德绿	460×460×150	1		石材误差正0，负1
18	承德绿	860×800×50	2		石材误差正0，负1
19	承德绿	760×310×150	2		石材误差正0，负1

针对墙面超宽的问题，选择合理的节点设计形式。利用竖向装饰线条处上下层石材间的相互搭接，保证了超宽墙面在温度变化条件下可以自由变形。详见图5-3-3。

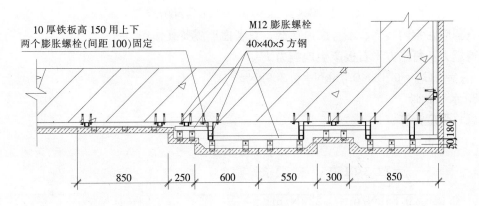

图5-3-3　竖向装饰线条处节点详图

二、龙骨及配件的计算

计算简图见图5-3-4。

1. 材料

方钢管：40×3　　Q235-B·F　　$f=215\text{N/mm}^2$

$E=206\times10^3\text{N/mm}^2$　　自重$G=0.0338\text{kN/m}^2$

$A=431\text{mm}^2$　　$I_x=I_y=9.99\times10^4\text{mm}^4$

$i_x=i_y=15.2\text{mm}$　　$W_x=W_y=4.98\times10^3\text{mm}^3$

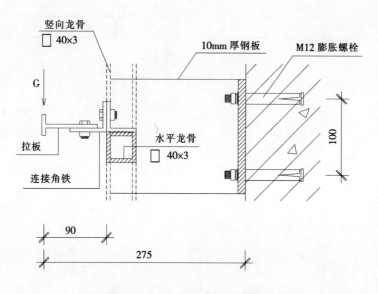

图 5-3-4   石材干挂计算简图

花岗石石板 50mm 厚 $\gamma = 27.0 \text{kN/m}^3$

2. 荷载

石板：50mm 厚 $G_k = 1 \times 1 \times 0.05 \times 27 \text{kN/m}^2 = 1.35 \text{kN/m}^2$

$G = 1.35 \times 1.2 \text{kN/m}^2 = 1.62 \text{kN/m}^2$

石幕墙在室内装饰、不考虑风荷载，只考虑地震荷载作用。

地震力：每平方米石板产生地震力 F_{EK}

$F_{EK} = \alpha_1 G_{Eq} = 0.16 \times 0.16 \text{kN} = 0.259 \text{kN}$

3. 水平龙骨

(1) 强度计算

$l_0 = 1.1 \text{m}$

$\lambda = \dfrac{l_0}{i_x} = \dfrac{1100}{15.2} = 72.3 < 150$ 符合要求

$q = 0.259 \times 0.85 \text{kN/m} = 0.22 \text{kN/m}$

$M_x = 1/8 \times q l^2 = 1/8 \times 0.22 \times 1.1^2 \text{kN/m} = 0.0332 \text{kN/m}$

$M_y = 1/8 \times (1.62 + 0.0338) \times 1.1^2 \text{kN/m} = 0.252 \text{kN/m}$

$\dfrac{M_x}{r_x W_x} + \dfrac{M_y}{r_y W_y} \leq f$

$\left(\dfrac{0.0332 \times 10^6}{1.05 \times 4.98 \times 10^3} + \dfrac{0.252 \times 10^6}{1.2 \times 4.98 \times 10^3} \right) \text{N/mm}^2 = (6.35 + 42.17) \text{N/mm}^2 = 48.52 <$

215N/mm^2 符合要求

(2) 变形计算

$V_x = \dfrac{5}{384} \times \dfrac{q l^4}{E I_x} = \dfrac{5}{384} \times \dfrac{0.22 \times 1.1^4 \times 10^{12}}{206 \times 10^3 \times 9.99 \times 10^4} = 0.204 \text{mm}$

$$V_y = \frac{5}{384} \times \frac{ql^4}{EI_y} = \frac{5}{384} \times \frac{1.458 \times 1.1^4 \times 10^{12}}{206 \times 10^3 \times 9.99 \times 10^4} \text{mm} = 1.35 \text{mm}$$

$$V = \sqrt{V_x^2 + V_y^2} = \sqrt{0.204^2 + 1.35^2} \text{mm} = 1.365 \text{mm}$$

$$\frac{V}{L} = \frac{1.365}{1100} = \frac{1}{805} < \frac{1}{400} \quad 符合要求$$

4. 龙骨计算

(1) 强度计算

$l_0 = 1.2 \text{m}$

$\lambda = l_0 / i_x = 1200/15.2 = 78.95 < 150 \quad 符合要求$

地震作用时：

$q = 0.259 \times 0.9 = 0.233 \text{kN/m}$

$M_x = 1/8 \times ql^2 = 1/8 \times 0.233 \times 1.2^2 \text{kN/m} = 0.042 \text{kN/m}$

$$\frac{M_x}{r_x W_x} \leqslant f$$

$$\frac{0.042 \times 10^6}{1.05 \times 4.98 \times 10^3} = 8.03 < 215 \text{N/mm}^2 \quad 符合要求$$

(2) 变形计算

$$V_x = \frac{5}{384} \times \frac{ql^4}{EI_x} = \frac{5}{384} \times \frac{0.233 \times 1.2^4 \times 10^{12}}{206 \times 10^3 \times 9.99 \times 10^4} = 0.306 \text{mm}$$

$$\frac{V_x}{L} = \frac{0.306}{1200} = \frac{1}{3921} < \frac{1}{400} \quad 符合要求$$

5. 膨胀螺栓及拉板计算

(1) 膨胀螺栓（M12 f = 10.3kN）

1) 地震作用产生拉力

$F_1 = 0.16 \times 1.17 \text{kN} = 0.187 \text{kN}$

2) 自重作用产生拉力：

$$F_2 = \frac{275 \times 1.17}{100} \text{kN} = 3.22 \text{kN}$$

$F = F_1 + F_2 = 0.187 + 3.22 \text{kN} = 3.41 \text{kN}$

一个节点两个螺栓

一个螺栓承受拉力 $F/2 = 1.71 \text{kN} < 10.3 \text{kN}$

(2) 拉板

一块石板有三个拉板，一个拉板承受 $G = 1.71/3 \text{kN} = 0.57 \text{kN}$

$W = 1/6 bh^2 = 1/6 \times 40 \times 5^2 \text{mm}^3 = 167 \text{mm}^3$

$M = 0.57 \times 0.04 \text{kN} \cdot \text{m} = 0.0228 \text{kN} \cdot \text{m}$

$\sigma = M/W = 0.0228 \times 10^6 / 167 \text{N/mm}^2 = 136.5 \text{N/mm}^2 < 215 \text{N/mm}^2 \quad 符合要求$

(3) 连接角铁

$W = 1/6 bh^2 = 1/6 \times 50 \times 5^2 \text{mm}^3 = 208.3 \text{mm}^3$

$M = 0.57 \times 0.09 \text{kN} \cdot \text{m} = 0.0513 \text{kN} \cdot \text{m}$

$\sigma = M/W = 0.0513 \times 10^6 / 208.3 \text{N/mm}^2 = 246.3 \text{N/mm}^2 < 215 \text{N/mm}^2 \quad 符合要求。$

第四节 样板间装修质量的控制

本工程开工之初就明确提出了争取工程鲁班奖的质量目标，并在前期策划阶段编制了系统的质量管理支撑性文件。在施工中严格执行"三高"——高意识、高标准、高目标及"三严"——严格管理、严格控制、严格检查。尤其注重对高标准的控制，这方面我们借鉴了美方（设计方）的技术规范。

在施工组织上，合理安排工程进度，主体结构分五次验收，使得装修工作及时插入，为装饰质量提供了时间方面的保证。另外，将初装饰及精装饰的工作时间避开了冬季，避免了湿作业在冬期施工，减少产生质量通病的可能性。

在材料选型和装饰施工上，实行三样板制。即执行从材料小样到微型样板间再到现场实样的材料和装饰施工选型流程。开工初专门建立样品展示间，在展示间内将墙面、地面、顶棚等材料按不同规格、不同厂家做出实样，为业主及设计最终确定材料选型提供最直观的参考及比较。

通过加强过程控制来努力实现过程精品，重点表现在细部观感质量的控制。卫生间经过精心设计，整体观感达到了"六个对齐"、"三个通长无接缝"及"一个无破活"，即"墙地砖缝对齐"、"台板垂板与砖缝对齐"、"门洞上部与砖缝对齐"、"开关线盒周边与砖缝对齐"、"隔断上部与砖缝对齐"、"小便斗上口与砖缝对齐"；"宽3.02m，高1.2m化妆镜整块通长无接缝"、"长3.02m化妆台板、垂板及挡水板整块通长无接缝"、"4m长钢制灯箱通长无接缝"；"地漏刚好位于一块整砖的位置，其周边地砖无破活"。

一、样板间装修的任务

为保证本工程的装修工程的施工质量和建筑效果，在大面积的装修工程施工开展前先进行样板间的施工，目的是通过样板间施工来深化设计、选择装修材料、完善各装修工序的工艺流程和工艺标准，为开展大面积的装修工程施工做好技术准备工作。

1. 样板间装修区域

样板间位于大厦6层西区：D轴以南、④轴向西，总面积550m²。

样板间的墙体为轻钢龙骨石膏板隔墙，墙体饰面包括乳胶漆、凝灰岩石材和成品木饰面等，办公室顶棚为吸声板系统顶棚，走廊为石膏粘贴板。地面为架空地板、PVC面层。

2. 样板间装修工作范围

（1）办公室的外围临时封闭（由于外幕墙处于设计阶段），面板采用轻钢龙骨木纤维板隔墙；

（2）系统顶棚（包括吊顶龙骨）的材料采购、安装；

（3）照明灯具的采购和安装；

（4）空调风口的采购安装；

（5）报警探测器与水喷头的采购安装；

（6）墙面装饰（包括插座和开关等）；

（7）地面网络地板、装饰面材料的采购和安装；

（8）隔墙材料的采购和安装；

（9）木门、木饰面及固定家具的设计、制作及安装。

二、施工组织

1. 施工组织机构

为了有效地组织本工程样板间的装修工作，专门成立了管理机构，涵盖各职能部门和相关的负责人。负责与业主和设计单位的有关人员进行联系、沟通，以达到有效的运作。并且由装饰公司选出有丰富施工经验且责任心强的装饰管理、技术、质量、安全、生产、行政等各类管理人员，负责现场各方面的施工工作。做到各层次的统一计划协调，统一现场管理，统一组织指挥，统一物资供应，统一对外联络等。样板间装修工作的组织管理机构见图 5-4-1。

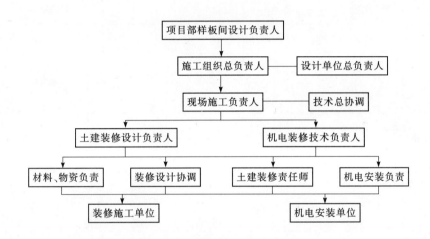

图 5-4-1　样板间装修组织管理机构

2. 施工准备工作

（1）技术准备

1）设计准备：成立设计小组，对于图纸的要求进行认真的研讨。进行图纸的会审，由设计进行交底工作，并进行进一步的详图设计深化。遇到实际情况与原设计不相符时，必须由设计单位、建设单位和总包方共同商定，并由设计单位出具设计变更通知，方可更改。

2）材料准备：有关加工订货及主要材料计划要汇总，编制明细表，并在施工前落实加工单位和供货到场时间。

3）施工组织：根据工作量和劳动定额统计出总的用工情况，有计划地组织施工人员。

（2）现场准备

1）施工用电、用水：

①用电：现场在楼层芯筒边设置有二级配电箱，容量为 250A，由二级箱连接三级箱，作为小型电动工具和照明用电的控制。

②施工用水：在施工区域配备4个大水桶，供各工种少量用水，并设专人管理，防止跑水、漏水。

2）材料设备进场：各种装修材料合理调配，按计划分批进场。装修使用设备由材料管理员提前报计划，以利工作顺利进行。

三、分项施工的方案

1. 施工机具选择

样板间装修的主要设备机具见表5-4-1。

样板间装修主要设备机具表　　　　　　　　　　　表5-4-1

序　号	设备名称	单　位	数　量	备　注
1	风锯	台	1	配锯片
2	砂轮机	台	3	
3	电批	把	8	配充电器、电池
4	电箱	个	8	
5	水平仪	台	1	
6	电锤	把	5	
7	拉铆枪	把	5	
8	电焊机	台	1	
9	气泵	台	1	
10	气枪	把	4	
11	低压变压器	台	1	
12	手电钻	把	5	
13	小螺机	把	2	
14	角度锯	台	2	
15	射钉枪	把	3	
16	木梯	把	17	
17	工作台	张	3	
18	喷枪	把	1	

2. 施工步骤与工序流程

（1）样板间的施工工序流程见图 5-4-2。

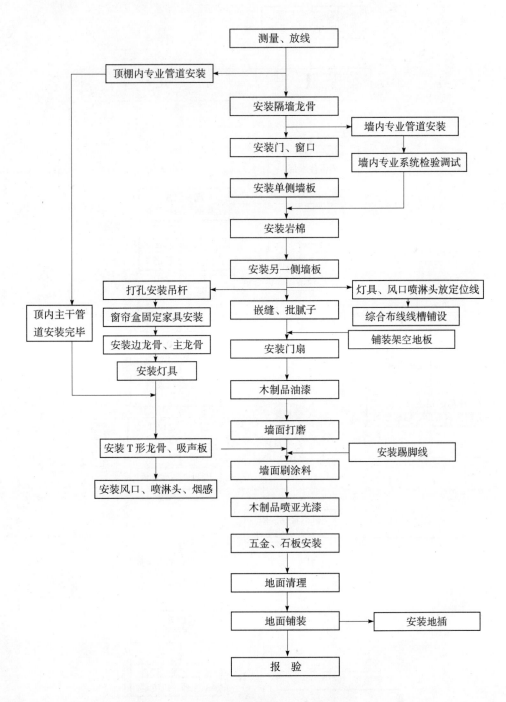

图 5-4-2　样板间施工工序流程

（2）隔墙的施工工序流程见图 5-4-3。

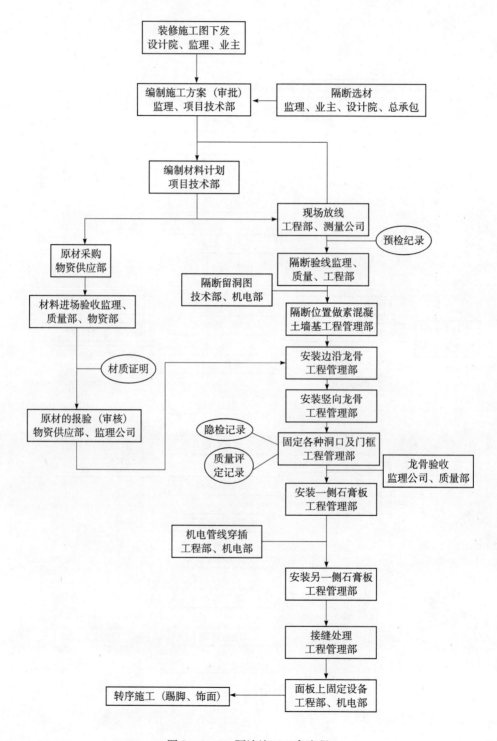

图 5-4-3　隔墙施工工序流程

（3）吊顶的施工工序流程见图 5-4-4。

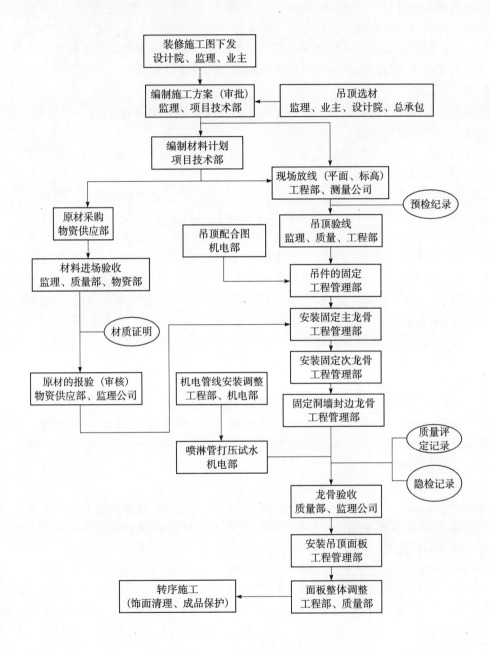

图 5-4-4　吊顶施工工序流程

3. 主要分项施工方法

（1）轻钢龙骨石膏板隔墙

1）轻钢龙骨石膏板隔墙工艺流程

龙骨材料用 75 系列龙骨，采用 QL 系列；沿顶、沿地龙骨为 C75-1/76.5mm×40mm×0.8mm，竖龙骨为 C75-2/75mm×50mm×1.0mm，通贯龙骨为 C75-3/38×

12×1.2,龙骨间距为400m。

面板选用12mm厚,1200mm×3000mm规格的苍松牌木纤维加强板。

抄平、验线→安装沿顶、沿地龙骨→竖龙骨分档→安装竖龙骨→安装通贯龙骨→安装门、窗口框→安装墙的一面石膏板→水暖电气等钻孔下管线→验收墙内各种管线→填充玻璃棉→安装墙的另一面石膏板→接缝处理→墙面装饰→安装踢脚线。

2）施工方法

①根据施工图在做好的地枕上或抄平好的地面上,放出隔墙定位线、门套洞边框线,并吊垂放出沿顶龙骨位置线。

②安装沿顶、地龙骨时按照位置线用射钉固定,间距为350mm左右,必须接头处两边固定,不得遗漏,确保上、下龙骨牢固性。

③竖龙骨分档根据门洞口的位置,顶、地龙骨完成后,按照面板规格,可根据设计要求,分档规格尺寸为408mm,不足分档尺寸应避开门洞框边,第一块面板裁口边不靠向门口处。

④按照分档位置安装竖向龙骨,长度应比实际尺寸短1～1.5cm,留有伸缩缝,竖向龙骨插到地骨底上口留有伸缩缝,经调整垂直定位准确后,双面铆钉固定,靠墙、柱龙骨应用射钉固定,间距400mm左右,在门洞口两侧应双向竖龙骨背对背铆固。在门框、柱、墙20cm处原分档龙骨不动,另加一根龙骨,保证阴阳角的强度,确保不裂。

⑤安装横向夹档龙骨,根据设计要求选用的板材模数,或在顶棚限高处加夹档龙骨,安装时竖骨确保平整。

3）注意事项

①龙骨位置正确,相对垂直牢固,拉缝和压条宽窄一致。

②竖龙骨与天、地龙骨要留有10mm的缝隙,苍松板周边应留3mm的缝隙,这样可减少因温度、湿度影响,而产生变形和裂缝。

（2）轻钢龙骨吸音板吊顶

1）吊顶工艺流程

放线→安装边龙骨（墙面基层已处理好）→打孔及安装主龙骨吊杆→安装主龙骨→安装T形烤漆龙骨或A形钢龙骨→安装卡档T形烤漆龙骨或A形钢龙骨→安装边龙骨→安装吸音板或金属微孔板

2）施工方法

①放线：根据图纸设计要求标高,找出原测量标准水平点,根据水平点向上返出标高,沿墙、柱四周都应放出顶棚水平线,按照施工图设计板块尺寸,现场测量、标明实际尺寸,根据测量的实际板块尺寸放出吊杆主骨位置线。主骨两头末端吊杆距墙不得≥150mm。吊杆的间距不得>1000mm。

②安装边龙骨：在墙面基层已批刮腻子找平及窗帘盒、固定家具安装完毕后,依墙面上已放好的吊顶线安装边龙骨。

③打孔安装吊杆及主骨依据水平线横竖向拉线测出吊杆长度。吊杆用膨胀螺栓拧固,一般采用φ14胀栓,孔深不得浅于胀栓套筒。安装时将胀栓拧得无法拧动即可。安装主骨要对拉错开,不要留在同一直线上,接头处用短铝角铆固连接。根据水平标高线、拉通线找出中心,并按照1/1000起拱算出中心起拱,四周扩散调整,并将主骨挂上穿心螺杆拧固。

④安装 T 形烤漆龙骨或 A 形钢龙骨：根据罩面板规格尺寸在主龙骨上拉好通线，用专用卡件固定。

⑤安装卡档 T 形烤漆龙骨或 A 形钢龙骨：根据罩面板规格尺寸在 T 形烤漆龙骨或 A 形龙骨上拉好通线，用专用卡件固定或直接将 T 形烤漆卡档龙骨插入铝合金龙骨上的预留孔内。

⑥安装面板：操作人员戴上手套将每块板安装到位。

3）注意事项

①顶棚不平：是在调整主龙骨时不精心造成 T 形龙骨标高不一致，拉通线检查标高，平整起拱必须按照规范。

②中小次骨与主骨接头不严：原因是在施工中次骨与主骨相插没到位。

③罩面板应无脱层、翘曲、折裂、缺棱掉角等缺陷，安装必须牢固。

④吊顶内的通风、水、电管道和消防管道应安装完，并经试压验收合格后再封板。

⑤铝合金吊顶上设备主要有灯盘和灯槽、空调出风口、消防烟雾报警器和喷淋头等。安装时，注意与吊顶结构关系的处理。

⑥边骨出现扭曲波纹：原因是在安装时拧自攻钉用力过大，局部墙体不平，检查边骨平直度、松自攻钉、垫小板块、拧自攻钉无松动即可。

（3）轻钢龙骨吸音板吊顶

1）吊顶工艺流程

放线、划分档线→安装边龙骨（墙面基层已处理好）→打孔安装主龙骨吊杆→安装主龙骨→安装副龙骨→安装夹档龙骨→安装石膏板→开筒灯灯位→板缝处理→放吸声板控制线→粘贴吸声板

2）施工方法

①根据施工图设计要求的标高，找出原测量的水平点，依水平点向上返出顶棚标高线、沿墙柱四周都得放出标高线，按照设计顶棚造型在地面放出一比一的大样图进行施工，并根据造型位置和顶内的各管道、风机的位置放出吊杆、龙骨位置线：吊杆位置间距小于等于 1000mm。主骨沿墙末端不得长于 150mm 没有吊杆。

②依水平线，横竖向拉通线测出吊杆的长度，再套丝，在吊杆位置处打孔，用 14mm 钻头，孔深不得小于膨胀螺栓套筒，如遇钢筋的位置可错开，不得横错 5mm。安装吊杆时将膨胀螺栓砸进孔内，用扳手拧到无法拧动状态下即可。主挂件在安装吊杆上同时安装。

③安装主骨的接头要对拉错开，不能让接头留在同一直线上，接头处并用连接件贯穿，两头用螺栓拧固。然后在安装好主骨的房间和大堂进行调平，首先找出房间的中心位置和大堂区域的中心，依据起拱度规范 1/1000 算出中心点起拱多少，依次扩散调整，在每道主骨拉通线调整，后将主骨挂上穿心螺杆拧固。

④安装次龙骨时根据石膏板模数分档，通常按照 400mm 分档，次骨的接头用连接件，同样对拉错开不能将接头留在同一直线上。主、次骨是吊挂件连接，要严密无缝、无松动。

⑤安装夹档龙骨要在专业设备、管线完活验收合格后，根据石膏板长度在次骨放上直线，在设计无要求时一般采用 1m 分档安装。夹档龙骨用水平连接件要卡牢、无松动，与

次骨要平整。

⑥安装边龙骨：在墙面基层已批刮腻子找平及窗帘盒、固定家具安装完毕后，安装边龙骨，此次施工所使用W形边龙骨，施工时固定次龙骨及边龙骨的木龙骨内侧加工成L形，边龙骨的上翼插入木龙骨槽口，且槽口预留可调节边龙骨上、下位置的调节量，另制作专用制子，其厚度为石膏板与吸声板的厚度相同，且形状做成倒L形，安装边龙骨时用制子做标准来安装，可避免安装面板时边龙骨与吸声板缝隙不均匀的情况。

⑦石膏板罩面时必须经过自检、工长检验、质检员检验后报监理，通过隐检后方可封板，班组做好记录。依石膏板规格分档弹线，从顶棚中间顺龙骨安装一排石膏板，然后向两边延伸并拉缝对错，自攻钉间距150~200mm，封板前制作几个木支撑。封板时用木支撑顶在板中心位置，由中心向四边打自攻钉，这样可以防止石膏板起拱断裂，板缝不得小于5~8mm。

⑧石膏板安装完毕后，用设计选定的嵌缝腻子、嵌缝带嵌缝处理，待嵌缝材料完全干燥后，满批腻子1~2遍，保证石膏板基层的平整度。

⑨吸声板安装放线：在已经干燥的石膏板基层上分格，弹出横向、竖向控制线。

⑩安装吸声板：吸声板采用胶与枪钉固定的方法，先在吸声板背面均匀抹上白乳胶，再用枪钉斜向固定于石膏板基层上。

3）注意事项

①轻钢骨架和罩面板的材质、品种、式样、规格应符合设计要求。

②轻钢骨架安装，吊杆、主、次龙骨必须位置正确，连接牢固，无松动。

③罩面板应无脱层、翘曲、折裂、缺楞、掉角等缺陷，安装必须牢固。

④轻钢骨架整面应顺直，无弯曲、无变形；吊挂件、连接件应符合产品组合的要求。

⑤罩面板表面平整、洁净，颜色一致；无污染、反锈等缺陷。

⑥罩面板接缝形式应符合设计要求，拉缝和压条宽窄一致，平直、整齐。

四、质量管理措施和效果

本工程质量定位标准高，工序搭接要求严，但施工图纸不完善。为了达到预定的质量要求，必须安排在施工前、施工过程中都要加强监督，专人专职负责各道工序。

施工过程设置专门质量检查员，负责本工程的质量管理和检查验收工作。质检人员深入现场及时发现问题及时进行处理，严格执行装饰工程施工质量管理要求，根据施工图纸、施工规范严格把好质量关，每道工序完成后，严格进行"三检制"，不得任意颠倒工序，认真落实质量责任制，做好施工的隐检、预检和分项验收工作。

国家电力调度指挥中心

报告厅

大堂中庭

第六章　国家电力调度指挥中心

（2002 年获鲁班奖）

第一节　工程概况

国家电力调度指挥中心是全国电网安全生产的指挥调度机构。工程地处北京市西城区长安街南侧，与西单文化广场隔路相望，距天安门广场约 1km。

国家电力调度指挥中心工程总建筑面积 73667m²，檐高 49.6m，地上 12 层，地下 3 层。为钢筋混凝土框架—剪力墙结构，地上 12 层，屋面层为钢结构。在结构工程、室内外幕墙工程、室内装饰工程、机电工程和智能化弱电系统等方面推广使用了大量的新技术、新材料、新工艺、新设备，与其复杂的结构体系、独特的建筑艺术效果和完备的使用功能相适应（见图 6-1-1）。

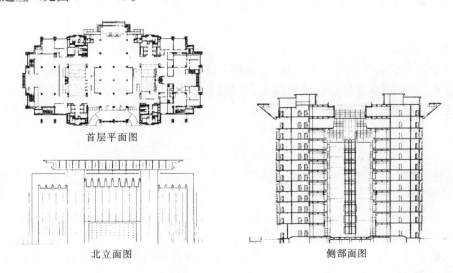

首层平面图

北立面图

侧部面图

图 6-1-1　国家电力调度指挥中心平、立、剖面图

建筑物功能划分：地下室建筑面积为 23788m²，主要为人防、车库、设备用房、厨房餐厅、库房、物业管理办公用房、预留商业用房；地上建筑面积为 49879m²，首层为门厅、展览大厅、中厅及设备用房；2 层为报告厅、会议厅、办公用房；3 至 12 层为会议室、办公用房、调度用房。屋顶层设有水箱及设备机房。

地基基础工程：整个建筑物东西长 118m，南北宽约 74m。地下室基础埋深 18.05～

20.55m，采用钢筋混凝土护坡桩、预应力锚杆及钢丝网喷射混凝土工艺进行基坑支护和土方开挖；基础采用天然地基筏板基础，筏板厚度为1.8m。

钢筋混凝土主体结构：本工程地下室及地上11层以下结构形式为现浇钢筋混凝土框架剪力墙，地下2层楼板为无梁楼板形式，楼板主要由井字梁板与密肋梁板构成。地上结构梁采用了预应力技术，密肋梁采用无粘结预应力，框架梁采用有粘结预应力。结构混凝土强度全部为C40。

屋面钢结构工程：地上12层和屋面层为钢结构工程，最大框架跨度为33.6m。钢结构总安装量为1100t，所有构件均采用Q345C级钢板组拼，在钢结构周边的结构芯筒墙内劲性柱以及大跨度框架、箱形柱外挑钢构件，外挑跨度为10.5m。钢结构施工采用悬吊结合的外挑架，使脚手架的跨度达到外挑11m，为国内外挑跨度最大的施工脚手架。

室内主要装饰做法：室内走道、办公室、工艺用房主要采用大理石地面和磨光花岗石、架空网络地板、防静电架空地板等。墙面主要做法为：公共区域为花岗石墙面；中庭内围护墙为聚合物面饰铝单元框幕墙，办公室为乳胶漆涂料饰面。

建筑幕墙和中庭共享空间：建筑内部有两个中庭（60m×12m）直通到屋顶，首层直通屋顶的宽大的室内中厅立面为框架式幕墙封闭；屋顶有遥控可开启活动天幕和部分天窗。建筑外墙采用目前最先进的全断热节能的单元式石材、铝板、玻璃幕墙的复合（保温）体系，入口处立面采用拉索玻璃墙。

机电工程：为满足建筑使用功能，配备了先进复杂的机电系统，机电工程除常规机电工程之外，还包括智能空调系统（冰蓄冷、低温送风及变风量末端三项先进技术的结合）、消防（气体灭火、水喷淋、消火栓及水幕系统）及火灾自动报警和消防联动控制系统；三水系统（中水、软化水及纯净水系统）、电梯工程、综合布线和9个智能化弱电子系统。

工程在2002年5月份获得建设部优秀设计一等奖，中建总公司优质工程金奖，北京市优质工程长城杯，并于同年获得鲁班奖。

第二节　工程的特点与难点

1. 工程的特点

（1）工程质量定位和要求高：本工程特殊的地理位置和使用功能，决定了工程的极端重要性和高标准的质量要求。本工程作为中国建筑的品牌性工程，我们把追求卓越的质量管理，创造一流的精品工程作为工作的出发点和落脚点，确定了本工程的质量目标为国家建筑工程"鲁班奖"。

（2）环保节能要求高：本工程从建筑风格和使用功能方面特别突出"人性化"的建筑理念和环保节能的现代绿色建筑要求。要求整个建筑物从决策、设计、材料、设备选型、施工过程等各个方面必须充分体现环保节能的要求，各项指标要求达到世界卫生组织关于"健康建筑物"的标准规定。

（3）幕墙工程技术含量高、工艺复杂、施工难度大：本工程应用了较多的幕墙体系，外立面单元式石材、铝板、玻璃幕墙的复合（保温）体系，室内中厅立面为框架式幕墙封闭；屋顶有遥控、可开启活动天幕和部分天窗。主入口处为点式拉索幕墙。幕墙工程技术含量高、工艺复杂、施工难度大，是本工程的特点之一。

（4）机电系统先进复杂、施工要求严格、管理协调难度大：本工程作为大型智能化办公楼，其机电系统包括：给排水系统、动力系统、智能空调系统、消防及火灾自动报警和消防联动控制系统；三水系统、电梯工程、综合布线和智能化弱电系统等。该系统具有先进性、复杂性、多样性等特点，有些系统为国内首次应用。机电各专业之间以及机电专业与装修施工之间管理协调的工作量和工作难度非常大，这对现场施工管理和协调提出了很高的要求。

2. 工程的难点

（1）钢结构的设计与施工：屋顶为大跨度空间外挑钢结构工程，具有质量要求高、施工工期短、工程量大、冬期施工等特点。尤其是大跨度（10m 以上）钢结构桁架的安装与施工是本工程的难点之一。这对钢结构加工和施工详图设计、钢结构加工、构件运输、现场安装、焊接和无损检测、测量校正、质量控制等方面提出了严格的要求。

（2）工期紧迫、设计大面积调整：本工程工期紧，同时由于业主对于楼层的功能划分未定，建筑功能进行多次调整，而且施工图到场后多次修改。因此贯穿于整个结构、装修、安装等各阶段的施工变更频繁，专业施工交叉多，协调力度要求强、难度大。

（3）装修深化设计工作量大、标准高：本工程由华东建筑设计院完成了装修方案设计后，交由各分项施工单位进行详图深化设计，要求总包方与业主以及各分包单位充分沟通，对所有的详图深化设计进行审核，最后由华东建筑设计院进行审批，本工程共计审核图纸 3000 余张，图纸审核及协调工作量大。

（4）总承包综合协调管理要求较高：本工程所涉及的分项工程多，参加本工程施工的分包商达 40 多家。为彻底实现项目管理的综合目标，作为施工总承包商，在业主决策过程中，应积极主动地向业主提出更多合理化建议和多方案比较选择；在初步设计的基础上提出设计建议；在对各分包商提供服务支持的前提下，进行工程项目的计划组织、管理协调、质量控制、安全管理、技术管理、合约管理等，充分发挥总包商的综合协调和配套管理能力，全面实施"决策、设计、施工、管理一体化"的项目管理。

第三节　预应力施工

本工程 11 层以下结构形式为钢筋混凝土框架—剪力墙结构体系，一般柱网尺寸为 8.4m×8.4m。预应力主要用于三层以上东、西、北三块 8.4m×16.8m 柱网区域。在这些区域中，非框架梁采用无粘结预应力密肋梁，框架梁采用有粘结预应力梁；对于 2 层、4 层、10 层平面中大跨度梁（跨度≥16.8m），采用有粘结预应力梁；在 12 层南北立面⑤～⑨轴之间设置二榀直腹杆式钢筋混凝土预应力大桁架，采用有粘结预应力。

本工程的预应力筋张拉均采用一端张拉的方式，所采用的预应力筋，均为 φ15，但由于梁的受力不同，梁内预应力筋的配置也有所不同，无粘结预应力梁的配筋有 8 根、6 根、5 根；有粘结预应力梁的配筋有 14 根、12 根、10 根、8 根、5 根、4 根等多种。

一、施工的准备工作

1. 材料的选用

本工程预应力材料选用详见表 6-3-1。

预应力材料选用表 表 6 - 3 - 1

序号	材 料		质 量 要 求	厂 家	型 号
1	高强度低松弛钢绞线		满足美国标准《PC Strand ASTM Standard》ASTM A416 - 96规定	秦皇岛预应力钢绞线联营公司	270 级、15.24mm，强度标准值为 1860N/mm²
2	无粘结预应力筋锚具	夹片锚	GB/T 14370—2000 规范关于 I 类锚具的要求	柳州欧维姆建筑机械有限公司	OVM 张拉锚固体系
		挤压锚			
3	有粘结预应力筋锚具		GB/T 14370—2000 规范关于 I 类锚具的要求	中国建筑技术开发总公司	QM 张拉锚固体系
4	波纹管				按图纸确定
5	马凳				φ12

与普通松弛钢绞线相比，本工程选用的低松弛钢绞线采用下面的美国标准 ASTM A416 标准（见表 6 - 3 - 2），松弛率低，可降低设计的最终应力和初应力，减小总的应力损失，提高永存应力，使配筋数减少，钢绞线用量降低。此外，低松弛钢绞线的张拉控制应力较普通松弛钢绞线高，也使用钢量减小。

OVM 锚固体系也有以下优点：应用范围广；可选择范围广；具有良好的放张自锚性能，施工操作简便；锚固效率系数高，锚固性能稳定、可靠。

美国标准 ASTM A416（材料适用规范） 表 6 - 3 - 2

级别	公称直径 (mm)	允许偏差 (mm)	截面积 (mm²)	每 1000m 理论重量 (kg)	破断负荷 (kN)	1%伸长时最小负荷 (kN)	伸长率 (%)	松弛值 最初负荷 70%
270	15.24	+0.66 −0.15	140.00	1102	260.7	234.6	3.5	2.5

2. 有、无粘结筋下料和制束

（1）预应力筋下料在预应力筋和锚具复检合格后方可进行，下料和制束在加工场进行。有粘结筋和无粘结筋的下料分开进行。下料长度应综合考虑其曲率、锚固端保护层厚度、张拉伸长值及混凝土压缩变形等因素，并应根据不同的张拉方式和锚固形式预留张拉长度。

（2）用砂轮锯进行逐根切割，同时检查无粘结筋外包层的完好程度，有破损处用塑料粘胶带包扎，以保证混凝土不直接接触钢绞线。

（3）逐根对钢绞线进行编号，长度相同为统一编号。

（4）对固定端的钢绞线进行挤压头的制作。

（5）应按编号成束绑扎，每 2m 用铁丝绑扎一道，扎丝头扣向束里。

（6）钢绞线顺直无旁弯，切口无松散，如遇死弯必须切掉。

（7）每束钢绞线应按规格编号成盘，并按长度及使用部位分类堆放、运输和使用。

二、有、无粘结预应力梁施工

1. 有粘结预应力梁

（1）有粘结预应力梁施工工艺流程

有粘结预应力梁在预应力筋张拉后通过孔道灌浆使预应力筋与混凝土相互粘结，工艺流程如下。

加工预应力筋、锚具、承压铁板、螺旋筋、马凳→支梁底模、侧模，绑扎梁底钢筋→在梁侧模上弹线确定波纹管安放位置→安放波纹管→预应力筋端部承压铁板、螺旋筋安装和固定→预应力筋穿束→安放马凳及波纹管固定→设置灌浆孔/排气孔→浇筑混凝土→张拉预应力筋→孔道灌浆→预应力筋端部锚固处理→拆梁底模

施工注意事项如下。

1）张拉预应力筋时，本层混凝土强度达到设计强度的 80%，上层混凝土强度达到 C15；

2）拆梁底模时，孔道灌浆强度达到 15MPa；

3）孔道灌浆时，应留置预应力梁的混凝土试块。

（2）有粘结预应力筋的铺设详细步骤

1）波纹管定位：在梁的侧模上放线标出波纹管的标高以及位置。

2）安放波纹管：与梁内非预应力筋同时进行。波纹管每根 5m，接头用大一号波纹管连接，接头套管长 300mm，两边各旋入 150mm，接头外用防水胶带密封。

3）安装承压板和螺旋筋：波纹管安放完毕后，在张拉端和锚固端同时安放承压板和螺旋筋，安放高度按图纸要求控制。张拉端承压板要紧贴梁或柱的模板，张拉端波纹管和承压端喇叭口连接处用防水胶带密封，锚固端波纹管开口处用棉纱塞死后用防水胶带密封。

4）穿束：穿束时用人工把已制好的有粘结钢绞线束平顺地穿入波纹管内，并检查穿出钢绞线数量是否与穿入钢绞线数量功能相一致。

5）波纹管矢高定位：矢高由"一字"筋（φ12）控制，将"一"字筋按图纸设计的波纹管高度焊接在"∩"形套子上，间距控制在 1.0～1.2m 之间。焊完后调整波纹管水平、垂直位置，并用 20 号钢丝将波纹管绑扎固定在"一"字筋上。重点控制反弯点及最高、最低点位置。

6）灌浆孔设置在梁跨中和两端设三个灌浆孔，兼作排气孔。

7）铺设完毕经过隐蔽验收，方可进行梁板混凝土的浇筑。

8）布筋施工注意事项：

①混凝土浇筑时，严禁踏压波纹管、马凳及端部承压板，振捣棒不能直接触在波纹管上。

②张拉端、锚固端混凝土必须振捣密实。

③灌浆孔和排气孔应伸出梁片，不能打入混凝土中。

④浇筑过程中，设专人看护预应力管，发现问题，及时组织人力解决。

2. 无粘结预应力梁

（1）无粘结预应力梁施工工艺流程

无粘结预应力混凝土中，预应力筋涂有油脂，预应力只能永久地靠锚具传递给混凝

土，施工工艺流程如下。

加工预应力筋、锚具、承压铁板、螺旋筋、马凳→支梁底模、侧模，绑扎梁钢筋→在梁侧模上弹线确定无粘结预应力筋位置→铺设预应力筋→固定马凳→预应力筋端部承压铁板、螺旋筋安装和固定→浇筑混凝土→张拉预应力筋→预应力筋端部锚固处理→拆梁底模

张拉条件：本层混凝土强度达到设计强度的80％，上层混凝土强度达到C15。

（2）无粘结预应力筋的铺设

1）穿预应力筋：在密肋梁非预应力筋绑扎的同时，开始穿入无粘结预应力筋，集团束预应力筋应保证顺直，多根之间不扭结，顺向投影平行。

2）矢高定位：矢高由"一"字筋控制，每隔1m左右一道，焊结在"∩"形开口套子上，将无粘结预应力筋集结成束，绑扎在"一"字筋上，在锚固区1.5m范围内，将无粘结预应力筋集团束散开，便于安放承压板。

3）张拉端承压板用铁钉钉在模板上，承压板高度按图纸高度进行，张拉端和锚固端均安放螺旋筋，螺旋筋应紧贴承压板摆放，并用绑丝绑扎。

4）铺设完毕经过隐蔽验收，方可进行梁板混凝土的浇筑。

5）施工注意事项：

①随时检查无粘结破损情况，发现无粘结处甩皮破损，应立即进行修补，用水密性胶带进行缠绕修补。

②检查锚固区螺旋筋，螺旋筋应紧压承压板。

③张拉端和锚固端应重点振捣，保证振捣密实。

6）工艺要求：无粘结预应力筋位置的垂直偏差为±10mm，水平方向宜保持顺直。无粘结预应力曲线筋末端的切线应与承压板相垂直。

3. 预应力筋张拉工艺

当混凝土强度达到设计强度的80％时，开始张拉预应力筋。在预应力筋张拉之前，严禁撤除预应力梁的底模，可撤除梁的侧模和板的底模。

（1）张拉工具

有粘结部分用YCQ-150千斤顶；无粘结部分用FYCD-23千斤顶，以及相应的专用附件进行张拉。张拉设备由我方标定，并出具标定报告。

（2）张拉人员组成

预应力筋张拉施工由专人负责。施工现场组建两个张拉小组，每个小组由三人组成，每组配备张拉设备一套，其中一人负责提千斤顶和测量伸长值，另两名分别负责开油泵和作张拉记录。

（3）预应力筋张拉控制应力

根据图纸要求，张拉控制应力 $\sigma_{con} = 0.75 \times F_{ptk} = 1395N/mm^2$，即单束张拉力为195kN。

（4）预应力筋的张拉顺序

采用"数层浇筑，顺向张拉"法，本层预应力筋的张拉在混凝土强度达到要求时，上层混凝土强度须达到C15以上。

（5）预应力筋的张拉程序

本层预应力筋的张拉采用对称的方式进行张拉，从东、西两块同时开始张拉，先张拉

无粘结筋，等本层无粘结筋张拉完毕后才张拉有粘结筋。为了减少摩擦损失，张拉时采用：

$0 \rightarrow 10\%\sigma_{con} \rightarrow 100\%\sigma_{con} \rightarrow$ 锚固。

（6）张拉方法

张拉采用"应力控制，伸长校核"法，每束预应力筋在张拉以前先计算理论伸长值和控制压力表读数作为施工张拉的依据，每一束预应力筋张拉时，都要做详细记录。

（7）张拉注意事项

1）装张拉设备时，曲线预应力筋，应使张拉设备的作用线与孔道中心线末端的切线重合；

2）张拉过程中，预应力钢材断裂或滑脱的数量，严禁超过结构同一截面预应力钢材总根数的 3%，且一束钢丝只允许断一根。

（8）预应力筋的伸长值控制

理论计算伸长值：

$$\triangle L = \frac{F_p \times L_T}{A_p \times E_p} = \frac{A_p \times \sigma_{con} \left[1 + e^{-(KL_T + \mu\theta)} \right] L_T}{2 A_p E_p} = \frac{\sigma_{con} \left[1 + e^{-(KL_T + \mu\theta)} \right] L_T}{2 E_p}$$

$\sigma_{con} = 1395 \text{N/mm}^2$，$E_p = 2 \times 10^5 \text{N/mm}^2$，无粘结筋：$K = 0.004$，$\mu = 0.12$；有粘结筋：$K = 0.0015$，$\mu = 0.25$，预应力张拉伸长值详见表 6-3-3。

预应力张拉伸长值表（举 2 层梁为例说明）　　　　　　表 6-3-3

梁号（二层）	L（mm）	L_T（m）	θ
YL2-1	117	19.3	1.07
YL2-2	56	9.1	1.07
YML-1	115	17.2	0.219

注：表中 L_T——预应力筋曲线长度（mm）；θ——张拉端至计算截面曲线孔道部分切线的夹角；$\triangle L$——理论计算伸长（mm）。

三、局部工程的处理

1. 孔道灌浆

（1）有粘结预应力筋张拉完毕后，待 12h 以后才能灌浆，尽量在 48h 之内完成灌浆。在某个波纹管内灌浆必须连续，中途不得停顿，一次灌满为止。

（2）材料：孔道灌浆用强度等级为 42.5 的普通硅酸盐水泥，水泥浆的水灰比为 0.4 左右，水泥浆中加入适量的减水剂和膨胀剂。灌浆时水泥浆的温度宜为 15℃左右。

（3）灌浆在梁跨中的灌浆口进行，用灌浆机一次性将水泥浆压入孔道，直到两端泌水管流出浓水泥浆为止（注：底模撤除时水泥浆的强度需达到 C15 以上）。

2. 张拉端端部处理

（1）张拉 24h 后，采用砂轮锯切断超长部分的预应力筋，严禁采用电弧切割。预应力筋切断后露出锚具夹片外的长度控制在 30~40mm 之间。

（2）锚固区后浇混凝土采用 C40 细石混凝土封堵。混凝土中不得掺加任何含有氯化物、硫化物以及硝酸盐的材料和添加剂。

（3）锚固区混凝土浇筑前，应对张拉端混凝土表面进行凿毛处理。剔凿时注意不得碰动锚具。

（4）有粘结预应力筋张拉端锚具和外露预应力筋封堵前均匀涂上一层环氧树脂粘结剂，对张拉端锚具和外露预应力筋进行防腐处理。

（5）对于无粘结预应力筋，则在外露夹片和预应力筋上先涂上一层防腐油脂，再用专用塑料帽保护套盖住。

（6）设专人支模。封堵时，设专人进行混凝土捣实。

（7）所有梁底张拉端处后浇混凝土应与所在梁同宽。

3. 预应力梁和非预应力梁相连时的处理

由于部分预应力框架梁和非预应力框架梁连在一起，无张拉空间，须将张拉端设置在非预应力框架梁内。此时张拉端设置在非预应力框架梁梁底面。

4. 后浇带部位的张拉

后浇带处的密肋梁以及该处密肋梁相交的有粘结大梁，待后浇带处混凝土强度达到设计强度的100％时，方可进行预应力筋的张拉。

第四节　大跨度钢桁架的施工

本工程的钢结构主要位于12层和屋面部位，主要包括第11层以上的钢柱、钢框架、12层楼面、屋顶面及大挑檐、擦窗机支撑等几部分。总用钢量为850余吨，以国产16Mn钢板为主，钢板最厚达40mm，并且大多数要求坡口全熔透焊缝，全熔透焊缝总长度约6000m。

钢柱主要有两种形式：一种是板拼工字形柱，一种是板拼箱形柱，其拼接焊缝全部采用一级熔透焊；框架具有大跨度、大悬挑的特点，其中悬挑最大的框架从柱中心向外悬伸将近15m，跨度最大的框架长32.3m，高6.689m。在12层钢结构有两榀主桁架（KJ-1），跨度为33.4m，单榀桁架重量为64t，桁架的上下弦中心距为4.5m，上、下弦杆均为1.2m高的H形钢梁。大跨度桁架的施工是本工程钢结构施工的重点和难点。桁架钢结构用材料为Q345C钢材，钢材厚度为28～40mm，焊缝质量要求为一级。

工程结构形式原设计为钢筋混凝土结构，为解决大跨度以及在大跨度桁架上外挑构件的问题，并满足建筑造型的需要，将地上11、12层结构由钢筋混凝土改成了钢结构。以下重点介绍大跨度钢桁架的施工技术。

一、大跨度钢桁架的设计及施工的决策

1. 设计决策

结构设计原拟采用在剪力墙与梁端外挑牛腿，框架的支座杆采用刚性外包混凝土体支撑立杆。由于解决不了支座的外包牛腿混凝土体的水平力以及框架的水平变形等关键问题，设计将钢性支座调整为铰支座，铰支座允许桁架有单向的支座位移；并能解决桁架承载后沿垂直方向变形的问题。桁架的单边支座约1.5t，支座的板底为机加工要求，因此铰支座底部的混凝土牛腿顶部预埋锚板质量也要求达到相应要求。

2. 施工决策

桁架的高度在 43.60m（底部支座标高）至 50.19m（上弦杆的顶标高），其中上下弦总高为 5.7m。

按照工程的现场情况，有两台塔吊，适用于前期钢筋混凝土结构施工，没有考虑钢结构，因此塔吊只能覆盖整个施工作业面，吊重也仅适合混凝土运输操作，由于塔吊的吊重能力有限，大桁架的与塔吊的距离为 45～60m 左右，根本无法承担 64t 的桁架吊重，现场桁架位置平面图见图 6－4－1。

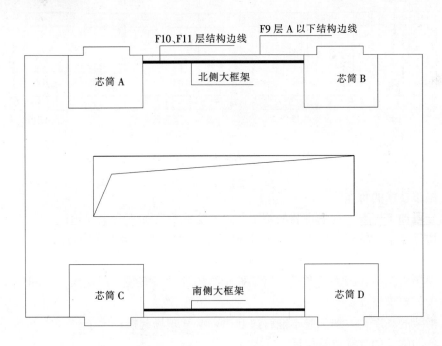

图 6－4－1 现场桁架位置平面图

在进行前期钢结构的深化设计以及安装方案讨论中，邀请了有关方面钢结构专家以及监理、业主、公司总部有关负责人进行方案论证，各方有针对性地提出了各种方案，包括：

——采用大吨位汽车吊整体起吊；

——加设一台塔式起重机；

——在 11 层楼面加设一台汽车吊解决水平运输；

——在 11 层设置拔杆，用于垂直运输等。

但是经过从专家组到方案编制组、实施层的几轮反复研究，以上方法均受到不同程度、不同方面的约束。

——现场场地不允许再设一台塔吊，重新设置塔吊涉及的费用在经济上难以承受；

——由于桁架吨位大，吊装高度超过 50m，采用汽车吊解决不了；

——由于结构设计原为框架形式，室内又有一个大中庭，11 层楼板解决不了水平运输通道；

——本工程地处长安街，地理位置十分显要，采用楼顶设拔杆在安全施工方面不符合要求，同时也不符合本工程的施工形象，另外由于楼层的造型特点（11层楼层结构边沿相比9层以下结构内凹），难以设置拔杆。

根据最终研讨、论证，最终确定采取大桁架分段加工、分段吊装，现场组拼焊接的形式。

大框架的分段见图6-4-2。

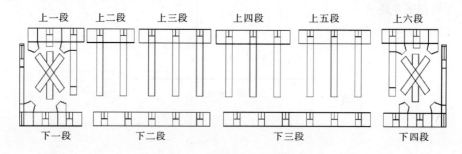

图6-4-2 大框架的分段示意图

二、施工技术的特点

采用分段加工桁架，现场拼装的施工形式，必须解决如下几个问题。

（1）构件加工的精确度：由于构件由单榀桁架划分为各独立框架段，必须保证连接尺寸。

（2）现场桁架吊装脚手架形式：桁架处于结构外沿，安装、焊接操作空间极小，施工防护难度大，要求极高。

（3）桁架的高度大，加工时不能解决起拱，必须现场起拱；

（4）冬期施工的焊接质量保证；

（5）焊接的施工量大，接缝多，尤其是在脚手架上拼装焊接，如何控制焊接变形量是一个重要问题。

三、钢桁架施工的主要技术要求

（1）材质为Q345牌号，C级钢；钢材、焊接材料等应符合《高钢规程》（JGJ99—1998）的要求，36mm厚度以上钢板要求进行多项性能试验。

（2）焊缝均为坡口全焊透焊缝，一级焊缝，焊缝均做100％检查。

（3）验收质量按照《钢结构工程施工质量验收规范》（GB 50205—2001）、《建筑钢结构焊接规程》（JGJ81）要求。

四、施工工艺流程

桁架的总体加工、安装、焊接以及验收均是控制施工质量、安全的重要环节。桁架的主要工艺流程如下。

施工详图→材料采购→复试→工厂加工组拼、焊接→工厂检验→预拼装→进场验收→安装脚手架搭设→分段吊装→铰支座的调整→整体定位调整、就位→分段调整高度→焊接

各段接头→监测变形→焊缝表面检查→超声波探伤→铰支座永久定位焊接→桁架验收

五、主要措施以及关键工序控制

1. 加工质量的控制

为了确保材质以及构件质量，派驻厂监造对工厂制作从原材确认、工艺加工进行全过程监督、检查、验收。驻厂监造严格按照监造手册进行工作，监造人员必须每天填写监造日志，记录当天的材料进厂、验收、复试焊材、焊接加工，构件加工尺寸、焊缝探伤检查以及喷砂等工艺的施工情况以及出现的过程问题，做到100%过程控制。

构件进场后，由我方组织监理公司、业主单位、构件加工厂对构件进行二次验收，主要检查外观质量、构件的外形尺寸以及喷砂、涂漆等质量，合格后方可进行吊装。

2. 桁架铰支座底部锚板的安装

桁架的支座支撑在11层结构的悬挑混凝土牛腿面上，桁架铰支座的底板为600mm×760mm×120mm，表面为机加工效果，而用于支撑支座的混凝土牛腿为800mm×800mm，顶部预板为800mm×800mm×36mm的锚板垫板。为了确保支座底板与锚板的贴合情况良好（根据各方协商，按照接触面积80%进行控制），在进行混凝土牛腿施工时，专门制定牛腿混凝土浇筑及锚板预埋措施，主要措施如下。

（1）板在预埋前要进行表面处理，基本上保证表面平整度；

（2）混凝土牛腿浇筑前将锚板与混凝土体钢筋定位固定，精确测定锚板标高、水平位置；

（3）在锚板上开设混凝土浇筑孔，确保牛腿混凝土浇筑密实；

（4）预留牛腿顶部混凝土体3～5cm，进行高强无收缩料的后浇灌浆施工，以控制顶部的混凝土体密实以及锚板的变形。

3. 施工做法（见图6-4-3）

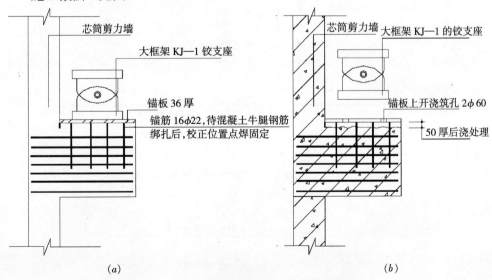

(a)　　　　　　　　　　　　(b)

图6-4-3　桁架铰支座底部锚板的安装图

(a) 牛腿的锚板定位方式；(b) 牛腿、锚板浇筑方法

浇筑完成后的锚板基本上达到要求，在进行桁架吊装时，先进行铰支座与锚板的贴合检验，在支座底板上涂刷红丹漆料，贴合面积通过红丹漆在锚板上的面积来确定，局部不完全贴合处利用砂轮片修平处理。

4. 安装桁架用脚手架

桁架共分为10段如图6-4-2所示，各段重量均在塔吊的吊重范围之内，构件重量为3.5～7.2t不等。

由于桁架处于建筑边缘，所以不能采用塔吊标准节进行支承，只能采用脚手架进行支撑。为了保证分段桁架的调整标高，在脚手架支撑钢梁处采用可调丝杆，顶部铺设木方，两桁架分段节点处木方断开，架设千斤顶，如图6-4-4和图6-4-5所示，这样解决了桁架的分段的调整的可能性。

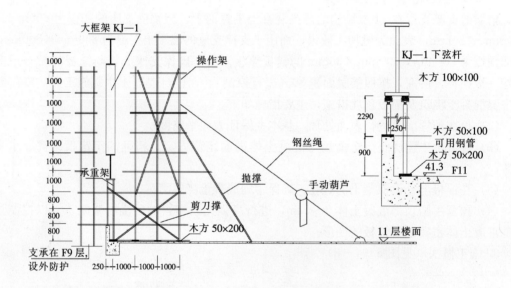

图6-4-4 脚手架支撑桁架形式图

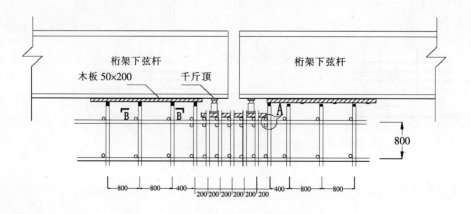

图6-4-5 桁架下弦杆对接部位脚手架示意图

　　吊装桁架前，将支撑顶部的木方顶面高度调整到桁架就位高度，并利用水平尺找平。由于桁架处于结构边缘，因此，为了解决操作面，对 11 层以下要加设挑架进行防护以及解决操作支撑架。

　　5. 桁架分段起拱的处理

　　在确定了桁架采用分段形式后，由于桁架上、下弦杆高度大，工厂制造时不能进行起拱，构件出厂前进行预拼装，采用现场安装起拱方法，经各方确定，桁架焊接连接施工前起拱位为 35mm，采用分段整体折线起拱的方法，整体起拱后导致各段连接节点剖口处需要补肉，起拱以及补肉方式见图 6-4-6。

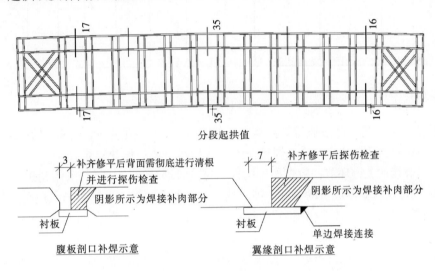

图 6-4-6　钢桁架分段起拱以及补肉方式

　　这样确保补肉过程不致引起桁架变形，又确保焊接质量。

　　6. 桁架的吊装

　　桁架的吊装安排顺序为：

　　吊装桁架下弦→起拱的调整→米字斜撑吊装→上 1 段、上 6 段→米字斜撑与下弦临时固定→安装上 2 段、上 5 段→上 2 段、上 5 段与下弦临时固定→安装上 3、4 段→连接固定上、下弦→整体进行校正→利用高强螺栓初拧各型钢梁与其他钢结构、其他构件、柱子、梁→校正→终拧高强螺栓→焊接连接

　　7. 钢桁架的焊接施工工艺及无损探测技术

　　(1) 焊接施工工艺

　　1) 焊接顺序：焊接是桁架施工中的一个关键工艺，焊接按照最有利于控制变形的方式确定焊接顺序。

　　① 焊接弦杆的焊接顺序见图 6-4-7。

　　② 焊接垂直腹板及斜撑焊接顺序图 6-4-8。

　　焊接时先焊弦杆翼缘的对接接头，再焊中心线以上的垂直腹杆，然后往两边跳焊腹杆与下弦的焊缝。对于上、下弦的对接，采用先焊下翼缘，再焊上翼缘，以减少焊接变形；对称的腹杆同时施焊。

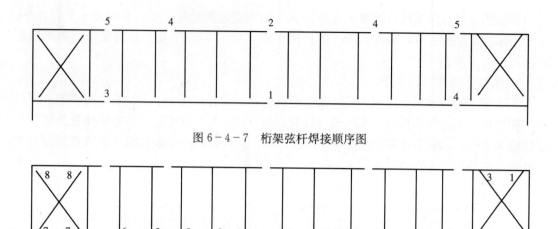

图6-4-7 桁架弦杆焊接顺序图

图6-4-8 垂直腹杆以及斜撑杆焊接顺序图

2）焊接施工工艺：严格执行焊接程序，即焊前检查→预热→装衬板和引弧板→测温再预热→焊接→层间测温、加热→焊接→保温或后热→填写作业记录。

3）控制焊接的关键环节：检查加工构件坡口的打磨情况，必要时采用超声波探伤检查坡口范围内的母材；控制坡口的角度、钝边的尺寸、坡口间隙；焊缝清根、打底，每道焊缝完成后清渣；焊接过程中，严格控制层间温度，控制在100～150℃范围。由于焊接处于冬期施工，焊接时搭设封闭式的操作平台进行防火、防风围挡，最内层为石棉布，中间层为细木板，外兜围挡布。焊接前进行预热，确保坡口两侧各100mm范围的母材均匀受热。

（2）焊接无损检测技术

1）检测标准：评定依据为《钢焊缝手工超声波探伤方法和探伤结果分级》（GB11345）。对于全熔透焊缝，按B级进行100％超声波探测，分别达到Ⅱ级和Ⅲ级标准。超声波探测在焊后24h进行。

2）检测人员和设备：现场配备2名探伤人员（Ⅱ级）及2名具有探伤最高级别（Ⅲ级）证书的高级工程师参与现场工作。并配备了德国超声波探伤仪，它具有电脑存储、计算、输出功能。

3）实施：为实施无损检测，我公司编制了9项技术文件，包括探伤方案、探伤工艺、操作细则、检测工艺标准。在进行现场检测前，进行了大量的标准块探伤、模拟件探伤、工艺试验试件探伤和1:1足尺实物试件探伤等项工作。

第五节 幕墙工程的施工

一、幕墙方案的设计构思及技术特点

国家电力调度中心外幕墙工程立面造型复杂，而且种类多，结构、性能要求都达到了国际先进水平，在某些方面甚至超过了同类型产品的性能。

1. 用单元式幕墙的原因

鉴于工程造型特别、档次较高、工期较紧等特点，结合以往不同系统幕墙的成功经验，综合考虑了本工程的立面造型、结构特点以及工期要求等方面而确定的，既能保证施工工期，又能确保工程的质量，外幕墙采用国际上先进的节能型单元式幕墙体系。

(1) 单元板块幕墙定义

"单元式板块幕墙"则在工厂将立柱、横梁等部件预先组装，然后嵌装玻璃（或石材）及密封胶嵌缝而形成幕墙单元，分批或整批运至安装工地，进行单元安装。

(2) 单元式板块受力原理

构成单元式幕墙的面板（玻璃或石材）直接承受风压，而风压及幕墙自重经由部件最终传递至建筑物结构上，幕墙体系本身是结构系统，也是建筑物外观的装饰。

(3) 工地工期短

由于单元式组件制作是在工厂进行，工地只进行吊装，在工地耗用的工时大大减小。可以形成土建和幕墙齐头并进的场面，通过交叉施工作业缩短工期，提高经济效益。

(4) 施工质量高

单元件制作、组装是在工厂加工完成的，因此组装质量、防灰尘等控制条件优于工地，单元组件内部质量要比工地组装得好，整体性和抗震性能好。

2. 本工程单元式幕墙的特点

(1) 独特而复杂的外立面造型

本幕墙工程共分为 A、B、C、D、E、F 六大造型系统。

1) 1～3 层为 C 单元系统和干挂石材造型；

2) 4～8 层主要为 A 单元系统；

3) 4～8 层的四个角部以及 8～10 层为 B 单元系统；

4) 11 层为玻璃与通风百叶相结合的条窗式结构，12 层即为顶部挑檐（E 单元系统）；

5) 在南北立面四个芯筒的 1～11 层为干挂石材、开敞式铝板和透明中空玻璃相结合的 F 单元幕墙系统；

6) 在 8 层东西南北四个面的外区有点式玻璃灯柱和穿孔铝板雨篷的 D 单元系统点缀其间。

(2) 各系统的造型特点

1) 标准 A 单元系统为中间两个玻璃板块、两侧各一个石材板块，这样相间组合的外立面幕墙系统，其石材板块从上到下依次是铝板与石材、玻璃板块，依次是铝板、玻璃、铝板组合，石材板块从外到内分为两个造型层次，玻璃板块加上两个玻璃板块中间的竖向装饰条从内到外共分为五个造型层次；

2) 标准 B 单元系统为中间两个玻璃板块、两侧各一个铝板板块，这样相同组合的外立面幕墙系统，其铝板板块的材质从上到下均是铝板，玻璃板块则依次是铝板、玻璃、铝板组合，铝板板块从外到内分为两个造型层次，玻璃板块加上两个玻璃板块中间的竖向装饰条从内到外共分为五个造型层次；

3) 标准 C 单元系统为 1～3 层石材、玻璃与铝板相结合的造型系统，它在 2～3 层为中间两个类似 A 单元玻璃板块的玻璃单元，两侧各一个 90°玻璃板块，再往两侧为 1100 深 900 宽的石材造型（石材造型采用框架式挂法），一层为大型玻璃条窗；

4) 标准 D 单元系统为两个灯饰柱中间点缀一个穿孔铝板装饰雨篷的造型系统。其灯饰柱下部由六个石材板块围成一个 1000mm 宽，2600mm 深，4000mm 高的石柱体，上部由五块（前后左右顶）彩釉夹胶玻璃构成，以不锈钢玻璃接爪点式连接，其石材板块前后为石材与格栅的组合，两侧板块类似 A 单元石材板块；

5）标准 F 单元系统类似标准 C 单元系统，也是由中间两个类似 A 单元玻璃板块的玻璃单元，两侧各一个 900 玻璃板块组成，从内到外共五个造型层次。

（3）采用先进的断热冷桥技术，首创节能型单元式幕墙

在世界能源日益紧张的今天，节能是具有战略意义的大事。到目前为止，我国尚无真正意义上的节能型幕墙，国家电力调度中心外幕墙工程却填补了我国这一领域的空白，首创全断热冷桥的单元式幕墙——节能型单元式幕墙。

节能型单元式幕墙是具有国际先进水平的单元式幕墙，其技术先进性主要体现在以下几个方面。

1）具有科学、先进的节能理念

建筑幕墙的热交换途径主要是热传导，因此降低幕墙的热传导率就是节能型幕墙的最主要课题，我们采取了如下措施。

①透光部分采用目前热损失最小的 LOW－E 中空玻璃（其 K 值在 1.8 以下）；不透光部分（如石材、铝板等）则在面板后面设立 80mm 厚的保温层，并根据传热学知识，将保温层与面板和建筑主体间留出 40～80mm 左右的空间，以增加热阻值；

②将铝合金型材的室外部分与空内部分断开，中间用热阻值比较大的材料将它们连接起来。这种材料就是聚酰胺＋玻璃纤维制成的断热冷桥。考虑到单元板块的加工以及力学性能，选用国际上最先进的断热冷桥材料——德国旭格国际集团的产品。该断热冷桥材料与众不同点在于，它是一种锯齿形铝合金断热冷桥，在型材复合过程中，不用开齿机对型材进行开齿处理来增加两种材料间的啮合强度，这样既保证了复合型材的力学性能，同时又节省了开齿机的费用，而且减少了操作工序，提高了生产效率。

③具有全新概念的密封特点：首先，其他单元式幕墙的密封讲究的是两道密封线条自成圈，严密结合，这样，势必存在胶条间的接口问题，胶条接口有热熔成型和胶粘两种方法。由于三元乙丙与硅酮胶不相溶，因此胶粘无法确保其性能。而热熔成型，则由于必须精确考虑胶条的热胀冷缩特性，严格控制胶条的长度，在技术及实际操作中，存在着相当大的难度。

本单元式幕墙则采用了一种全新概念的密封形式，它利用外部胶条阻挡住大部分水，而将内侧胶条的竖向与横向错位，横向胶条位于竖向胶条后面，并且将横向胶条设计成一种奇特的形状，使其兼具密封、挡水与排水的作用，挡水墙高达 58mm，这样，沿竖向流下来的水被无情地阻挡在幕墙之外，再用耐候密封胶将横竖胶条间的间隙密封，从而达到了气密效果。

上述两种系统密封胶条均采用目前最先进、性能最好的硅胶胶条，既保证了胶条的伸缩性能，又解决了三元乙丙与硅胶不相溶的问题，同时提高了幕墙的整体使用性能。

经严格条件下的幕墙性能测试，该工程的水密性能达到了 1600Pa 的要求，这一数据标志着国家电力调度中心外幕墙工程的单元式幕墙技术攻克了单元式幕墙在水密性能方面的技术难点，达到了世界先进水平。

2）有较好的加工、组装特性

本单元幕墙系统一改以往单元幕墙上下横型材与竖向型材须通过严格的铣加工再拼接

的工艺，采用45°加工，挤角拼接工艺，大大提高了加工效率，节省了费用。

3）维护保养方便

本单元系统的玻璃安装设计为室内方式，方便玻璃的更换、安装。

二、幕墙工程的主要施工措施

1. 总体施工方案

将整个工程分为6个阶段。

第1阶段：外幕墙的测量放线，转接件的焊接；

第2阶段：顶部挑檐的安装；

第3阶段：4～8层楼台单元板块的安装；

第4阶段：8～10层楼台、1～3层楼台板块的安装；

第5阶段：11层楼、收口、雨篷安装；

第6阶段：南立面两个核心筒板块的安装。

（1）第一阶段

1）测量放线

在前期准备中，将外幕墙的整体放线工作完成，并将挑檐部分钢结构需配合（如擦窗机、挑檐钢结构、天沟等）的部分进行完善。

2）挑檐部分脚手架的搭设

挑檐安装拟采用脚手架方式，从9层平台挑出斜撑三排脚手架，进行挑檐钢结构、转接件焊接及格栅、铝板等的安装。

3）立面部分的转接件的焊接

立面部分转接件焊接拟采用施工吊船方式进行，预计使用6个电动吊船，转接件焊接时间约为35d，分为6个班组，每组4人，共计24人。

（2）第二阶段

第二阶段考虑进行挑檐部分的安装，主要原因是：

1）挑檐部分能自成体系，与立面施工无冲突，其系统材料较少，只有铝型材、铝板。

2）挑檐部分型材开模数量较少，约为12种，型材厂可以提前安排生产。

3）挑檐安装后脚手架的拆除不影响立面部分的安装。

4）挑檐安装为立面板块的生产组装提供时间。

此阶段用时约45d，30人。

（3）第三阶段

1）安装顺序

①4～8层楼大部分板块类型A单元，8～10层楼为B单元，加工组装可周期要求上批次。

②东、西、北立面层楼在当年"十一"前完成，保证"亮相"要求。

③4～8层楼完成，1～3层楼就有了施工作业面，使8～10层楼板块与1～3层楼板块有了同时施工的可能，有利于节约工期。

④南立面的施工时间可能会提前，使四个立面形成封闭，为冬期内装饰施工提供条件。

2）设备及人员安排

施工组织上，投入用于板块的垂直运输电动拔杆（2～3台），板块的安装采用活动卷扬机（6～8台），投入人员约70人。

（4）第四阶段

1～3层楼造型多，变化大，考虑用电动吊船与脚手架相互补足的方式进行安装。只要4～8层楼的工作面完成，1～3层楼的施工即可开始。

此阶段用时约50d，投入人工70人。

（5）第五阶段

1）11层楼由于是内凹部分，可考虑单独进行安装，不会影响其他立面的安装，故独立出来。

2）此阶段已进入工程收尾，雨篷是较为独立的系统，在实际安装过程中，是可插入工序，条件具备时，随时插入其他施工阶段进行。

（6）第六阶段

南立面在内装运输完成，外用施工电梯拆除后，进行核心筒部分的安装。

2. 专项技术措施

（1）幕墙防雷、防火技术措施

幕墙是建筑物外围结构，容易遭受雷击，具有良好的导电性，原建筑设计的防雷系统受到幕墙的屏蔽而不能直接产生避雷效果，必须两者协同作用。

1）建筑物防雷网与幕墙防雷网每隔15m接通。幕墙侧面的防雷击每3层设一道均压环，均压环每隔18m与建筑物防雷网接通。

2）幕墙顶部设直接接受雷击装置，引雷的接闪器与建筑物防雷网接通。接闪器金属板厚度为2mm。

3）防雷引下线使用钢筋混凝土外墙或柱内的受力钢筋，从引下线设置引出连接板作为幕墙防雷系统的连接通道。连接板为热浸镀锌处理的钢板，在安装过程中应对通道进行检测，保证形成电气通道。

4）幕墙施工完成后，需由专业监测单位对各个接地点检测雷击接地电阻。

5）防火措施：按楼层设防火分隔层（见图6-5-1），分隔层采用上下1.2mm厚镀锌钢板，内填防火岩棉，上面用C20混凝土填实。

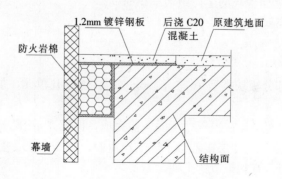

图6-5-1　幕墙层间防火示意图

（2）不同材质界面处理

1）单元式板块中通过铝型材与钢构件连接、连接件与预埋钢板的连接，实现荷载传递，而每种材料之间存在电位差。本幕墙工程在交接面上设置绝缘垫片分隔（隔离垫），防止在接触到雨水或潮湿空气冷凝后产生电化腐蚀，避免在连接界面破坏连接质量。

2）玻璃与铝型材框不能直接接触，保证有间隙 5mm，在下边垫 2 块与槽口宽度相同、长 1000mm 以上的弹性定位垫块。

3. 幕墙性能试验

（1）幕墙性能标准

根据设计要求本工程幕墙性能标准如下。

1）幕墙抗风压性能：$2.0 \leqslant P < 3.0$kPa（风荷载标准值 2.6kPa）。

2）幕墙空气渗透性能：开启部位 $1.5 \leqslant q < 2.5$m³/m·h；固定部位 $0.05 \leqslant q < 0.10$m³/m·h。

3）幕墙雨水渗透性能：开启部位 $250 \leqslant q < 350$MPa；固定部位 $1000 \leqslant q < 1600$MPa。

4）幕墙平面变形性能：$1/200 \leqslant r < 1/150$。

5）幕墙隔声性能：35dB。

6）保温性能：不透光部位 $\leqslant 3.3$W/m²·K；透光部位 $\leqslant 0.5$W/m²·K。

7）幕墙防火性能：层间及房间采用不燃烧材料隔断，耐火极限不低于 1h。

8）幕墙的防雷性能：幕墙的接地电阻不大于 1Ω，远小于国家规范要求的 5Ω。

（2）幕墙性能试验内容

根据规范要求幕墙性能试验需有 7 项内容：

①雨水渗透试验；

②空气渗透试验；

③风压试验；

④平面内变形能力试验；

⑤热工性能试验；

⑥隔声性能试验；

⑦抗冲击性能试验。

其中，①～④项是基本试验项目，⑤～⑦项是有必要时，应业主要求附加的试验项目。结合幕墙特点和业主要求，本工程幕墙试验内容为上述的①～④项。为保证本工程幕墙质量，对上述四项试验项目进行 1：1 实验。试验结果达到我国规范要求。

4. 现场测量放线

（1）测量放线设备

经纬仪：设置精度 $\pm 1''$；水准仪：设置精度 $\pm 0.5''$；对讲机；F0.5 钢丝。

（2）测量放线方法

1）根据留出的外围结构柱基准线，用经纬仪放出外围结构柱轴线。用钢卷尺检查外围结构柱轴间距尺寸的精确度。

2）分别在各层楼面，在每个外围结构柱轴线处，在距楼沿 50mm 位置，绷紧 1 根钢丝。在地面用经纬仪通过钢丝检查和调整结构柱轴线的垂直度，使垂直度在技术要求范围内。

3）从第一层起，在风力小于 2 级的气象条件下，通过绷紧的钢丝放出每层外围结构柱轴线，用经纬仪调整检查外围结构柱轴线的垂直度，使垂直度在技术要求范围内，并在楼层面上做好轴线基准点标记。

4）依据幕墙施工图水平分格尺寸，按 1）～3）条所述方法，放出每层分格尺寸基准点，并用经纬仪校准，做好水平分格尺寸基准点标记。

5）依据水平分格尺寸基准点和外围结构柱基准点，测量预埋件的水平横向和水平纵向偏移尺寸，并做好记录。

6）依据给出的每层标高基准点，用水准仪测量预埋件（沿高度）的偏移值，并做好记录。

7）使用经纬仪检查调整轴线基准点和水平分格尺寸基准点，必须在每天相同时间间隔进行。

5. 连接件施工

按单元块分格尺寸分别在预埋件位置上放出连接件位置线，将连接件支座焊接在预埋钢板上。连接件按施工图在车间制作、焊接及热浸镀锌处理，注意连接件固定支座上的螺栓孔的可调范围在 40～60mm。

连接件的焊接使预埋钢板的镀锌层局部被灼烧破坏，必须进行处理，先消除焊瘤、焊渣、毛刺等，再与焊缝一起抹涂 2 遍富锌漆，起到防腐、防锈作用。

6. 吊运及安装

（1）施工设备见表 6－5－1

吊运及安装设备表

表 6－5－1

设备名称	型号、规格	数　量	产　地
经纬仪		1	进口
水准仪		1	国产
水平尺		4	国产
电锤		4	国产
电钻		15	德国
射钉枪		5	国产
电焊机	13×6－300－2	6	国产
吊运系统		4	自制
翻转平台		2	自制
吊索、吊具		若干	国产
施工用吊篮	6m	4	国产

（2）板块的安装设备

单元式幕墙板块均通过桅杆吊进行垂直运输，吊装到指定安装位置。根据工程特点和实际情况，分别在楼顶层和中间层上安装一台 8m 桅杆吊和一台 12m 桅杆吊。两台桅杆吊额定最大起重量为 3t，起升速度为 16m/min。见图 6－5－2。

（3）工艺装备及吊装方案

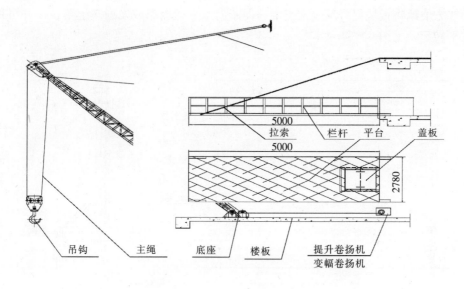

图 6-5-2　桅杆吊安装示意图

1）垂直运输系统（兼顾卸车）

由拔杆吊、接料平台、龙门吊和水平转运车组成，其中水平转运车可用液压搬运车代替。

①拔杆吊

系统配置包括拔杆、底座、提升卷扬机（JM-3）、变幅卷扬机（JM-2）、主钢丝绳（φ16 不旋转钢丝绳）、变幅钢丝绳（φ16）、缆风绳、吊钩等。见图 6-5-3。

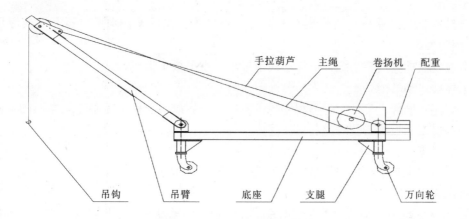

图 6-5-3　拔杆吊示意图

②接料平台

板块起吊至一定高度以后，通过拔杆变幅使板块位于接料平台正上方，然后落至平台上，转运至楼层间。接料平台一般随安装进度往较高楼层转移。

③龙门吊

能够方便地将板块提升至一定高度，便于向水平运输车或发射车上落位，并可用于短距离水平转运，见图6-5-4。

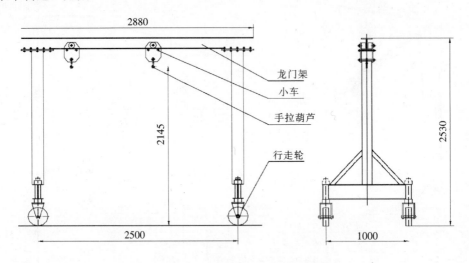

图6-5-4   龙门吊示意图

④水平转运车

主要用于超大、超重板块的水平转运。如果板块较轻（如普通玻璃板块、铝板块等），可用简易的小平板车代替。另外也可用外购的液压搬运车。

2）板块安装系统

超重石材板块安装系统：由移动式小吊车、龙门吊、水平转运车（或液压搬运车）、发射车组成。

石材玻璃组合板块安装系统：由移动式小吊车、龙门吊、水平转运车（或液压搬运车）、翻转架组成。

普通玻璃板块安装系统：由移动式小吊车、小平板车组成。

①移动式小吊车

由车体、吊臂、车轮、配重和卷扬机组成，一般设置于一个完整建筑立面的最高一个楼层，主要用于板块安装时的起吊及落位。

②发射车

主要由固定车架、移动车架、配重组成，见图6-5-5。

板块完成发射的步骤：

a. 由龙门吊吊运板块并落至发射车上，将板块与移动车架采用机械固定，并将吊运板块的托架与移动车架用钢丝绳或尼龙绳连接，同时将移动式小吊车的吊钩挂在板块上。

b. 推动板块，使移动车架的车轮在固定车架的槽钢轨道中移动一段距离，增加配重以后继续向外推动板块，使移动车架的前轴被固定车架的挡板钩住。此时移动车架的后轴及车轮正好位于固定车架槽钢导轨的预留缺口处。

c. 由2人抬起移动车架至一定角度（这时板块会自动翻转），然后放松连接移动车架与固定车架的手拉葫芦，使板块由楼层内逐渐翻转至楼层外，成竖直的吊装状态。

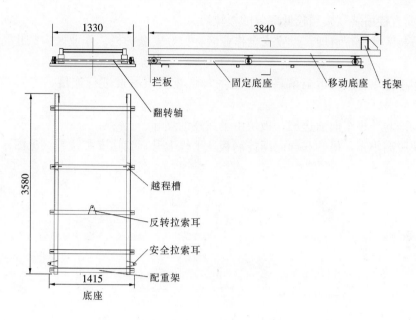

图 6-5-5 发射车示意图

d. 移动小吊车起吊，承受板块重量，然后取下板块与移动车架的联结螺栓，下落板块至安装工位。注意板块脱离移动车架时一定要用尼龙绳带住板块来缓解板块脱离时的冲击力。

e. 落下移动车架，复位，用龙门吊吊运发射车至新的安装工位。

③翻转架

主要用于石材玻璃组合板块的安装，实现板块从楼层内的水平状态向楼层外沿的垂直状态的改变，但结构比发射车更简单，操作更方便，见图 6-5-6。

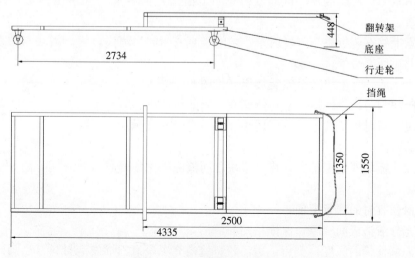

图 6-5-6 翻转架示意图

（4）现场安装施工工序

1）地面直接吊装（楼层较低部分的板块）

①对吊装区域进行清理，设置安全作业区，拉好安全护栏。作业区内禁止行人和车辆通行。

②利用小推车将板块运至吊装安装现场，将板块与吊索进行连接，并绑扎好安全导向绳。

③吊钩渐起，小车向前送出，板块由平放逐渐立起。

④板块脱离小车，吊钩和导向绳控制板块平稳上升，到达安装位置（见图6-5-7）。

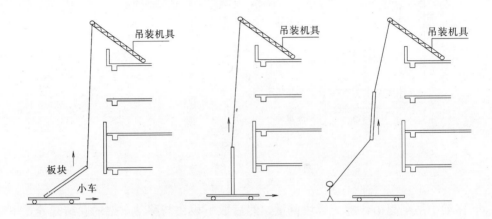

图6-5-7   地面直接吊装示意图

⑤将板块与转接件连接，并与侧面和下面的板块进行对接。

⑥通过仪器对板块的位置进行调整，直至符合安装标准。

2）楼层"发射车"安装法

①将板块平放在"发射车"上，并用绳索与其固定。

②将吊索与板块连接好，将"发射车"上滑架连同板块一起滑出楼层，并翻转90°，使板块竖直。

③吊索上移直至板块与"发射车"之间竖直方向的力消失，解开板块与"发射车"之间的绳索并撤回上滑架。

④吊索下放，将板块运至安装楼层（见图6-5-8）。

⑤将板块与转接件连接，并与侧面和下面的板块进行对接。

⑥通过仪器对板块的位置进行调整，直至符合安装标准。

7．打胶

在单元式板块安装完毕后，将对板块之间缝隙采用耐候胶进行封闭，防止气体渗透和雨水渗漏。

嵌缝耐候胶时的注意事项：

（1）充分清洁板间缝隙，保证粘结面清洁，并加以干燥；

（2）为调整缝的深度，避免三边沾胶，缝内充填聚氯乙烯发泡材料（小圆棒）；

（3）避免在打胶时幕墙表面受污染，在缝两边粘贴20mm宽纸胶带条；

（4）打胶后应将胶缝内表面抹平，并做出弧形凹向胶面，去掉多余的胶；

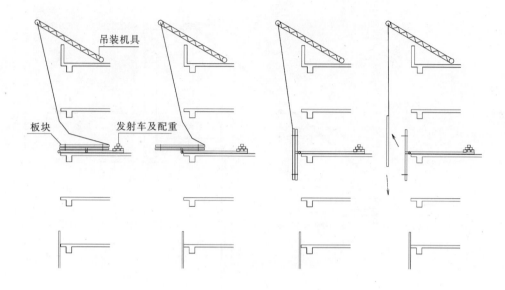

图 6-5-8 发射车调转示意图

（5）打胶完成后，撕掉纸胶带条，注意注胶后养护，胶在未完全硬化前，不要沾染灰尘和划伤。

三、钢拉索点式幕墙和可开启移动天幕

1. 钢拉索点式幕墙技术

本工程在建筑物主入口处应用的拉索（鱼腹式）点式玻璃幕墙将传统的幕墙钢、铝龙骨结构转化成柔性的钢丝索结构，安装后钢索呈鱼腹状造型，给人以一种轻盈、通透的整体美感。如图 6-5-9 所示，其特有的柔性结构使整个玻璃幕墙更具有抗震性、抗变形能力。设计规格为 12m×30m（如图 6-5-10 所示）。

本工程的钢索、玻璃夹具及支撑杆为定型产品，现场进行安装，无任何焊接作业。选用的主要材料：玻璃选用透明钢化单片国产玻璃，规格为 15mm；采用进口密封硅酮胶；不锈钢钢索、五金爪件、连接螺栓均采用进口。生根点的钢件全部采用进口高强化学锚栓固定，其他的构件均采用高强螺栓连接。所有的连接点都采用配套的调整垫片调节，使拉索幕的安装精度大大提高了工作效率。解决了普通幕墙的焊接变形、焊口缺陷以及防腐处理等难题，大大提高了工作效率。在工程的施工安装技术主要实施了以下三项关键技术。

（1）高精度的测量技术：因为所有的生根点均为化学锚栓固定，固定轴线、标高线的要求为±2mm，分格线的位置控制在±1mm 以内，依据三线基准原理，用水准仪、经纬仪测出钢索拉点中心线，根据图纸确定分格尺寸，检查固定件支座的位置是否正确，用水准仪、钢尺测量支杆高度位置及分格的横向玻璃中心位置。

（2）钢索的安装与调整技术：钢索的一端为固定端，另一端为调整端，调整端带有调整螺栓，先将支杆按顺序将拉索穿入，把拉索的固定端先用支架固定，再将调整端穿入法

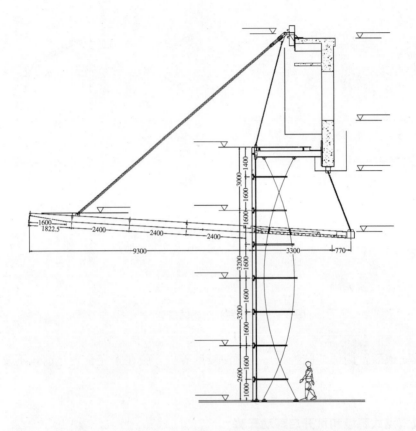

图 6-5-9 拉索点式玻璃幕墙结构形式

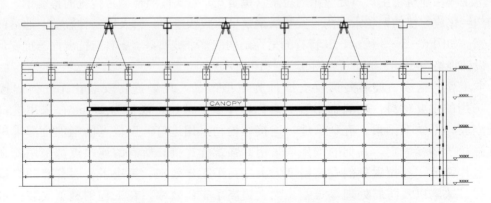

图 6-5-10 拉索点式玻璃幕墙系统分格形式

兰盘孔内。此步工作需每对拉索同时进行。拉索全部就位后可开始调节拉索的预紧力，在调节预紧力的同时，控制拉杆端头（即爪件）的三维空间位置尺寸。

（3）玻璃安装与调整技术：针对玻璃自身的重量而导致的不可预见的位移，为此，我们相应地制定两种方案：一是有些位移事先能确定下来，在确定固定爪件位置的时候，就可以将位移先考虑进去；二是有些位移不能预先确定，在拉索调整时，给支点加上与玻璃重量相等的负载。随着玻璃的安装，逐渐将预荷载卸除。

所有玻璃贯通固定件上的螺母都严格按技术要求中的规定力矩用测力扳手拧紧。在玻璃安装中确保幕墙系统中预留的功能缝隙的宽度，相邻玻璃没有接槎，达到了设计要求。

通过严格的现场监控和管理，本工程的点式拉索幕墙从外观和功能方面均达到了规范和业主的要求，并得到了设计方——比利时 Portal 公司的高度评价，称赞我公司"施工一流、管理一流"。

2. 可开启移动天幕综合技术

本工程可开启移动天幕为目前亚洲最大的可开启天幕，跨度为 15.3m，开启方向长度为 50m。采用折叠对开式结构形式，由 6 块移动天幕组成，每块移动天幕尺寸为 8.4m×16.4m×0.5m（如图 6-5-11 所示）。

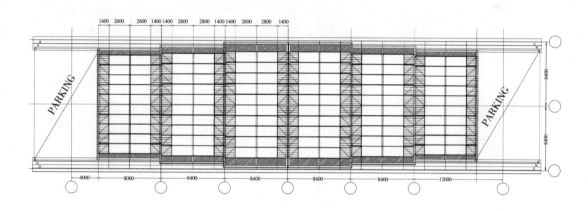

图 6-5-11 移动天幕系统分格形式

可开启移动天幕主要选材为：所有铝合金型材均为 6063 T5 合金挤压成型，并满足国家 GB/T 5237—2000 的超高精级要求，铝合金型材表面采用氟化碳处理；采用透明中空夹胶钢化玻璃，规格为 8mm＋12mm＋6mm（Low-E）＋1.52mm（PVB）＋6mm；密封胶条采用国产 EPDM 材料，密封硅酮胶采用进口；移动天幕电气控制系统采用进口，包括电机、风和雨传感器、限位开关、电气线路等；移动钢结构体系采用比利时 Portal 公司制造的产品，表面进行静电喷涂处理，轨道及其固定钢结构采用国内产品；遮阳布幔采用进口布料，采用国产微型电机，遮阳格栅采用铝合金型材加工成型。

3. 可开启移动天幕的结构特点

（1）铝合金玻璃天幕系统为明框热断桥结构，采用内置排水系统（如图 6-5-12），该结构体是采用 EPDM 胶条和防水卷材进行结构密封，而不使用国内通常的硅酮胶密封形式，该种结构形式能够保证防雨水密封性能以及满足防止结露、隔热保温等性能要求。

（2）移动天幕全部采用弧形结构，包括钢结构体系、铝合金型材、玻璃、密封元件等均为弧形的结构（如图 6-5-13）。

（3）可移动天幕系统考虑了由于下雨和刮风时，实现自动化控制，在屋顶适当部位安装了风、雨控制传感器（如图 6-5-14 所示），在下雨天和刮风天实现自动关闭。

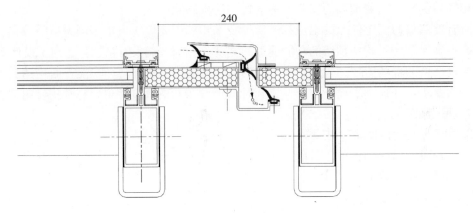

图 6-5-12   铝合金玻璃密封结构系统

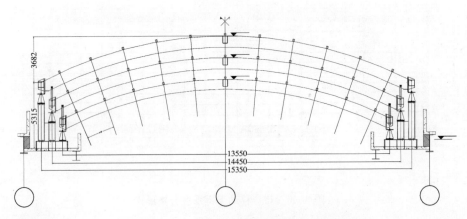

图 6-5-13   钢结构、铝合金结构弧形系统

图 6-5-14   风、雨传感器控制系统

（4）移动天幕系统考虑了太阳光的控制，在结构上安装了遮阳铝合金格栅和遮阳布幔系统（如图6-5-15所示）。

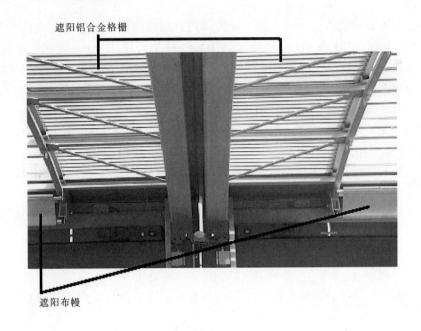

图6-5-15 遮阳铝合金格栅和遮阳布幔系统

（5）开启移动天幕系统考虑了移动产生的噪声，经过现场实际检查，楼体下层在天幕移动过程中感觉不到运动噪声，天幕是按照3.6r/min的输出速度移动。

第六节 挑檐铝板安装脚手架的施工

国家电力调度中心工程为地下3层，地上12层；屋顶标高49.6m；结构形式为钢筋混凝土框架—剪力墙结构，外墙为单元式幕墙形式，屋顶部分是钢结构外包铝板饰面。由于设计的屋顶铝板饰面为形似方形的"大盖帽"，从地上11层（F11）顶部，到屋顶的屋面，为一个外挑斜面，斜面高度约6m，南北两面的主立面挑出F11层结构外边约为11m，另外东南、东北、西南、西北四大角部外挑更大，挑出F9层以上楼板外沿为15m左右，现为了进行屋面外挑铝板饰面的安装，需要搭设施工脚手架。

根据本工程的脚手架有以下特点：

——工程地理位置显要，处于西长安街的西单繁华地段；因此架子搭设的质量和外观要求非常高。

——工程外挑铝板跨度超常规，施工用外挑架子达到10m以上，架子复杂度大。

——施工工期要求十分紧张，与搭设高难度的架子相冲突；

——施工处于高温季节以及雨期。

——脚手架完成后要求铝板面以外能进行操作施工。

一、搭设方法

1. 综合搭设综述

（1）平面图

外挑脚手架平面见图 6-6-1，架子分为四种：南北两面⑤～⑨轴为正面外挑架，外挑跨度大约为 11m；北面 A、B 芯筒处外挑架，外挑架跨度为 9m；东南、东北、西南、西北采用落地挑架，外挑架跨度为 10m 左右；东西两面为落地架子，各段架子在外立面效果上一致，但是考虑内部拉结方式以及支撑方法上要求独立。

（2）南、北两面正面外挑架

南、北两面正面外挑架范围为⑤～⑨轴/南面 A 轴以南、⑤～⑨轴/南面 A 轴以南 G 轴以北，架子搭设剖面图详见图 6-6-2。外挑架从 F11 层结构板起，立双排杆。借助外挑的钢梁进行外挑架的拉结和拉设承载钢丝绳，F11 层外挑节点与女儿墙进行拉结固定，架子顶部顶死框架钢梁，F12 层在楼面上的双排架子与钢框架固定。

立杆以及横杆严格按照剖面进行搭设，立杆以及横杆排距为 1.5m，拉结钢丝绳为 φ15，钢丝绳拉结间距为 4.2～6m 布置。在钢丝绳处拉结采用双水平杆。

（3）北面芯筒外挑架

北面芯筒外挑架（④～⑤、⑨～⑩/G 轴以北）挑架从 F11 层结构板起挑架，架子搭设剖面图详见图 6-6-3。外挑架从 F11 层结构板起，立双排杆。搭设要求以及外形要求同南北立面要求。

（4）角部满堂挑架

角部（东南、东北、西南、西北）剖面见图 6-6-4，从 F8 层落地搭设满堂架，外挑立面的效果同大面，搭设的要求与大面相同，在 F11 层女儿墙处以及芯筒墙—梁板洞口，架子进行拉结固定。

（5）东西面满堂架

东西面满堂架剖面见图 6-6-5，从 F10 层落地搭设满堂架，所有架子的立杆间距、排距、水平间距均为 1.6m，在东侧的 C 轴、E 轴之间由于 F10 层没有楼板，必须从 F9 层进行落地生根。

2. 搭设与拆卸过程

由于采用落地架和钢丝绳的拉结相结合的方式，搭设时为了确保安全操作，北面和南面在首层要求处于安全范围，搭设过程中设置专人看护。

搭设挑架从 F11 层生根，随后在屋顶层处搭设顶部拉结杆，用于从屋顶层满兜大眼网到 F11 层，保障挑架搭设以及钢丝绳拉设的过程安全。

搭设随着架子的上升以及外挑的出现，钢丝绳同时进行拉结，拉结钢丝绳必须计算好长度，利用倒链进行紧固，确保钢丝绳绷紧后进行卡扣紧固。同一标高处的钢丝绳的拉结情况（长度、绷紧状态，卡扣固定等）必须相同，保证同一标高的钢丝绳基本上同步拉设，拉设时用倒链绷紧即可，由于钢丝绳有计算安全系数以及不均匀系数，所以可以允许存在初始绷力不同的情况出现，况且随着搭设的挑架上升，荷载势必出现不均匀的情况，因此在搭设过程中、以及搭设完毕、使用前，必须对钢丝绳的受力情况进行复检矫正调整，为保证悬挂钢丝绳的均匀受力，钢丝绳的受力复检采用测力器对钢丝绳张力进行检测辅以手感方法进行。

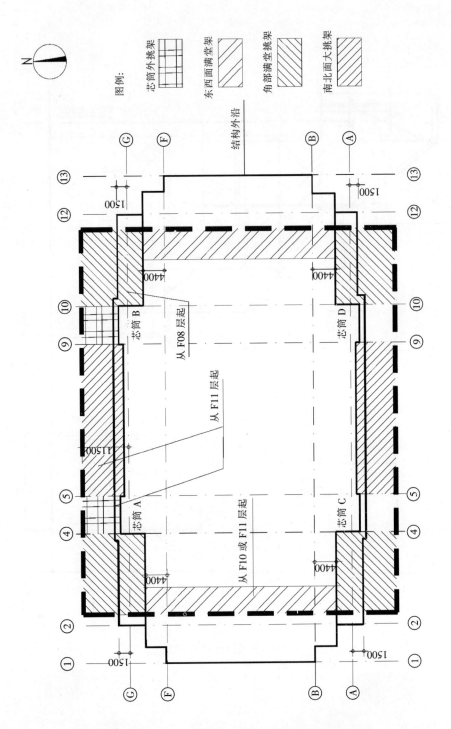

图 6-6-1　铝板施工脚手架平面布置图

图例：

芯筒外挑架

东西面满堂架

角部满堂挑架

南北面大挑架

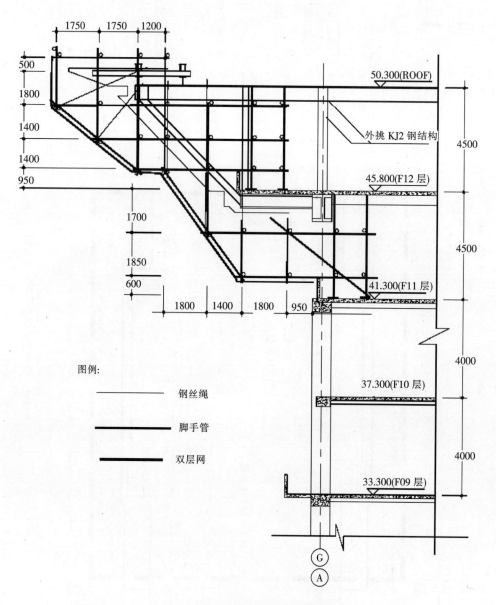

图6-6-2　南北面外挑架剖面图

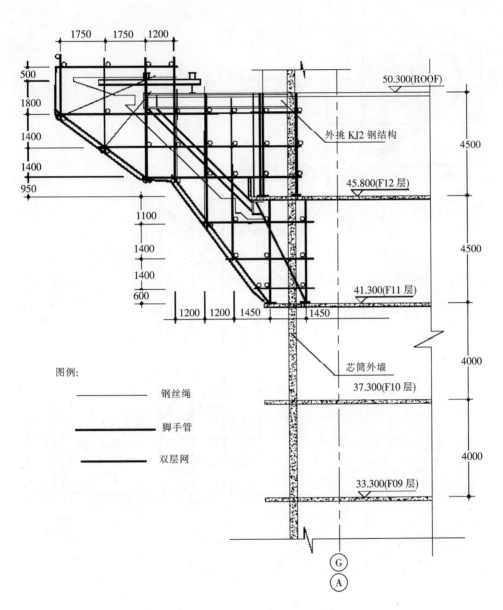

图 6-6-3　北面芯筒外挑架剖面图

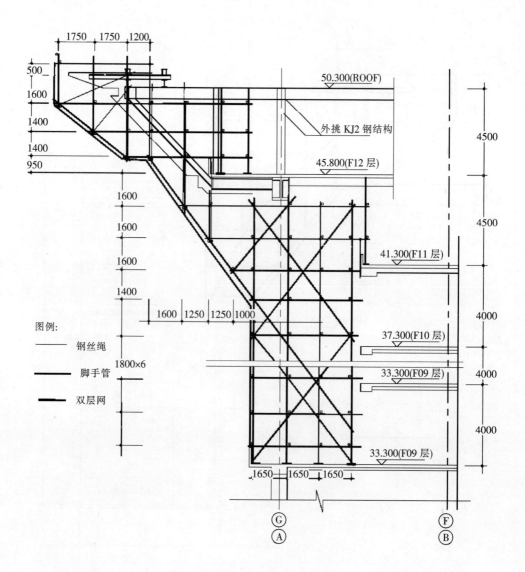

图 6-6-4   角部满堂架剖面图

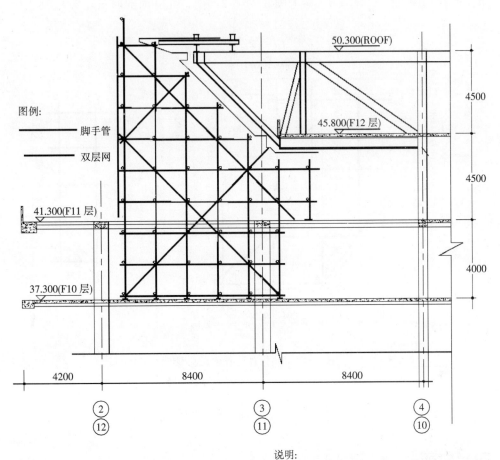

图 6-6-5 东西面满堂架剖面图

随着铝板的安装过程（由顶至 F11 层安装），架子也进行分标高由上至下分段配合拆除，拆除过程不能拆除有效钢丝绳。

二、外挑架计算

1. 计算说明

由于本外挑架形式采用钢丝绳拉结与外挑落地架结合的方式，因此避免了普通的钢管悬挑过程中的压杆受力问题，同时也使得搭设过程具有较好的操作方式，根据架子的形式与构造，只须校核钢丝绳的受拉承载力。

计算时校核每个挑架单元的受力状况。

2. 荷载取值

考虑受力最大的单元，从 F11 层挑出至 F12 顶部的架子单元：高度为 8m，钢丝绳按照间距最大处 6m 考虑（一般布设间距为 4～6m），为了加强安全度，忽略拉结杆的拉力，作为安全储备考虑。

单元荷载选用见图6－6－6（参考图6－6－2，南、北立面剖面图）。

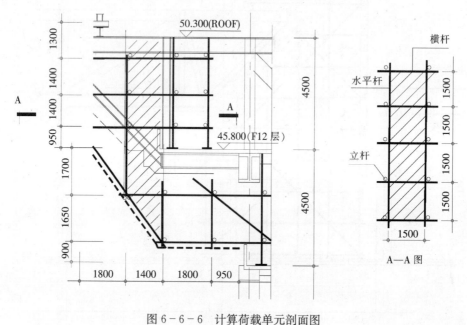

图6－6－6 计算荷载单元剖面图

第七节 冰蓄冷系统的施工

一、系统概述

本工程中的冰蓄冷系统按部分负荷蓄冰方式设置。蓄冰主机与蓄冰槽采用串联方式，主机上游，设计工况运行策略采用主机优先模式，实际运行大部分时间则可采用冰优先模式。

蓄冰主机采用三台螺杆式双工况主机，制冷工况（5.0～10.1℃）时单台制冷量为394RT·h，制冰工况（－5.6～－2.0℃）时单台制冷量为271RT·h。蓄冷槽采用八台冰盘管整装钢槽，单台蓄冷量为890RT·h。系统载冷剂采用容积百分比为25％乙二醇水溶液。

冰蓄冷系统作为空调冷源的一次侧，通过两台板式热交换器向大楼提供3.3℃的空调冷冻水。设置一台420RT·h常规螺杆式冷水机组，该机组除了为3.3℃冷冻水系统的回水提供预冷外，还可同时直接提供7.8℃的冷冻水供大楼的风机盘管等设备使用。

二、冰蓄冷系统的选用

1. 一般建筑空调冷负荷分析

（1）空调年运行负荷率低。一般达到设计负荷50％以下的运行时间，占全年运行时间的70％。

（2）空调冷负荷日负荷曲线一般同电网用电曲线同步。

（3）空调用电量高峰时达到城市总用电负荷的 25％～30％，加大了电网的峰谷荷用电差。为此加强用电需求侧的管理非常重要。

2. 冰蓄冷系统的选用

（1）蓄能空调的概念

是指建筑物空调时所需冷（热）负荷的全部或者一部分在非使用空调时间制备好，将其能量蓄存起来供空调时使用。当空调使用时间与非空调使用时间和电网高峰及低谷时间同步时，就将电网高峰时的空调用量转移至电网低谷时使用，达到节约电费、少建峰期电站的目的。

冰蓄冷空调系统属于蓄能空调中的一种。

（2）冰蓄冷系统的优点

1）平衡电网峰谷荷，减缓电厂建设。

2）制冷主机容量减少，减少空调系统电力增容费。

3）利用电网峰谷荷电力差价，降低空调运行费用。

4）冷冻水温度可降到 1～4℃，实现低温送风，节省水、风输送系统的投资和能耗。

5）相对湿度较低，空调品质提高，防止中央空调综合症。

6）具有应急冷源，空调可靠性提高。

7）冷量全年一对一配置，冷量利用率高。

（3）冰蓄冷系统的缺点

1）在不计电力增容费的前提下，其一次性投资比常规空调大。

2）蓄冰装置要占用一定的建筑空间。

3）制冷储冰时主机效率比在空调工况下运行低。

3. 冰蓄冷系统的一般流程（见图 6-7-1）

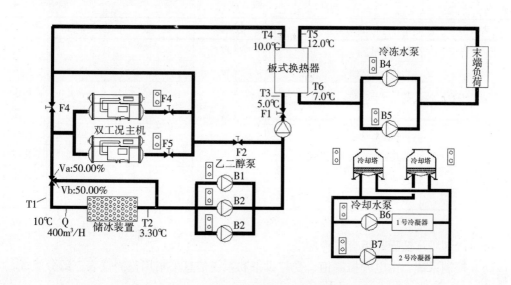

图 6-7-1 冰蓄冷系统流程图

三、本工程冰蓄冷系统设备的组成

（1）螺杆式冷水机组见表 6-7-1。

螺杆式冷水机组表 表 6-7-1

型 号	数 量	标准制冷量	重 量	外形尺寸（mm）（长×宽×高）	生产厂家
YSEBEAS45CKEO	4 台	417tons	10.742t	3924×1911×2370	YORK

（2）蓄冰槽见表 6-7-2。

蓄冰槽 表 6-7-2

型 号	数 量	标准制冷量	重 量	外形尺寸（m）（长×宽×高）	生产厂家
TSU-890MS	8 台	310kW/h	17t	6.09×3.6×3	BAC

（3）板式换热器见表 6-7-3。

板式换热器 表 6-7-3

型 号	数 量	标准制冷量	重 量	外形尺寸（mm）（长×宽×高）	生产厂家
MX25BFG	2 台	3251kW	5510kg	920×2785×2895	ALFA-LAVAL

（4）泵见表 6-7-4。

泵 表 6-7-4

型 号	服务对象	数 量	重 量	扬程（m）	生产厂家
L-6012-3	冷水机组	4 台		27	PACO
L-8012-3	换热器一次侧	2 台		17	PACO
L-6012-3	换热器二次侧	3 台		29	PACO
L-5095-7	冷水机组	1 台		12	PACO
L-2595	风机盘管	2 台		16	PACO
	换热器二次侧低负荷泵	1 台		19	PACO
	冷却水泵	5 台			PACO
	补水泵	2 台			PACO

（5）冷却塔：低噪声组合式冷却塔。

（6）控制系统：由电气控制柜、受控设备和系统信息采集用检测仪表三部分组成。

四、蓄冰模式及蓄冰设备

1. 蓄冰模式的选择

（1）全量蓄冰模式

主机在电力低谷期间全负荷运行，制得所需要的全部冷量。在电力高峰期，主机不需要运行，所需冷负荷全部由融冰来满足。

此模式适用于空调使用期短，但冷负荷量大的场合，如体育场馆、教堂、舞厅等。

1）优点

①最大限度地转移了电力高峰期的用电量，使运行成本最低。

②系统控制简单，易于系统调试及运行管理。

2）缺点

系统的蓄冰容量、主机及配套设备均较大，系统的初期投资较高。

（2）负荷均衡的分量蓄冰模式

主机在设计负荷日以满负荷运行，当主机制冷量小于冷负荷时，不足部分由融冰补充；主机在电力低谷期全负荷运行，制得所需要补充的全部冷量。

1）优点

①特别适合于高峰冷负荷时间长，并须将峰值耗电量降低的场合。

②系统灵活，蓄冰容量及主机容量小。

③初期投资最小，回收周期最短。

2）缺点

运行费用较全量蓄冰略高。

（3）本工程采用分量蓄冰模式

2. 蓄冰设备与制冰主机的配置形式

蓄冰设备与制冷主机成串联配置，以保证供给温度始终稳定的低温冷冻水，保持较大的供回水温差。

如果制冷主机放在蓄冰设备的上游，冷水主机将在较高的蒸发温度下运行，制冷效率比较高。但是，为了提供 3.3℃ 的冷冻水供给温度，对蓄冷设备的要求更高。

如果将制冷主机放在蓄冰装置的下游，冷水主机把冷冻水冷却到最终的低温供给温度，因而蓄冰设备可按照较高的供冷温度来确定蓄冰容量和融冰速度。然而，制冷主机将在较低的温度和较低的效率下运行。

经过综合比较本工程最终采取了主机上游的串联形式。

3. 蓄冰设备的选择

蓄冰设备种类较多，蓄冷释冷机理各异，蓄冰设备的类型是决定送风温度的主要因素。要维持恒定低温送风温度，蓄冰设备必须达到以下基本要求。

（1）有稳定的低温流体出口温度；

（2）有足够的融冰速度；

（3）具有最佳的传热性能；

（4）具有较高的融冰效率。

本系统选用与低温送风系统能实现最佳匹配的不完全冻结式蓄冰装置。

4. 不完全冻结式融冰机理（见图 6－7－2）

在制冰过程中，以不完全冻结方式控制，在制冰周期结束之后，仍有冷水存于盘管之间。

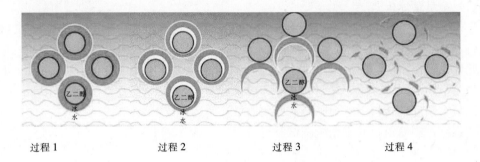

过程1   过程2   过程3   过程4

图6-7-2   不完全冻结式蓄冰装置融冰过程图

在融冰过程中，经过换热板换热后温度较高的载冷剂在盘管内循环，通过盘管表面将热量传递给冰层，使盘管表面的冰层自内向外逐渐融化进行取冷，在盘管外表面和冰之间形成一个水环。由于冰的密度比水小，冰就上浮，跟盘管底部保持接触，随着融冰过程的进行，冰壳破裂，形成均匀的冰水混合物，从而保证恒定的融冰出口温度。

五、冰蓄冷系统的施工

1. 施工技术特点

(1) 蓄冰槽的吊装。因为蓄冰槽的特殊结构，其吊装难度比较大。

(2) 焊接质量要保证。

(3) 支吊架的制作安装。

(4) 自控系统的安装要求高。

2. 冰蓄冷系统施工的主要规范及标准

(1) 管道安装应符合《给排水管道工程施工及验收规范》。

(2) 设备安装符合《通风与空调工程施工及验收规范》。

3. 施工工艺流程

顶层管道安装→设备吊装就位→共用水平管安装→立管安装→阀门安装→压力表、温度计、过滤器安装→打压、冲洗→单机试运转→系统调试

(1) 设备吊装就位流程

设备开箱检查→基础验收→设备吊装就位→设备找平、找正

(2) 管道安装流程

管道清理、除锈→管道下料→管道调直→管道焊接组对→管道支吊架安装→管道连接→打压、冲洗→油漆→保温

4. 主要措施及关键工序控制

(1) 吊装托架的制作

因为本工程所用的蓄冰槽重量大（17t）、体积大（6.09m×3.6m×3m）而且蓄冰槽为金属盘管式，除了顶部的四个只能垂直起吊的吊耳之外无其他受力之处，为此要专门用槽钢制作了一长方形吊装托架来吊装蓄冰槽（强度核算书略）。见图6-7-3。

(2) 设备吊装

设备的安装分两步进行（见图6-7-4）。

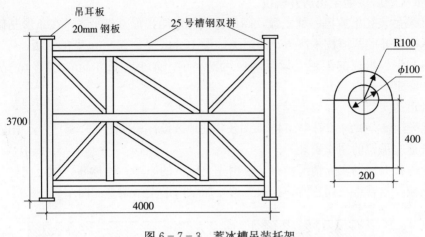

图 6-7-3 蓄冰槽吊装托架

1) 设备从楼体外运至 B02 层

共布置 4 台 5t 卷扬机，其中两台布置在吊装孔北侧的 D/11 柱和 D/12 柱，另外两台布置在 B/11 和 B/12 柱，迎头滑车布置在吊装孔南侧 C/11 和 C/12 柱，卷扬机采用 $6\times37+1$,$\phi15$ 钢丝绳，导向滑车和定滑车均生根在 2 层楼板上设置的 $\phi219\times7$ 的钢管上，钢管均用木方垫在平台结构梁上。

定滑车组采取 2 个 16t 单滑车和 1 个 5t 单滑车拼装，动滑车组采用 10t 双轮滑车组，动滑车用 4 个 16t 卡环与吊装托架 4 个吊耳固接。

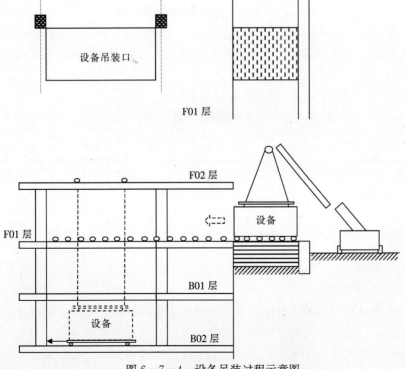

图 6-7-4 设备吊装过程示意图

2）设备从 B02 层运至机房并就位

在 B02 层吊装孔下方搭一枕木墩，高度与西侧水箱条形基础平齐，在条形基础西侧搭设与条形基础平齐的两道枕木滚道，滚道上铺设 10mm 厚、400mm 宽的钢板。

在枕木和钢板组成的滚道上设置两台运输小车，此小车长 3.5m，宽 2m，高 0.4m，单台小车的额定荷载为 50t。

（3）管道的安装

以华北设计院提供的 ZNT6－14－5 图及华北地区设计标准图（91SB）为依据进行施工。

（4）管道支吊架的制作安装

系统管道根据现场实际情况排布，根据先上后下的原则。同标高、同走向如间距较近采用同一支架。当管道在拐弯时、挖眼三通处加设门形支吊架（如图 6－7－5）。

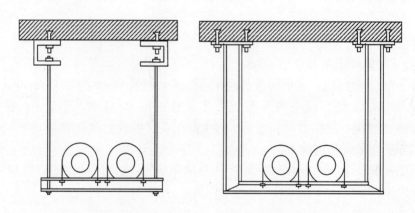

图 6－7－5 门形支吊架示意图

支架最大间距不应超过表 6－7－5 所列值，如同走向管道管径相差不大可按小管选择支架间距。

支架最大间距表 　　　　　　表 6－7－5

公称直径（mm）	100	125	150	200	250	300	350	400	450
最大间距（m）	4.5	5	6	7	8	8.5	9	9	10

第八节　低温送风系统的施工

一、概述

1. 低温送风系统简介

低温送风系统是利用冰蓄冷系统低温的一种重要手段。这一技术的优越之处包括降低空调系统的初投资，减少风机的电能消耗以及因湿度的降低而改善舒适性。这些优越性与冰蓄冷系统转移电力负荷的作用相结合，形成一种很有吸引力的空调方案。

低温送风空调是随储冷技术的发展而兴起的，国内外的经验及一些工程实践表明，在与储冰系统相结合的集中空调系统中采用低温送风，具有降低一次投资，降低峰值电力需求，节约能耗和运行费用及节省建筑空间和建筑面积的优点。

低温送风空调是指从集中空气处理机送出温度较低的一次空气经高诱导比的末端装置（又称空气混合箱）送入空调房间的送风系统。低温送风的一次风温度一般在 3.3～10.5℃，相对湿度 40%～45%。

常规空调系统以 10～15℃ 的温度送风，保持 60% 左右的相对湿度，同时又要使冷冻水供水温度尽量高，制冷机效率最高。然而，常规系统的设计参数不一定是最舒适的，无论是一次费用，或者是长期运行费用都不一定是最小的。

由于从冰蓄冷槽那里可得到 1～4℃ 的冷介质温度，所以就能容易地达到 4～9℃ 的送风温度，使空气输配系统费用与能耗有显著的节省。在降低了的相对湿度的水平下使居住舒适性也有了提高。

低温送风系统与常规空调系统其焓湿图比较见图 6-8-1。

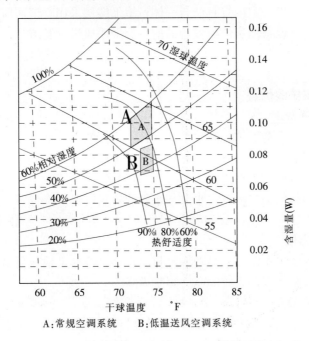

A：常规空调系统 　　 B：低温送风空调系统

图 6-8-1 低温送风系统与常规空调系统其焓湿图比较

2. 本工程低温送风系统

（1）空调冷热源及水系统

1）热源

空调热源由城市热网提供 70～110℃ 热水，经换热器换出 70～82℃ 热水供大楼采暖空调使用。总热负荷 6690kW。

2）冷源

本大楼空调采用两种空调冷冻水：一种为 3.3～14.4℃，由一套冰蓄冷装置提供，供大楼所有空调箱机组使用；另一种为 7.8～14.4℃，由一台常规冷水机组提供，供风机盘管及以后发展使用。

（2）空调系统设置

本大楼空调设置26套变风量全空气空调系统（AHU－XX－XX），并采用低温送风方式，服务于办公、餐饮、工艺用房等区域。这些系统通过室内变风量末端，常年向室内送冷，可以解决办公、展览厅、报告厅及工艺用房等内区或发热量大的房间的常年冷负荷，而冬期周边区的采暖热负荷则由周边区变风量末端上的热水加热盘管负担。

空调机组采用卧式组合式空调机组，均具有新回风混合段、粗中效过滤段、加热段、加湿段、表冷段及送风机段，有些系统还带有回风机段和排风段。空调加湿采用蒸发式（等熔）加湿器，水源为软化自来水，参见水设施的设计。工艺设备用房设置了二次加湿，加湿方式采用电极式。

根据不同的作用，变风量末端分别采用单风道式、并联风机式、串联风机式三种类型。

气流组织一般采用上送上回方式，低温风的送风口采用特制低温风口，回风：地上楼层采用吊顶回风，回风口与室内灯具结合一体；地下楼层采用管道回风，普通回风口。

楼梯间前室及地下设备用房值班室等处的空调采用风机盘管方式。风机盘管采用卧式暗装型，四管制。

二、低温送风系统的优点

1. 降低了初投资费用

低温送风系统空调设备的体积减少了，水管、风管的尺寸减小了，缩小了空调的机房空间及楼层高度，降低了空调设备、管路初投资费用，增加了各楼地板的可用空间，节省了建筑费用，降低了机械系统造价。

一次费用，特别是风机与风管、水泵与水管的初级资费的降低，一直是推动低温送风应用的重要因素。

2. 减少了电力容量

由于空调风量减少，所需风机的功率可相应减小。冷冻水输送量减少，使冷冻水泵的功率也可减小，所以整个空调系统的电力容量下降。

3. 提高了空调品质

低温送风的除湿量大，室内空调的相对湿度降低，增加了舒适感。减低房间相对湿度，改善舒适度，在较低湿度条件下，人感到较凉快和舒适。

4. 降低了楼层高要求

使建筑结构、围护结构及其他建筑体系造价有了显著节省。

5. 使风机、水泵的电耗与功率降低

低温送风系统一般可使水泵和风机电耗降低30％～40％。

6. 提高室内空气品质

消除风机盘管机组产生细菌和气味等问题，提高了室内空气品质。使风机盘管系统受到严峻挑战。

三、系统的组成及基本原理

1. 组成

1）供冷能源中心；

2）变风量末端装置；

3）风道系统；

4）变风量空调机及调速系统；

5）自控系统。

2. 基本计算公式

$$L=\frac{3.6Q_{q}}{\rho\left(I_{n}-I_{s}\right)}=\frac{3.6Q_{x}}{\rho c\left(t_{n}-t_{s}\right)}$$

式中 L——送风量（m^3）；

I_{s}——送风空气焓值（J/g）；

Q_{q}——送风要吸收的余热全热（J）；

t_{n}——室内空气温度（℃）；

Q_{x}——送风要吸收的余热全热（J）；

t_{s}——送风温度（℃）；

ρ——空气密度（g/m^3）；

c——空气定压比热（J/g·℃）；

I_{n}——室内空气焓值（J/g）。

3. 基本工作原理

由供冷能源中心来的低温（1～4℃）液体送入空调机表冷器，使出风温度达到4～10℃，风量末端装置根据房间温度要求调节送风量，根据各末端的风量、风压要求调节系统送风量，送风温度稳定不变。见图6-8-2。

四、设计方法

1. 冷源选择

（1）冷源形式的确定

由于从储冰槽可得到1～4℃的低温流体，使低温送风空调系统的造价与能耗得到显著的节省。

（2）对储冰槽的基本要求

1）稳定的低温融冰出口温度；

2）较高的传热效率，保证足够的融冰速度；

3）最佳的融冰效率。

2. 计算房间冷负荷

房间冷负荷基本按照常规空调房间冷负荷计算方法。

对于冷风分布系统的负荷特别重要的考虑，包括有：

1）送风机与混合箱风机的得热和风管的得热渗透；

2）围护结构的水汽扩散增加的潜热负荷；

3. 确定新风量

1）按室内人数和功能确定新风量；

2）新风量的数量要求不受送风温度的影响。

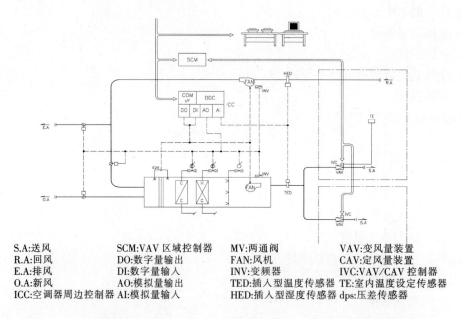

S.A:送风 　　SCM:VAV 区域控制器 　MV:两通阀 　　VAV:变风量装置
R.A:回风 　　DO:数字量输出 　　FAN:风机 　　CAV:定风量装置
E.A:排风 　　DI:数字量输入 　　INV:变频器 　　IVC:VAV/CAV 控制器
O.A:新风 　　AO:模拟量输出 　　TED:插入型温度传感器 TE:室内温度设定传感器
ICC:空调器周边控制器 AI:模拟量输入 　HED:插入型湿度传感器 dps:压差传感器

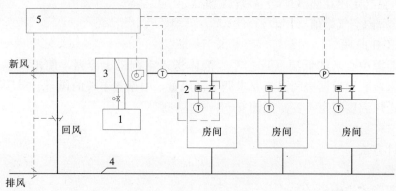

图6-8-2 低温送风系统流程图

1—供冷能源中心；2—变风量末端装置；3—变风量空调机组；

4—风道系统；5—自动控制系统

4. 选择送风温度

1) 最佳送风温度的选择将使一次费用与运行费用减少到最低；

2) 随着送风温度的降低。

①风机大小与风管截面尺寸减小；

②风机的产热与风机用电量减少；

③流体供给温度要降低；

④对一次风和回风的混合要求提高；

⑤新风百风比提高。

5. 选择空调机

1) 计算冷盘管负荷：冷盘管的负荷取决于流过盘管的风量与进风和出风的焓差。

2) 选择冷盘管参数见表6-8-1。

①较低的出风温度；

②较低的冷流体进入温度；

③较低的迎面风速；

④冷流体的进入温度和出风温度较接近；

⑤冷流体供回之间的范围较宽。

盘管选择常用参数表

表6-8-1

	常规方法	低温送风
出风温度（℃）	13~15	5.6~10
进入盘管的冷流体温度（℃）	7	2.2~5.6
迎面风速（m/s）	2.3~2.8	1.5~2.3
翅片数（片/m）	8~10	14
盘管排数	4~6	8~12
接近度（℃）	6~8	2.2~5.5
冷流体温度变化范围（℃）	5	8.8~13.2

3) 采用送回双风机系统能方便地改变新风比直至全新风供冷。

4) 变风量空调机外余静压比定风量系统高。

5) 送风机和回风机在各种转速下风量要比较匹配。

6) 空调机应有粗中效二级过滤。

6. 变风量末端的类型与选择

（1）问题的提出

1) 散流器能否使4~10℃的空气进入人员活动区之前与室内空气充分混合。

2) 散流器表面是否会产生凝结水。

（2）按控制方式选择变风量末端装置

变风量末端装置按照控制方式有压力有关型和压力无关型两种。所谓压力有关型是风阀的执行机构直接由房间温度控制器来控制，如图6-8-3所示；所谓压力无关型是指阀门的执行机构由风量控制器来控制，而风量控制器由房间温度控制器来控制，如图6-8-4所示。

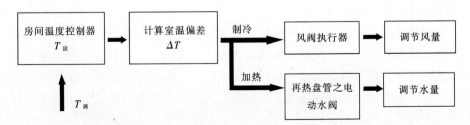

图6-8-3　压力有关型控制框图

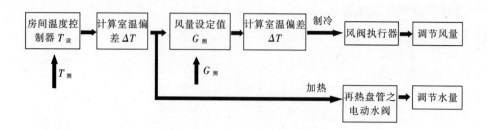

图6-8-4 压力无关型控制框图

在控制方式的选择上,压力无关特性可以减缓室内温度的波动,因为采用该控制方式,风道上的静压变化而引起的风量变化,都会被压差传感器或风速传感器实时测出,并与设定风量值进行比较,调节风阀作出补偿,无须待房间温度变化后再调节风阀。本系统末端装置采用了压力无关型控制方式。

(3)按结构形式选择变风量末端装置

变风量末端装置按结构形式分一般有单风道型、风机串联型、风机并联型三种,这三种末端装置依据本身的具体特点,在本工程中均得以应用。

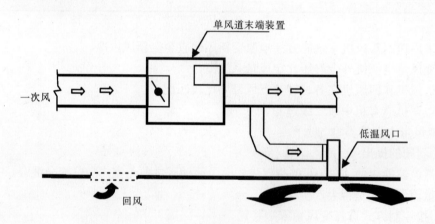

图6-8-5 单风道变风量末端

单风道型,见图6-8-5。单风道型由箱体、风阀及控制元件组成,根据室温偏差调节风阀的开度改变一次风量的大小来满足负荷变化,因不带二次回风,用于无热负荷的空调内区系统,由于送风温度比较低,送风口采用了露点温度较低的低温风口。

风机串联型见图6-8-6。风机串联型变风量末端自带风机,风机与一次风形成串联状态,风机风量始终大于一次风量,形成二次回风。因吸入二次回风,有效提高了送风温度,采用这种方法,在变风量末端下游,空调系统与常规系统是等效的。送风口可选用常规送风散流器或条缝形送风口,在本工程的内区大厅、走廊等人流量大、要求有较好气流组织的场所采用了这种末端装置。

风机并联型,见图6-8-7。风机并联型变风量末端的风机与一次风形成并联状态,供冷时风机不运行,只在供暖时启动风机吸取二次回风。本工程空调外区末端装置均采用

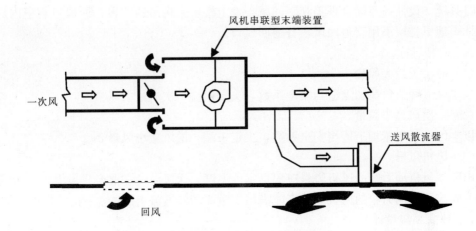

图 6-8-6　风机串联型变风量末端

了带热水盘管（2 排）的风机并联型变风量末端，以满足外区冬季供暖的要求。末端为防止结露现象的发生，送风口均采用了低温风口。外区低温风口沿窗设置。

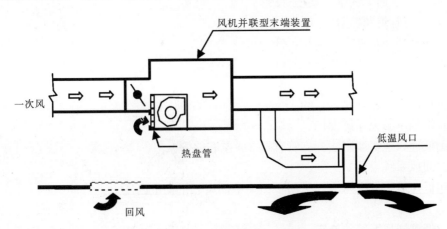

图 6-8-7　风机并联型变风量末端

7. 低温风口的选择

低温送风系统要求的低温风口及安装必需具有以下几个特点：

——风口材料的导热系数要小。

——安装风口时要涂绝缘胶。

——风口几何形状：风速低时气流组织必须靠风口解决，使气流沿吊顶流动。

本工程选用美国进口的低温风口，有方形、长方形、条形三种。

8. 空调风系统

（1）空调系统设计将 3 个楼层空调机组通过风管并联起来，这样可以根据实际末端压力与风量的变化灵活组合或分配风机运行数量和风量。

（2）空调气流组织一般采用上送上回方式，低温风的送风口采用低温风口，送风口与室内灯具统一设计，布局合理美观。回风：地上楼层采用吊顶回风，回风口与室内灯具结合一体；地下楼层采用管道回风，普通回风口。

9. 末端风量选择

（1）一次风最大风量

以本区域峰值负荷加上适当安全系数，决定末端一次风最大风量。

（2）一次风最小风量

以本区域新风量加上适当安全系数，决定末端一次风最小风量

（3）风机风量

串联型风机动力箱的风机风量应根据室内温度、送风温度和混合送风温度三者确定。并联型风机动力箱的风机风量应能满足供暖要求和气流组织的需要。

10. 风管系统设计方法

（1）静压复得法

动压的减少量正好与摩擦阻力相等，维持管路中静压值不变。

$$(p_{V1} - p_{V2}) - h_f = p_{S1} - p_{S2}$$

式中　p_{V1}——断面 1 的空气动压（Pa）；

p_{V2}——断面 2 的空气动压（Pa）；

h_f——管道摩擦阻力（N）；

p_{S1}——断面 1 的空气静压（Pa）；

p_{S2}——断面 2 的空气静压（Pa）。

（2）等摩阻法

单位长度风管摩阻相等，约 1Pa/m。

（3）末端下游风系统设计

采用低速风道等摩阻法，支管宜接 2m 左右软管。

（4）回风系统设计

采用低速风道等摩阻法，采用平顶集中回风、平衡室内压力。

五、低温送风系统的施工

低温送风系统施工中的关键是采取措施降低风管系统漏风量。为此本工程采用了矩形铁皮风管模压法兰技术、超级风管（玻璃纤维风管）施工技术以及加强保温质量等措施。

1. 矩形风管铁皮模压法兰工艺

（1）工艺流程

模压法兰工艺是 20 世纪 90 年代，为了紧跟国际上先进的通风、空调风管制作、安装的技术，适应国内日益发展和扩大的通风、空调安装工程的需要，而从国外引进的较先进的一种技术。矩形风管铁皮模压法兰接口制作同传统工艺的铁皮角钢与法兰铆接成风管相比，采用先进的机械设备使通风管道的法兰与风管连为一体，全部为机械压制铁皮一次成型，四角卡入用模具冲压的角卡，形成完整法兰以代替常规风管中的角钢法兰；并在风管连接时，采用机械压制的铁皮抱卡连接以代替螺栓连接（保留四角螺栓）。

本工艺能够满足各种建筑类型的通风空调工程，在通常压力下（700～1500Pa）其系统漏风率远低于国家标准，并达到更好的美观效果。

模压法兰制作流程图，见图6-8-8。

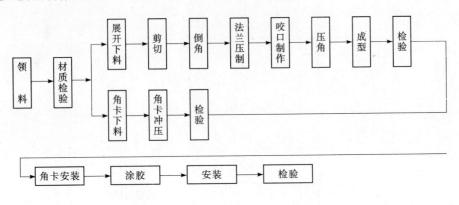

图6-8-8 模压法兰制作流程

（2）工艺特点

1）法兰压制成型

本工艺中法兰是由与风管连为一体的铁皮由专门机械一次压制成型（见图6-8-9），比一般工艺减少了工序，极大地提高了制作速度。

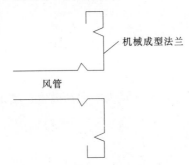

图6-8-9 模压法兰成型图

2）风管成型

风管法兰四角由模具冲压的卡子卡入，形成完整法兰（见图6-8-10），其他部分与普通风管相同，对于尺寸较大的风管（大边长在630mm以上的），可压出加强筋，以保证风管强度。

3）风管连接

首先在法兰槽中嵌入8501或其他材质密封胶条，然后四角用M8mm×25mm螺栓上紧，为了保证漏风率符合标准，四角涂密封胶，且法兰周边用特殊抱卡卡紧（见图6-8-10）。由于减少了螺栓用量，使安装速度明显加快。

2. 风管保温

（1）问题的提出

较低的送风温度造成与周围空气的温差增加，增大了得热；较低的送风温度增加了风管表面结露的可能性。

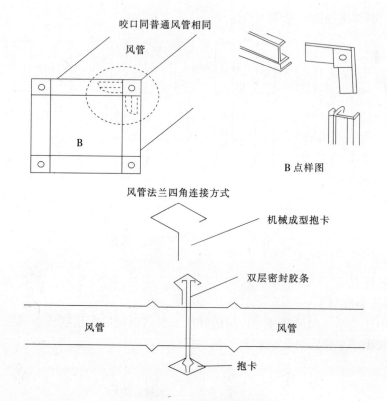

图 6 - 8 - 10   风管连接示意图

（2）措施

严格监控风管施工质量，使风管的漏风率降到最低；增加保温厚度；设置严密的防潮隔汽层。

具体措施如下（见图 6 - 8 - 11）。

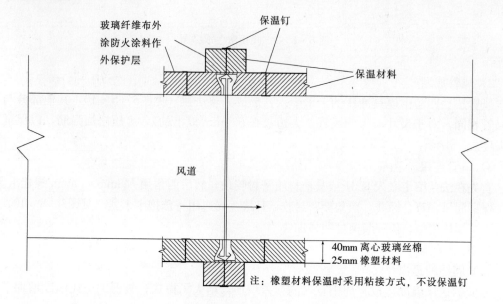

图 6 - 8 - 11   风管保温示意图

1) 风管顶面保温钉的分布、数量必须符合国标要求。

2) 粘接铝箔胶带之前，必须对保温材料的铝箔外表面使用干净布或棉纱擦净。

3) 风管法兰处保温时不允许拼接，可采用切凹槽的形式，但必须保证铝箔层的连续性。其中凹槽宽度大于法兰宽度的数值应小于 5mm。

4) 法兰保温外补的保温条必须进行加固。

5) 在局部风管位置狭窄时，无法使用离心玻璃丝棉板保温时，可使用橡塑保温材料代替。

6) 在送风管完成保温后，采用玻璃纤维布外涂防火涂料作为保护层。

7) 板材拼接缝隙不得大于 2mm。

8) 保温钉外表面必须补贴铝箔胶带，以保证保温防潮层的连续性。

3. 风管打压

(1) 被试压风管范围

主要被测风管范围为空调系统的一次风主管，指从机房到末端设备之前的一次风主管。

对于其他系统测压范围一般也不含支管。

(2) 试压标准

1) 对于送风管道的漏风量标准要求同时满足以下两个条件：

①漏风量应满足美国 SMACNA Balancing Manual 标准，即当压力为 900Pa 时，漏风量小于 $0.9176m^3/$ （h·m^2）。

②风管在满足上述漏风量要求的同时不允许有明显漏风点。

2) 被测风管的实验压力是根据其工作压力确定的，即实验压力等于该风管段的工作压力的 1.25 倍。小于或等于 $0.9176m^3/$ （h·m^2）为合格，反之为不合格。

(3) 试压方法

1) 按图 6-8-12 方法连接试压机和被测风管，要求连接严密及连接软管不漏。

2) 按被测风管的规格及长度计算出风管的表面积（单位为 m^2）。

3) 开动试压机，调整三通调压阀到鼓风机压力等于被测试风管道工作压力，待平稳后读出漏风量（单位为 L/s）。

4) 将漏风量除以被测风管的表面积（m^2），得出单位面积漏风量 L/s·m^2。

5) 将得出的 L/s·m^2 数值与标准要求的漏风率相比较，当小于或等于最大泄漏率者为合格，反之为不合格。用手湿水后以感觉找出漏风处或用肥皂水涂抹风管测漏法找出渗漏点。

6) 凡经试压为不合格的管段进行修补，经修补后用同前的方法再进行测试（但必须在开动试压机后 15min 才读出漏风压差毫米水柱数），仍不合格者须拆除，重新组装或重做，直到合格为止。

7) 所有的测试数据都须做如实的表格记录，修补后再测试也须作修补部位和再测试数据的记录。

(4) 测试数据的确认

1) 所有测试数据和返修记录均须操作人员和质量检查员签字。

2) 为避免重复挪动设备测试，在现场应由施工单位班长、施工员、监理等人进行监测。

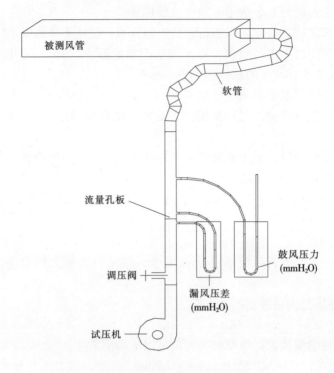

被测风管

软管

流量孔板

调压阀

漏风压差
(mmH₂O)

鼓风压力
(mmH₂O)

试压机

图 6-8-12 风管打压系统连接图

（5）二次打压

按照国家规范要求，通风风管在安装完成后，在进行下一道工序（风管保温）前须进行风管打压，以保证风管漏风量维持在规范允许的范围内，以防止风管结露。

通常空调工程送风主管所在走道空间较紧张，且多数机电管道都集中在走道内，因此送风主管在保温时，为保证保温质量，部分区域必须把风管拆下来，才能保温。保温完成后，再把风管进行重新安装。在此种情况下，风管漏风量无法保证与保温前进行打压时的漏风量一致，且保温完成后的风管连接处如有局部漏风点，将无法检查。而空调工程系统为低温风系统，送风温度为 5～7℃，如有局部漏风点，漏风点所在部位肯定会产生结露现象。且在以往进行打压的过程中发现，即使风管漏风量在远低于设计要求的漏风标准时，也有可能存在局部漏风点。而这种情况在低温送风系统中是不允许出现的，且漏风点必须在风管保温前才能被检查发现，并予以修改。

综合以上原因，为保证工程风管施工质量，空调通风系统采用二次打压措施。即先按常规要求，在风管保温前进行一次漏风量测试，在风管保温完成后，再进行一次漏风量测试。在二次测试数据基本相符的基础上，才能对风管安装质量进行验收。

北大医院

入口精装

屋顶花园

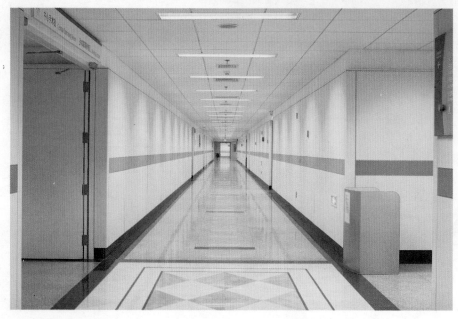

住院区走道

第七章 北大医院

（2003年获鲁班奖）

第一节 工程概况

本工程位于北京市西城区大红罗厂街1号，地处市中心，西临西皇城根北街，东临西什库大街，南侧与原医院住院部相连，北侧为全国人大常委会会议楼。工程为医政、病房及办公为一体的综合楼，是建国以来国家计委、卫生部投资的高标准医院建筑之一。整体造型简洁、现代，力求创造一个温馨、舒适的医疗环境，与周边环境协调统一。

建筑：工程为一类建筑，耐火等级为一级，防震烈度为8度，设防分类为乙类，防水等级为二级。建筑物总长度为165.6m，总宽度为64.8m，总高度为23.97m。总建筑面积61956m²，地下2层，地上6层（不含设备层），地下1层、2层为车库、浴室、库房、放疗科、热力站及变配电室、水泵房、发电机房等设备用房，一层为大堂、影像中心、药房、检验科、病理科中心供应室、血库、放射科、干部接待室、物理康复科等，二层为ICU区域、中心手术部（共设17间手术室，其中洁净度为百级手术室2间，洁净度为万级手术室13间，洁净度为十万级手术室2间）及两个护理单元，3~6层各为4个护理单元，共计18个护理单元。外立面首层为干挂石材墙裙和高级面砖镶贴，2层以上为组合镶贴的高级面砖，建筑物南侧3层以上转角及6层设有明框玻璃幕墙，开启窗为显框铝合金窗，中空玻璃，东西正门门头设有9m宽轻型钢结构雨篷，外包铝板。见图7-1-1。

结构：结构形式为钢筋混凝土框架结构。地下室共2层。地下结构超长，且单层面积较大（9832m²）。底板底标高大部分为-10.0m。基础形式为柱下梁板筏基，板厚为500、600及800mm。反梁尺寸为650（500）mm×1500mm，按轴线呈网格状分布。地下外墙厚度为350mm。结构设计用三个后浇带将结构分为四个区段。地下室底板、基础反梁、地下外墙为C30S8抗渗混凝土，地下室底板为聚氯乙烯PVC卷材（1.5mm厚×1层），外墙防水为3000防水卷材（1.5mm厚×1层）。地上共6层，2层与3层之间为设备层，1、2层结构为连体部分，3层以上结构分成两部分，各部分结构设有室外钢连廊。为防止结构超长产生裂缝，首层、2层及3层沿纵向于梁及板内设有无粘结预应力钢筋。

除常规的机电工程外，还有体现现代化医院特殊机电功能（诸如气体传送管道、洁净空调以及手术室特殊功能）和建筑物智能化管理系统。除常规分部分项工程，还包括中心手术室、医疗气体管道、消防系统、智能建筑弱电、中心手术室、屏蔽工程、物流传送系统、消毒供应设备安装与调试、整体卫浴、气体灭火（烟烙尽）系统等特殊分项工程。

该工程2003年荣获鲁班奖。

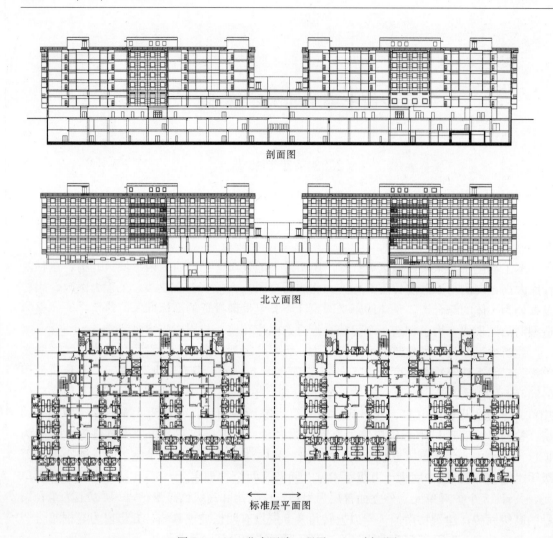

剖面图

北立面图

标准层平面图

图 7-1-1 北大医院工程平、立、剖面图

第二节 工程的特点、难点

1. 特殊的使用功能

本工程为医政、病房及办公为一体的综合楼，整体设计具有医院特有的功能性和复杂性。因此必须要以一流工程策划，一流的施工组织、管理和协调，一流的控制和实施以及一流的服务，用"过程精品"实现一流的建筑风格和建筑物特殊的使用功能，使本工程成为整洁明快、宽敞卫生，满足医院功能的环保节能型绿色建筑。

2. 结构的复杂性

（1）本工程结构较为特殊，其占地面积较大，地下室轴线长度为 165.6m，属超长工程，设计要求周边外墙不得留除后浇带以外的任何竖向施工缝，保证其周边外墙连续浇筑的质量是结构施工的关键之一。

（2）本工程基础底板面积大，反梁较多，基础底板需要混凝土连续浇筑施工，保证其浇筑质量是结构施工的关键之二。

（3）本工程的地下室车库、汽车坡道以及功能性用房为地下功能中较为重要的部分，地下室车库空间较大、结构复杂，尤其是保证坡道、入口、行车道、停车带、功能性房间等处的标高、坡度，尤其是标高控制是结构施工的关键之三。

（4）本工程结构超长、楼层标高层次较多，且楼层平面变化较多，因此控制各楼层标高、定位和垂直度，保证地下室、医疗综合楼、楼体间的连廊符合设计和规范要求是结构工程的关键之四。本工程结构工程最为重要的是对工程测量、放线、定位和测量误差的控制。

（5）本工程的混凝土工程，特别是对地下部分和特殊部位（模拟机房、后装机房、深层治疗室、直线加速器室等）的混凝土浇筑要求较为严格，混凝土强度等级也较多，因此本工程的混凝土工程检验和试验非常重要。

（6）本工程为医用综合楼，施工、安装时涉及到很多特殊的医疗设备或仪器，结构施工期间与设备的配合预埋工作比较复杂。另外，建筑物还采取了相应的降低噪声的措施。

3. 特殊的功能和众多的装修做法

本工程除地下车库、众多的常规性用房、功能性房间和设备房间之外，还包括各类特殊的试验室、医用专业库房、制样室、标本室、分析室、各类治疗室、研究室等以及特殊的部位，诸如直线加速器室等，而且墙体结构变化较多、楼内功能分区较多，地面做法和顶棚装修做法和各类门及五金种类和装饰材料繁多。同时，鉴于医院的特殊性，无论结构施工、安装还是装饰施工，都要考虑材料的环保性能，对材料环保标准和档次的确定和材料选型以及施工工艺提出了很高的要求。

4. 特殊的机电要求

本工程机电工程除常规的机电专业外，尤为重要的是体现现代化医院特殊机电功能（诸如气体管道、洁净空调以及手术室、无菌室等特殊功能）和建筑物智能化弱电系统。本工程对机电工程尤其是智能化弱电系统的二次专业设计、系统功能和设备材料标准档次的确定和材料设备选型和现场安装工艺等提出了很高的要求，同时对材料设备的节能和环保性能提出了特殊要求。

5. 工程的紧迫性要求

本工程工期目标为 2001 年入冬以前竣工，工期紧、任务重，通过人、财、物力的投入和有力的保证措施，进行科学的策划、组织、管理，高效地协调和实施、有效地控制，通过计划管理，使工程按照业主的要求完成是本工程十分重要的内容。

6. 其他施工难点

（1）建筑物超长，须采用防止结构出现裂缝的一系列结构处理措施和施工措施。

（2）建筑高度受限，层高较低，而建筑平面面积较大，给室内装修与机电管线排布带来较多困难。

（3）医院建筑特殊的功能要求，对装饰及机电设备选型定货方面也提出抗酸、抗碱、抗溶剂等特殊要求。

第三节　直线加速器大体积混凝土施工

直线加速器室因严格的防辐射要求在结构及机电预埋及以后的装修等各方面都有其特殊性。

超厚的墙及顶板对钢筋绑扎定位及支撑造成一定的困难，尤其模板施工难度较大，北侧及东侧顶板侧模只能支撑于护坡上面，南侧及西侧在-4.27m部位板在墙中部，而且要同直线加速器室顶板一起浇筑，使上部侧模板的支撑和定位也比较困难。

墙及顶板超厚，为大体积混凝土，施工时要按大体积混凝土的要求施工，采取相应的控温及养护措施，防止产生裂缝是工程的重点和难点。除规定的两道水平施工缝外不得留置任何其他施工缝，尤其是不得留置竖向施工缝，混凝土量也比较大，必须保证混凝土连续浇筑。

一、构件特征
1. 顶板
——厚度为1300mm，净跨度为1100mm×8950mm；
——厚度为1300mm，净跨度为1800mm×9250mm；
——厚度为1300mm，净跨度为2400mm×8950mm；
——厚度为1600mm，净跨度为2100mm×8650mm；
——厚度为1600mm，净跨度为2400mm×8650mm；
——厚度为2500mm，净跨度为3300mm×7750mm；
——厚度为2800mm，净跨度为3500mm×7050mm。
2. 墙体
——宽度为800mm，长24300、11050mm；
——宽度为1000mm，长7350mm；
——宽度为1300mm，长2400、1300mm；
——宽度为1500mm，长2900mm；
——宽度为1600mm，长21000、2400、10250mm；
——宽度为2500mm，长3300mm；
——宽度为3200mm，长3500mm；
——宽度为800mm，长24300、11050mm。

二、施工缝留设
1. 两侧墙体后浇带
直线加速器室两侧外墙各有一条800mm墙体后浇带（L/19～20轴、23/J～K轴），在底板顶标高以上250mm处，即-9.15m开始留设，钢板止水带成U形闭合。
2. 第一道水平施工缝
为施工方便，第一道水平施工缝留在-8.50m标高（基础反梁顶标高），留成企口形式，墙体错开搭接范围预留插筋。

3. 第二道水平施工缝

根据设计要求，第二道水平施工缝统一标高留设，留在-5.6m标高。

4. 地下一层板施工缝

直线加速器室南侧及西侧地下一层板（-4.27m）在直线加速器室墙中部，为满足防辐射要求，及考虑施工便利，并征求设计院意见，-4.27m板、梁在距直线加速器室墙皮500mm处，留设一道施工缝。与直线加速器室墙相连部分板、梁混凝土同直线加速器室墙体一起浇筑。

5. 顶板顶标高处施工缝

直线加速器室顶板以上外墙施工缝留100mm高企口，浇筑上部抗渗混凝土时加30mm×20mm遇水膨胀止水条。内侧在板面留水平施工缝。

除以上规定部位施工缝外不得留设任何施工缝。

三、结构施工

1. 钢筋工程

因防辐射要求及构件尺寸关系，根据设计要求，钢筋保护层厚度为60mm。板下铁用60mm厚，70mm×70mm混凝土垫块。双层钢筋间距为150mm，中间用拉结筋（竖向）或马凳（水平）支撑。因墙体较厚，定位钢筋用φ20以上钢筋制作。

为保证双层板钢筋间距均匀，板双层筋之间用φ22钢筋做马凳支撑，间距1000mm设一道，2500mm及2800mm板厚部分分开设置。马凳长1000mm，横筋两端悬臂100mm，两支腿间距800mm，高度根据需要制作。

因墙较厚，竖向钢筋容易变形，板筋绑扎到墙筋上易使墙筋发生变形，在墙的两片钢筋之间加斜支撑或在墙内设马凳支撑。

2. 模板工程（计算略）

（1）顶板模板

1）厚度为1300mm顶板模板

模板面层选用12mm厚双面覆膜竹胶板，次龙骨采用40mm×90mm木方，间距不大于200mm，主龙骨采用双根背靠背[10槽钢做支撑（单根[10槽钢虽能满足要求，但肢短不容易固定，两槽钢用M12@1000mm螺栓连接），间距600mm，支撑采用碗扣支撑体系，立杆间距300mm，横杆步距600mm。

2）厚度为1600mm顶板模板

模板面层选用12mm厚双面覆膜竹胶板，次龙骨采用40mm×90mm木方，间距不大于150mm，经计算主龙骨采用100mm×100mm木方不能满足要求，因此主龙骨采用双根背靠背[10槽钢做支撑（单根[10槽钢虽能满足要求但肢短不容易固定，两槽钢用M12@1000mm螺栓联结），间距600mm，支撑采用碗扣支撑体系，立杆间距300mm，横杆步距600mm。

3）厚度为2500mm、2800mm顶板模板

模板面层选用双层12mm厚双面覆膜竹胶板，次龙骨采用40mm×90mm木方，间距不大于100mm，主龙骨采用双根背靠背[10槽钢（两槽钢用M12@1000mm螺栓联结），间距600mm，支撑采用碗扣支撑体系，立杆间距300mm，横杆步距600mm。

顶板模板支撑脚手架因横杆长度模数关系在周边如出现不合适情况，要增加立杆并用扣件横杆与整架连接。或采用交错方式保证顶板模板周圈支撑强度。顶板模板在混凝土强度达到设计标准值100％后再晚一周方可拆除。因顶板支撑较密，直线加速器室内第二道施工缝以上侧模板同顶板一起拆除。

（2）顶板侧模板

模板面层为15mm覆膜多层板，次龙骨采用40mm×90mm木方竖向设置，间距不大于150mm，水平向采用双根背靠背[10槽钢做背楞间距400mm。采用M22对拉螺栓，水平间距800mm。外墙部分用止水型加焊80mm×80mm×5mm止水片，内墙对拉螺栓埋在墙混凝土中，对拉螺栓两端加锥形垫，剔除后将螺杆外露部分割除，用膨胀砂浆补平。

因有塔吊盲区，多数侧模板配成2440mm、1220mm两种规格，模板宽度可根据实际需要进行调整，一般不超过2440mm宽。模板高度3.6m。南侧、西侧侧模板及内侧侧模板高度根据需要配制，但因侧压力相同，龙骨间距、背楞间距不变。

北侧及东侧侧模板在板底标高以下用螺栓对拉，外侧用可调支撑或100mm×100mm木方配木楔支撑于护坡桩上，支撑水平间距800mm，支撑端部垫木方。内侧模板用钢管做斜撑。

（3）墙侧模板

墙模板内混凝土净高3.2m，模板配制高度3.4m，模板面层板15mm厚覆膜多层板，次龙骨间距150mm，双[10槽钢背楞间距400mm，对拉螺栓水平间距800mm。模板宽度以2440mm、1220mm为主。

（4）墙体重点、难点部位的模板施工方法

1）墙下口施工缝处：因企口缝高300mm，墙下第一道对拉螺栓无法穿过，现作如下修改：将该处对拉螺栓割断，与附加的φ25水平钢筋单面焊10d，紧贴企口缝上口位置加一排对拉螺栓，间距按500mm。

2）墙上口施工缝处：该处先支设企口模板，模板与搭设的操作架上的钢管连接、锁牢，模板下端放在预埋的对拉螺栓上。

3）西南阳角处：该阳角内侧沿45°方向加三排对拉螺栓@600mm，竖向间距500mm，20～21轴之间变截面的墙，南北方向加对拉螺栓，间距不大于500mm。

4）室内所有阳角均按电梯井阳角节点的大样做法，阴角处的钢管相互锁紧。

5）对拉螺栓@600mm，用120mm×80mm×10mm的钢板作垫片，用双螺母锁紧钢板，调整好模板尺寸后，后一道螺母与对拉螺栓点焊牢固，两钢管之间间距不大于20mm，且通高分三处用钢筋点焊连接牢固。

6）反梁或电梯井筒处加钢管锁紧，斜撑下端与该处钢管相连，上端设调节丝杆加100mm×100mm木方支撑在模板上，斜撑下端均需加100mm×100mm木方；电梯井筒内壁相应位置也要加支撑，撑在另一道井壁墙上。

（5）施工注意事项

1）顶板模板因跨度大，自重大，应按2‰起拱。

2）为防辐射，所有穿墙螺杆不能加套筒。

3. 混凝土工程

——直线加速器室墙厚达1.3m、1.6m、2.5m、3.2m，顶板厚达1.3m、1.6m、

2.5m 及 2.8m，为大体积混凝土，为保证施工质量，按大体积混凝土施工要求进行施工。施工控制重点为分层浇筑及温度控制。

——直线加速器室混凝土浇筑量约为 1226m³，分三次浇筑，第一次浇筑底板及基础梁（C30S8），混凝土量约为 215m³，浇筑至 - 8.50m 标高，同该段底板其余部分一起浇筑。第二次浇筑墙体（C25S8），混凝土量约为 310m³，浇筑至 - 5.60m 标高。第三次浇筑墙体剩余部分及顶板（C25S8），混凝土量约为 616m³，浇筑至 - 2.30、- 2.60m。

—— - 8.50m 以下（混凝土底板及侧墙）为 C30S8，水泥采用普通硅酸盐水泥。- 8.50m 以上（混凝土侧墙及顶板）为 C25S8，水泥采用水化热较低的矿渣硅酸盐水泥，混凝土密度 ≥ 2400kg/m³。

——由于直线加速器室墙、板厚度不同，现场混凝土浇筑后温度应力仅根据水泥选料及选择最大浇筑厚度计算。

（1）混凝土的施工

1）技术措施

为保证混凝土工程在夏季期间的施工质量，采取如下措施：

① 为保证混凝土不开裂，在混凝土中应掺加缓凝剂或减水剂。

② 在风雨或暴热天气运输混凝土，罐车上应加遮盖，以防进水或水分蒸发。

③ 在高温炎热季节施工时，要在混凝土运输管上遮盖湿罩布或湿草袋，以避免阳光照射，并注意每隔一定的时间洒水湿润。

2）混凝土温度控制和收缩裂缝预控措施

① 混凝土温度控制

为了有效地控制有害裂缝的出现和发展，必须从控制混凝土的水化升温、延缓降温速率、减小混凝土收缩、提高混凝土的极限拉伸强度、改善约束条件和设计构造等方面全面考虑应采取的措施。

a. 降低水泥水化热

——选用低水化热混凝土；

——充分利用混凝土的后期强度，减少每立方米混凝土中水泥用量。根据试配、试验水泥用量，强度等级为 32.5 号的水泥严格控制在 345kg/m³ 以内；

——使用粗骨料，尽量选用粒径较大，级配良好的粗骨料，如：密云产碎石，掺加粉煤灰等掺合料、掺加相应的减水剂、改善和易性、降低水灰比，以达到减少水泥用量、降低水化热的目的。

b. 降低混凝土入模温度

——选择较适宜的气温浇筑大体积混凝土，尽量避开炎热天气浇筑混凝土。夏期采用低温搅拌混凝土，对骨料进行护盖或设置遮阳装置避免日光直晒，运输工具应搭设避阳设施，以降低混凝土拌合物的入模温度。

——掺加 FS - H 复合型外加剂，初凝时间延长到 16h。

——在混凝土入模时，入模温度不大于 25℃，采取措施改善和加强模内的通风，加速模内热量的散发。

c. 加强施工中温度控制

——在混凝土浇筑之后，做好混凝土的保温、保湿养护，缓缓降温，充分发挥徐变特性，减低温度应力，夏季应注意避免暴晒，注意保湿，以免发生急剧的温度梯度发生。

——采取 14d 时间的养护，规定合理的拆模时间，混凝土浇筑后 7d 拆侧模，延缓降温时间和速度，充分发挥混凝土的"应力松弛效应"。

——加强测温和温度监测与管理，实行信息化控制，随时控制混凝土内的温度变化，内外温差控制在 25℃ 以内，混凝土降温速度不大于 $1.5\sim2℃/d$，及时调整保温及养护措施，使混凝土的温度梯度和湿度不致过大，以有效控制有害裂缝的出现。

——合理安排施工程序，控制混凝土在浇筑过程中分层浇筑厚度，避免混凝土拌和物堆积过大高差。在结构完成后及时回填土，避免其侧面长期暴露。

d. 改善约束条件，消减温度应力

采取分层浇筑大体积混凝土，要求混凝土分层厚度为 $15\sim25cm$，以放松约束程度，减少每次浇筑长度的蓄热量，以防止水化热的积聚，减少温度应力。

e. 提高混凝土的极限拉伸强度

——选择良好级配的粗骨料，采用密云产机碎石，严格控制其含泥量，含泥量不大于 1.0%。加强混凝土的振捣，提高混凝土密实度和抗拉强度，减少收缩变形，保证施工质量。

——采取二次投料法，二次振捣法，浇筑后及时排除表面积水，加强早期养护，提高混凝土早期或相应龄期的抗拉强度和弹性模量。

——在大体积混凝土基础内设置必要的温度配筋，在截面突变和转折处，底、顶板与墙转折处、孔洞转角及周边，增加斜向构造配筋，以改善应力集中，防止裂缝的出现。

②其他预控措施

混凝土浇筑时，振捣要密实，以减少收缩量，提高混凝土抗裂强度。并注意对板面进行抹压，可在混凝土初凝后，终凝前，进行二次抹压，以提高混凝土抗拉强度，减少收缩量。混凝土浇筑后，应及时进行养护（顶面蓄水养护，侧墙在拆模后喷水养护）。

（2）混凝土浇筑

1）考虑到交通高峰期时造成堵车，将该部位混凝土浇筑时间定在晚上八点开盘，同时夜间环境温度较低，有利于减少混凝土浇筑期间的蓄热量。

2）另外要合理安排施工程序，使两台汽车泵顺序循环分层浇筑混凝土，分层厚度严格控制在 $200\sim250mm$，用标尺杆检查，振捣密实以表面出浆为准，控制混凝土浇筑过程中均匀上升，避免混凝土拌合物堆积过大高差，防止水化热的聚集，消减温度应力。

3）预先在模板上口四周留设泄水孔。在浇筑混凝土前清理流畅，以使混凝土表面泌水排出。当混凝土浇筑接近尾声时，将混凝土泌水排集到模板边，顺泄水孔流出或用真空泵将水抽出。

4）大体积混凝土养护期间需严格控制，其内外温差在 25℃ 范围内，养护主要达到保温、保湿的目的。混凝土浇筑后 12h 内在混凝土上表面覆盖塑料布及两层麻布袋，在侧面模板外侧悬挂包覆一层塑料布，一层麻布袋形成保温层，以保证混凝土表面温度不至过快散失，减少混凝土表面的温度梯度，防止产生表面裂缝，充分发挥混凝土的潜力和材料的松弛特性。使混凝土的平均总温差产生的应力小于混凝土的抗拉强度，防止产生贯穿裂缝。在混凝土强度发展阶段，同时连续蓄水养护保湿。潮湿的条件可防止混凝土表面发生脱水而产生干缩裂缝，另外，可使水泥的水化顺利进行，提高混凝土极限抗拉强度，拆侧模时间应控制在 7d。

（3）测温

1）测温仪器的选用和埋设

测温仪器选用 JDC-2 型携带式电子测温仪及其相匹配的埋入测温元件。全部测温孔均按平面布置图编号，每组测温点元件埋设 3 个深度，分别为 200mm、浇筑高度的中间位置、浇筑底标高返 200mm 高位置。这样就可真实地反映混凝土内外温差、降温梯度和温升的均匀性。将测温元件按不同测定深度定位，将其引出线绑扎在一起，固定在与板中上、下层钢筋绑在一起的竖向钢筋支棍上，让测温线的插头露出混凝土表面 300～500mm，并用塑料布包扎保护好。根据温差，再增减保温层的厚度。

2）测温

①每个工作班对混凝土入模温度测定 4 次。

②混凝土从开始浇筑 15d 之内每隔 2h 测量一次。以后对混凝土上、中、下面和大气温度每昼夜测定 4 次。

③由于直线加速器室层高高，浇筑截面面积大，为保证浇筑质量，减少温度裂缝，共分三次浇筑。第一、二次混凝土浇筑后的测温应持续到下一次浇筑开始前；最后一次混凝土浇筑后的测温应达到 28d，混凝土浇筑 14d 以后可每昼夜测温 2 次。

（4）混凝土养护

1）通过降低混凝土块体里外温度差和减慢降温速度来达到降低块体自约束应力和提高混凝土抗拉强度，以提高承受外约束应力时的抗裂能力，对混凝土的养护是非常重要的。

2）混凝土浇筑前，应准备好在浇筑过程中所必须的抽水设备和防雨、防暑措施。混凝土的养护，墙、梁混凝土采用涂刷养护剂及浇水的方法进行养护，大体积混凝土用顶面蓄水养护。

3）夏期施工时，覆盖保温在混凝土浇筑完毕后及混凝土终凝后进行。

4）抗渗混凝土的浇水养护时间不得少于 14d。

第四节 橡胶地面施工

目前公共建筑地面装修材料多种多样，橡胶地板以其独特的性能、丰富的装饰效果，逐渐在各种建筑地面中开始使用。北大医院住院二部病房楼工程针对医院环境的要求，在医院病房及有关公共走廊区域的地面采用了德国科德宝建筑系统公司的"诺拉"橡胶地板。该材料主要由合成橡胶、天然橡胶和矿物填充料组成，并有配套的铺贴用自流平材料和粘结材料。该橡胶地板具有抗香烟烧灼、阻燃抗化学侵蚀、防静电、防滑和吸收脚步声的功能。同时具有耐磨、无毒无害、耐污垢、清洁简单、尺寸稳定、具有永久弹性的特点。

一、施工准备

（1）根据"诺拉"地板的有关说明，熟悉产品使用方法，熟悉相关的施工规范要求和使用材料的技术说明书。

（2）安排好存放材料、工具的临时库房、施工所用水源、电源，水、电临时布置必须符合安全生产技术规范要求。在每个施工区域，提供必要的施工照明。根据工艺要求配备相应的施工人员、施工机具、照明条件，准备充足的施工材料。

（3）主要施工用材料如下。

基层处理：选用德国汉高公司"妥善"R762 或 R710 界面处理剂、石英砂；

底层涂刷：选用"妥善"R777 界面处理剂、"妥善"R760；

面层涂刷：选用"妥善"AGL－DX；

铺贴材料：选用 2mm 厚橡胶卷材"妥善"K188⑧超强地板胶或"妥善"R710 双组分地板胶、橡胶焊条或冷焊胶。选用"丽宫"去蜡水、清洁剂。

（4）主要机具设备：温湿度计、含水率测试仪、硬度测试仪、2m 水平尺、游标塞尺、磨地机（1000W 以上）、工业吸尘器（2000W 以上）、电动搅拌器（700W 以上）、刮板、放气滚筒、割刀、钩刀、切边刀、2m 钢直尺、手推软木块、钢压辊等。

二、橡胶地板铺贴工艺流程及操作要点

1. 工艺流程

地坪检测→地坪处理→自流平施工→地板预铺→上胶、粘贴→清洁保养→分项验收

2. 操作要点

（1）地坪检测

1）要求室内温度和地面温度以 15℃为宜，5℃以下和 30℃以上不适合施工，空气相对湿度在 20%～75%。

2）基层含水率小于 3%。

3）地面基层的强度不低于混凝土强度标准 C20 的要求。基层表面硬度不低于 1.2MPa

4）基层平整度，用 2m 水平尺检查小于 2mm。

（2）地坪处理

1）先除去地面的污染，如油污、蜡、漆、涂料等，用 1000W 以上的地坪打磨机打磨地坪，可选用 16 号金刚砂磨片打磨，地坪高差大于 4mm 时可选用金刚石磨块打磨。

2）打磨完成后用不小于 2000W 的工业吸尘器将地面灰尘吸干净。

3）清理完成后检查地面，对地坪的裂缝用"妥善"R762 或 R710 界面处理剂掺石英砂进行修补。

3. 自流平施工

（1）底油涂刷：涂刷底油是自流平施工前的必要工序，起着封底和界面处理的作用，并可增强自流平的流淌性。对于吸水性地面采用"妥善"R777 界面处理剂（按 $150g/m^2$）与水按 1∶1 的比例稀释后进行底涂；对于非吸收性基层采用"妥善"R760 密实性界面处理剂进行底涂。涂刷时使用吸水性好的羊毛滚，浸上底油按顺序均匀涂刷，涂刷后 2～4h 内做自流平施工。

（2）待底涂表面风干后，将"妥善"AGL－DX 自流平按规定的水灰比（自流平水泥∶水＝25kg∶6L）混合后，使用专用搅拌器（功率大于 700W，转速小于 600r/min，直径 120mm 的碟形搅拌头）搅拌均匀，并无结块。将搅拌好的自流平浆料倾倒于地面，使

用专用齿板和耙子将较厚的浆料刮平，使其自动流平，批刮时刮板与地面要垂直，并左右往返批刮。大面积施工操作时要协调好每个施工人员操作的速度和流平界面的连接，以保证流平的连续性。若一个房间流平不能一次施工完，必须留槎时，流平边缘处要做成斜坡形。

（3）自流平流平后，因地面吸收水分和浆料搅拌时会产生大量气泡，因此在流平表面未干燥前使用放气滚随流平施工的顺序滚动排除气泡，避免产生气泡麻面和接口高差。

（4）流平施工完毕后，要立即封闭现场，10h 以内禁止行走，20h 以内避免重物冲击，1～2d 后方可进行橡胶地板的铺设。

4. 地板预铺

（1）无论橡胶卷材和块材，都要现场放置 24h 以上，使材料温度与现场环境温度一致，使材料记忆性还原。

（2）橡胶卷材背部标注有箭头，卷材侧边一边是光边，一边是毛边。铺设时要保持背部箭头方向一致，侧边要相互重叠搭接，重叠宽度为 30mm。

（3）卷材接缝处的切割：卷材切割线应距毛边 20mm，距光边 10mm 重叠切割，注意保持切割时的力量一致，保证一刀割断，避免多刀切割，造成边缘不吻合。

5. 上胶、粘贴、焊接

（1）橡胶地板按房间形状切割完成后，将卷材按卷间隔卷起，用吸尘器将地面和卷材背面清洁一遍。根据橡胶地板种类的不同选用"妥善"K188⑧超强地板胶和"妥善"R710 双组分橡胶地板胶，用专用刮胶板涂刷于地面。超强地板胶应在刮胶后等待 10～20mim，"妥善"R710 双组分地板胶刮胶后即可粘贴。铺贴时应注意接边的吻合、排气并及时滚压。滚压时先用软木块推压平整并挤出空气，然后使用 50kg 钢压辊滚压，使用双组分地板胶应在 2h 后重复滚压一遍。滚压后及时清除多余的胶水和修整拼接处的翘边。

（2）焊接：焊缝必须在地板铺设 24h 后进行。焊接有冷焊和热焊二种方法。

热焊：首先用钩刀齐接缝线钩一条 3.5mm 宽，1.5mm 深的槽，注意不能割穿，并保持深浅一致。开槽后用专用焊枪焊接，焊枪温度调节到 400～450℃，焊接移动速度为 4m/s，将焊条熔入槽内，焊接过程中注意对地板的保护，避免烧坏。待焊缝处充分冷却后，使用铲刀铲去突出板面的焊条，铲切时铲刀直接贴地面铲切，避免造成焊缝凹陷和切入地板。

冷焊：首先将蜡涂抹在接缝处，宽度不少于 40mm，待蜡干燥后用开槽刀开 2.5mm 宽槽，用胶枪将冷焊胶打入槽内，再用填刀填入槽内并抹平，12h 后将挤出槽外的冷焊胶揭去即可。

6. 清洁与保养

因橡胶地板表面有一层保护蜡，要使用橡胶地板配套的"丽宫"去蜡水去蜡，然后使用清洁剂进行清洗。严禁使用甲苯、香蕉水等高浓度溶剂，清洁过程中避免损伤地板表面。

三、施工节点的处理

（1）病房内踢脚：室内橡胶地板做圆弧上墙，橡胶板下墙角与地面 90°阴角处加做半径为 10mm 水泥垫角线。

（2）护士站服务台节点处理：自流平施工前用中性硅胶将护士台与地面间缝隙全部打胶封闭。铺设橡胶地板时橡胶地板与护士台立面直接接缝。

（3）走廊橡胶地板与地砖、石材节点（包括卫生间门口）：橡胶地板铺设后比石材或地砖略低 0.5～1mm。若过门石高出橡胶地面过大，可将过门石倒角 45°，使其完成面高于橡胶地面 0.5～1mm。

四、质量要求

（1）自流平基层目前尚无国家和行业标准，根据材料供应商的企业标准，自流平表面应平整、洁净，用 2m 直尺检查允许间隙不大于 2mm。

（2）橡胶地板面层按《建筑地面工程施工及验收规范》（GB50209—2002）的要求执行。具体标准如下：

1）表面应平整、光洁、无皱纹，四边顺直，不翘边和起泡。

2）接缝严密、平整，无焦化变色、斑点焊瘤和起鳞等缺陷，其凹凸允许偏差为±0.6mm。

3）橡胶板面层平整度用 2m 直尺检查，允许间隙不大于 2mm。踢脚板上口应平直，拉 5m 直线检查，允许偏差为±3mm，侧面应平整，接槎严密，阴阳角应做成圆角或直角。

第五节 整体卫生间安装技术

本工程共有 18 个护理单元，其中 B 区 4、5、6 层病房卫生间采用海尔整体卫生间，每层 33 套，共计 99 套，整体卫浴间安装数量多，工期短，各专业间施工交叉配合、协调施工难度大。

一、各专业施工准备及安装施工条件

（1）土建装饰专业：根据施工图纸弹出本层标高 1.0m 控制线及整体卫生间定位十字线。

（2）强弱电专业：在原陶粒砖墙体上弹出电源线盒相应的位置线，强弱电专业按此线完成线管预埋和穿线工作。

（3）通风专业：将砌筑墙体上预留的通风口处连接套管安装完成。

（4）给排水专业：根据卫生间内上下水管、暖气管位置、标高，由管井内引出支管，做好预留接口，并安装好临时阀门。

（5）现场施工用电和照明用电电源接通。

（6）材料准备：按整体卫生间配货明细清单准备。

（7）工具准备：角磨机 2 只（600W），手枪电钻 2 只（300W）。电动螺钉旋具 3 只（含充电器）、扳手、螺钉旋具、手锤若干、电箱 2 个。

（8）检测设备：线坠、试压泵、水平管、线板。

二、整体卫浴间安装施工工艺

（1）安装工艺流程：

弹线套方、标高测定→防水底盘安装→地漏、污水法兰安装→底盘试水→墙面板拼装→上水支管连接、保温、试压→墙面板组装→门框安装→顶板安装→电管、电盒安装、穿线→内部边缝打胶→墙板淋水→洗面台、防水镜、灯具等安装→玻璃隔断安装→暖气、坐

便、五金安装→门扇安装→清理现场→整体报验→轻钢龙骨石膏板围护墙安装。

（2）安装施工：按海尔整体卫浴间安装手册执行、操作。

（3）整体浴室框架安装完成后，进行电气穿线，安装面板。

（4）为便于成品保护，坐便器可最后安装。

（5）上水管保温连接后进行试压，试压泵保压值为 0.6MPa/min，现针对现场安装情况，保压时间调整为 5min。

（6）下水管渗漏检查：将下水管（洗面台、淋浴盘地漏、坐便器）用相应的 PVC 管件和专用 PVC 冷焊胶粘接，将下水口封堵，防水盘注满水，观察 2h 不渗漏。

（7）墙板：墙板打完胶，胶干后用龙头冲刷，冲刷时间 1h，保证边角缝隙打胶处不渗漏。

（8）发生渗漏的解决方法：

1）上水：在卫浴间内部将上水贯通件拆除，将整套水管从壁板背面取出，维修或更换渗漏点管件。

2）墙板渗漏：打完胶后，作仔细检查，才能将胶带撕掉，如发生渗漏，可将渗漏部位胶剔除，重新打胶。

三、整体卫生间安装质量标准

整体卫生间安装质量标准见表 7-5-1。

整体卫生间安装质量标准   表 7-5-1

项 目	质 量 要 求	检查方法及仪器
一、检查附件是否齐全	按装箱单及合同要求	目检
二、检查零部件是否存在质量问题	1. 顶板、壁板：内表面应光洁平整，无裂纹、无气泡，颜色均匀；外表没有缺陷、毛刺等缺陷，切割面应无分层，毛刺	在光照度 60lx 现场离物品 600mm 地方用肉眼观察
	2. 金属件外观应符合下列规定：表面加工良好，无毛刺、伤痕、锈蚀、气泡等明显缺陷；电镀部分无电镀层脱落等明显缺陷；喷漆部分无脱落、斑点、创伤、锈蚀等明显缺陷	
	3. 其他各部件外观无明显缺陷，无异味。	
三、防水盘安装	1. 检查防水盘水平尺寸；尺寸偏差不高于±5mm	用直尺测量
	2. 地漏与防水盘结合面不得出现错位，紧固不到位现象，涂胶要均匀，量要合理	目检
	3. 污水法兰同防水盘的粘结处完全密封	目检
	4. 防水盘要调整水平	用水平仪测量
	5. 离地高度：不高于 250mm	用直尺测量
四、壁板组装	1. 现场壁板切割按尺寸加工，切割平直	用直尺测量
	2. 加强板粘贴牢固	目检
	3. 壁板接合处平整；螺栓是否紧固；加强管是否安装牢固	目检
	4. 安装螺钉数目及位置正确	目检

续表

项　目	质　量　要　求	检查方法及仪器
五、顶板组装	1. 壁板拼接应牢固	目检
	2. 加强管是否安装牢固	目检
	3. 安装螺钉数目及位置正确	目检
六、组装壁板、门、顶板	1. 壁板与防水盘对接缝应平直	目检
	2. 壁板与壁板之间的角缝均匀	目检
七、安装内部零部件	1. 各零部件按照图纸要求安装到位	目检
	2. 洗面台安装牢固可靠	目检
	3. 浴缸与防水盘配合良好	手触、目检
	4. 座便器与防水盘安装牢固可靠	手触、目检
	5. 打胶应均匀	目检
八、接电检查	1. 打开开关灯亮，无漏电现象	目测灯亮
	2. 其他电器通电后可正常使用（按其技术要求）	通电实验
	3. 电源插座通电	测电笔测量是否漏电
	4. 换气扇通电后排气，噪声不高于 50dB	通电实验
九、接水检查	1. 马桶抽水流畅，冲水后不渗漏	放满水冲水目测是否流畅
	2. 浴缸（淋浴盘）上、下水流畅无渗漏	同上
	3. 洗面台下水流畅无渗漏	同上
	4. 冷热水接法正确，左转热水右转冷水	打开水龙头实验冷热水
	5. 地面防滑通畅	放水实验
十、连接部位密封性	1. 壁与壁、壁与顶、壁与底连接无漏水和渗漏现象	目测
	2. 门与门框上下左右无明显差异	目测

四、成品保护及安全消防注意事项

（1）壁板（框架）打胶时贴美纹胶带纸保护，避免打胶时污染壁板。

（2）卫生间整体安装完成后用硬纸板将卫浴间门、地面、墙面覆盖保护。内部五金件用包装泡沫纸加以保护。

（3）在安装完毕验收前，不允许其他人员进入，因施工须进入房间时，办理好交接手续，确保产品完好无损。

第六节　手术室的施工

1. 独立的八角形内壳，独立的八角形气密封内壳，层次性压差防止交叉污染

钢板手术室外围采用 100mm×56mm 工字钢作为高承重的结构框架，墙身及顶棚斜板采用进口 1.5mm 厚一级电蚀钢板，钢板背面加贴进口背板，提高墙身抗撞击性及保温、隔声效能，而接缝处采用金属填料填充，经精工打磨光滑，达到平滑无缝、气密封内壳的手术室，采用特殊高压真空喷英国 TREMCO 防裂、抗菌涂料，保证手术室正常使用寿命

超过 15 年。

洁净室地面采用德国汉高 R777 及 AGL - DX 自流平及法国产 GERFLOR RVC 导电胶地板铺贴，在地面与墙面的过渡处理上采用原材料一体化处理，实现地面与墙面的圆弧过渡，彻底消除藏尘机会。

2. 洁净的空调系统：用物理方法过滤生物粒子，保证手术室中的无菌

要防止病人在手术室时受到感染，关键取决于净化空调系统和送风模式的设计，以及风管系统的施工质量，因为只要往室内所送的风能保证手术台周围的空气洁净度，对于非高风险的深部手术来说，病人受感染的机率极小，本工程手术室送风顶棚集照明、送风于一体，根据不同要求的送风模式，将洁净、恒温、柔和、均匀的空气送入室内，使整个手术台都笼罩在洁净空气之下，并且不产生阴影、闪烁和眩目等不良效果，特殊设计的加压风箱结合特殊系数的阻尼网层，能有效控制手术台区域上的送风流速，令空气柔和而平均地向下吹送，即保持层流洁净效果，又不致由于风速过大而造成灰尘的二次飞扬。

送风顶棚的送风面积经精确计算，依据手术室需要，在确保送风面积可以覆盖手术台区域的同时保持室内的换气频率，从而使手术台周围始终处于最洁净状态，使污染物在扩散之前便流向回风口，带出室外，本手术室净化顶棚系统下降气流为避免由于无影灯、手术仪器、手术内人员所产生的热能而受到干扰，采用中速气流补偿装置有效解决这一难题。保持一定压差，使空气在流动时只允许由无菌空间向含菌空间流动。八角形钢板手术室为无缝气密封内壳，室内正压依靠手术室内底部之可调节回风栅结合精确程度非常高的室压自动调节阀来保持，无论自身是否正常运行，也无论相邻手术室是否正常动作，即使室内正压不能达到 25Pa，由于气密封内壳，也不会发生类似传统手术室的交叉污染。而洁净走廊与污染走廊则依靠精确计量之排风系统以使压差分别维持在＋5Pa 和－5Pa，将空气流动相对锁定，使空气流动方向严格遵照有关标准执行。

不能将普通空调的风管安装工艺应用于净化空调风管，这种不标准的施工工艺可能导致的结果是 100 颗尘粒中有 90 粒在达到室内之前就已在普通风管内被污染，而附有细菌，本项目手术室所有风管施工严格按照 HTM2025（医院技术备忘录）执行，所有管道在安装前后均经过多次消毒清洁处理，尽量减少污染，并在适当距离或位置安装消毒检查接头，确保风管在正常使用后能够定期检查及清洁，这样，所有管道均能确保内部洁净，即使尘粒含量较多，但含菌量仍符合标准，从而保证洁净室内维持原设计的含菌浓度，大大减少病人受感染的机会，体现全过程控制质量的宗旨。

3. 自动控制监测系统：方便自动的控制、监测系统实现手术部的智能化管理

本工程净化空气处理系统采用行进的控制系统控制，设计上采用一套具有互锁功能的程控系统，全制冷盘管和电热加湿器不同时工作，以不产生无谓能源消耗。在对温度控制上，选用美国进口控制阀，实现室温的无级调节，使室温变化呈接近水平稳定不变状态，通过以上行进的控制方式使医院在保证手术室洁净度的同时能最大限度地节能，降低运行成本，同时本手术室空调系统内置变频器，当手术室中没有手术进行时，虽然控制面板上显示出空调系统已关闭，但空气处理机仍维持低速运转，以保证手术室维持最低风量需求，从而使室内空气始终处于流动状态，在保持室内正压的同时保持室内空气的清新、洁净。以上所有空气净化系统均由组合功能控制面板统一控制，除可控制净化空调系统的开关及湿、温度调校外，亦可通过面板上的显示器及报警装置有效地监控整个系统运行。

4. 完善的医气、护士呼叫系统：高标准的医气系统，先进的护士呼叫系统

当手术室常用气体（氧气、压缩气、真空、笑气）出现异常情况时进行声光报警；可在空调机组出现运行故障时发出声光报警；可以在 AGSS 机组出现运行故障时发出声光报警；当出现火灾时发出声光报警。

护士呼叫系统为一个联系病人、护士、医护人员之间的通信系统。

5. 齐全的室内配置：内嵌式基本配套设备，扩大了手术室的使用空间

门：标准尺寸 1400mm×2100mm，控制模式采用微电脑控制开门方式，有手肘按动开关、脚膝部触发红外线感应开关等功能，在传动系统出现故障时，也可用手轻易地打开门，关门为自动延时主动关门保护装置，遇障碍物自动打开，所有设备的箱体均内嵌藏在手术室墙内，不会占用手术室内部的使用空间。

内嵌式不锈钢器械柜：尺寸为 1700mm×900mm×300mm，分四门开启，上、下层内均有高强度的玻璃托架，可放置大量手术器械，柜体采用 1.5mm 的磨砂白钢板，便于清洁消毒，柜门贴用与手术室主色调颜色相同的防火板，周边采用铝合金包边。

多功能吊塔：适用于手术室、ICU 病房、CCU 病房、麻醉准备间等环境使用，承重能力可达 350kg，活动范围为 650～2000mm，配件包括输液挂钩、医气系统、可倾斜式托盘、监视器支架、书写台等。

内嵌式 X 光看片箱：按即亮式，亮度 3000lx，箱体门设在污物走廊墙壁上，在维修时不会将灰尘带入手术室内或洁净通道。

手术灯：无影灯系统，采用德国的 Heraeus 产品。

不锈钢洗手池：用 1.2mm 不锈钢磨砂板制作内弧形设计，可令水花不易溅出，标准尺寸 2m 或 1.5m，带 3 个或 2 个进口恒温水龙头，控制方式有膝控、感应、肘控三种。

第七节 医疗气体管道施工

本工程医疗气体管道均采用不锈钢无缝钢管，连接管件为不锈钢无缝冲压管件，氩弧焊接。该工艺防腐性能好，达到的洁净度较高。

一、施工准备

(1) 配合土建工种确定各种管道在梁、墙及楼板等处预留孔洞及套管位置、尺寸，管道支、吊架在墙楼板上的预留位置，固定卡预埋位置等。在楼地面、墙内的错漏、堵塞或设计增加的埋管，必须在墙、板抹灰面层前埋好。

(2) 按照材料的品种性能，对照相应的规范，检查进场材料的外观质量、性能参数等，经检查核实后方能用于工程施工。

(3). 管道须预先加工好。

1) 不锈钢管的切断可采用锋钢锯断或砂轮切割，不可用氧－乙炔焰切割。

2) 不锈钢管道弯曲，小直径管道装芯棒或灌砂用手动弯管器或电动弯管机进行弯曲；直径≥50mm 的不锈钢管应灌砂加热后再弯曲，灌砂时用木榔头敲打、充实。

3) 不锈钢管变径不允许摔制，使用成品管件。

4) 将不锈钢管焊接。手工电弧焊填充盖面，不锈钢管口焊接后进行酸洗和钝化处理，

最后进行焊接检验。

二、工艺流程及操作要点

（1）工艺流程：医疗气体管道施工工艺流程如下所述。

安装准备→预留孔洞及预埋铁件→材料及设备进场验收→支、吊架制作安装→管道清理（脱脂）→管道预制加工→管道安装→设备基础或支架安装→强度试验→严密性试验→设备安装→系统清洗吹扫→管道设备连接→仪表安装→电气线路检查

（2）管道支架的最大间距见表7-7-1。

管道支架的最大间距表 表7-7-1

管径 DN（mm）	15	20	25	32	40	50	65	80	100
不保温管（m）	3	4	4.5	5	5.5	6	7	9	9

（3）氧气管道绝不可使用易燃、含油的填料和垫料，管材和管件安装过程要防止油脂类物质的二次污染。

（4）所有使用的管材和管件必须进行脱脂处理并检验合格后才能使用，脱脂剂选用四氯化碳，使用时必须遵守防毒、防火的规定，在通风良好的地方进行。工作人员应着防护工作服进行操作，防止把溶剂洒在地上，以免产生蒸汽造成中毒或引起火灾。

（5）管道从脱脂剂取出后，用氮气吹干管内壁，一直吹到没有溶剂的气味为止。脱脂和吹干后的管子为了防止再被污染，应将管子两端包住，以纱布包住。

（6）管子安装后，由于污染必须进行二次脱脂时，应将安装好的管路分卸成没有死端的单独部分，充满四氯化碳脱脂，随后用清洁干燥的热空气进行吹洗（流速不小于15m/s），吹除干净后，将管路组装起来，安装后的管子的脱脂工作严禁用其他溶剂。

（7）石棉盘根和石棉垫片等的脱脂方法是把这些填料、垫片在300℃温度下焙烧2～3min，焙烧后涂以石墨粉。非金属材料垫片等表面不得有皱折、裂纹等缺陷。

（8）所有脱脂后的管材及附件应用白色滤纸擦拭表面，纸上不出现油渍，即为脱脂合格，脱脂完成后的管材及管件应妥善保管，防止再被油脂污染，并填写《管道及管件脱脂记录》。

（9）阀门安装要逐个以等于工作压力的气压进行气密性试验，并用肥皂水检查，10min内不降压、不渗漏为合格。

（10）不锈钢管道的支架采用碳钢材料，接触面处必须衬非金属垫板，防止管皮磨损，产生锈蚀。

三、系统试验

（1）强度试验：

1）氧气、笑气采用气压试验法试验压力为0.5MPa，进行试验时，按每0.1MPa分级升压，每升一级要观察管子变化，当达到所要求的试验压力时，观察5min，如果压力不下降，再将压力降至0.4MPa，进行外观检查，无破裂、变形和漏气现象为合格，并填写

记录。不锈钢管道强度试验可用水，但水中氯离子含量不得超过 $25×10^{-6}$ 单位。

2）压缩空气管路试验用水，试验压力 1.0MPa，保持 20min，作外观检查，无异状，然后降至工作压力，并在此压力详细检查各部位，并用重量约 1.5kg 的小锤轻敲焊缝处，无渗漏为合格。

（2）管道强度试验合格后再作气密性试验，试验时将气压升至 0.4MPa（压缩空气系统试验压力为 0.75MPa），将所有接口处涂肥皂水检查，并观察 12h，以平均每小时渗漏率小于 0.5％为合格。

（3）吹扫：气密性试验合格后，管道须用不含油的空气或氮气吹扫，气体流速不应小于 20m/s，连续吹扫 8h 后，在气流出口处放一张白纸，白纸上没有灰尘微粒及水分痕迹为合格。氧气管道试运行前，须再用氧气吹扫，用气量应不小于被吹扫管道总体积的 3 倍。

（4）真空系统的安装基本与氧气系统相同，所不同之处是强度试验与严密性气压试验的试验压力均为 0.2MPa。系统在试验压力合格后，进行 24h 真空度试验，观察真空表读数 24h 内增压不允许超过 5％。

四、成品保护措施

（1）各种阀门、电器设备等材料运到现场未安装之前，应开箱检查，分别码放整齐，对个别材料要采取防雨、防冻、防晒等措施，并应有专人看管。

（2）安装过程中遇有防水装饰工程项目交叉施工时，应主动与土建施工负责人协商制定统一的施工工序，对土建完成的防水及装饰工程项目，应给予必要的保护，不得在上述工程项目完成后，再进行破坏性安装。

（3）建筑物室内地坪施工完成后，再进入室内进行管道安装时，带入室内的工作梯子的四条腿应使用橡皮包好，采取保护地坪的措施。

（4）在交叉作业期间，除保护本专业成品之外，还要注意保护其他专业成品或半成品，防止安装过程中污染土建墙面、地面、顶棚，防止焊接时烧坏墙、地砖。

五、安全措施

（1）严格执行上级主管部门有关安全生产的规定，必须针对现场特点制定切实可行的安全技术施工。要有针对性地认真做好月、旬、季节、特殊过程、关键过程的安全交底工作。

（2）加强对施工人员的技术素质教育，使每个施工人员熟知本工种的安全技术操作规程，能够正确使用个人防护用品。

（3）进入施工现场必须戴安全帽，严禁光脚或穿拖鞋。在无防护设施的高空作业中必须系安全带，严禁酒后操作。

（4）加强对电气焊作业的管理，焊工持证上岗，作业前开用火证，清理易燃物，备灭火器，专人看火。电焊机必须经常检修以保证运转良好，作业时双线到位。氧气瓶、乙炔瓶分库保管，距明火间距大于 10m，电气焊作业时必须避开有可燃性防水材料等易燃物施工的场所。

（5）严禁非电工私自拉线接电，严禁带负荷接电、断电。

（6）严禁赤手触摸脱脂及酸洗用药品，并要戴好保护用具，弄到皮肤上时要马上用自来水冲洗。脱脂用的四氯化碳是剧毒物质，脱脂操作时必须戴口罩，并在通风良好的地方进行。脱脂的四氯化碳液体及酸洗完的洗液不要随便乱倒，要及时进行中和或用自来水稀释洗涤液至 pH 值为中性，排入指定位置。

（7）剔凿作业板后墙下不许有人，弯管作业避开头部，穿线防止勒手扎眼。

（8）不随便进入危险场所，严禁动用不属于自己管理的设备或开关，不在无防护的邻边、洞口逗留或作业。

（9）不锈钢管道安装特殊事项

1）因碱性焊条在焊接过程中释放出的有害气体大于酸性焊条，氩弧焊施焊中排出的废气也有害于人体，故在室内及通风不好的环境下焊接不锈钢时应进行通风换气。

2）在移动氩弧焊机时，应取出机内易损电子器件单独搬运。对焊机内的接触器、断电器的工作元件、焊枪夹头的夹紧力以及喷嘴的绝缘性能等，应定期检查。氩弧焊机作业结束后，禁止立即用手触摸焊枪导电嘴。焊机使用前应检查供气、供水系统，不得在漏水、漏气的情况下运行。

3）氩气瓶应小心轻放，竖立固定，防止倾倒。气瓶与热源距离应大于 3m。

4）氩弧焊工打磨钍钨极应在专用的砂轮上进行，通风必须良好，穿戴好个人防护用品，打磨完毕立即洗手洗脸。

5）等离子弧切割炬应保持电极和喷嘴同心，要求供气、供水系统严密不漏水、不漏气。应保证供气充足，并设有气体流量调节装置。

六、质量控制

（1）焊工使用的锤子、刷子都是不锈钢制品，防止发生晶间腐蚀。

（2）焊接前应用沥青或香蕉水对管头的坡口面、内壁（30mm 内）的脏物进行清理。清除后 2h 内施焊，以免再次污染。

（3）焊前在距焊口 4～5mm 外，将管子用石棉包裹 10～15cm 后再施焊防止焊渣飞溅损坏管材。

（4）焊接时，不允许在焊口外的基本金属上引弧和熄弧。停火或更换焊条时，应在弧坑前方 20～25mm 处引弧，然后再将电弧返回弧坑，同时注意焊接应在盖住上一段焊缝 10～15mm 开始。

中国电子科技集团第二十九研究所 3 号综合楼

屋顶花园

标准层不锈钢隔栅阳台

第八章　中国电子科技集团第二十九研究所 3 号综合楼

(2004 年获鲁班奖)

第一节　工　程　概　况

中国电子科技集团第二十九研究所 3 号综合楼主要是为科研及办公、学术交流使用，分为主楼和裙房两部分，设置地下 1 层。总建筑面积 26045.7m²，主楼是一塔式高层建筑，共 19 层，标准层层高为 3.5m，吊顶高度 2.6m。整个塔楼外立面采用单元玻璃幕墙。为体现业主高科技企业的形象及实现建筑造型，综合大楼采用钢结构形式。主楼的公用部分由 12m×12m 的钢筋混凝土核心筒体和 8.4m×3m 的外围钢柱网构成。长和宽：4～10 为 30.6m，11～15 层为 27.9m，16 层为 25.2m，17～19 层为中心筒体向上收，裙房四周围合塔楼。裙房为八角形，共两层，由室外地坪向上收 75°，主要为公共用房。

大楼借鉴中国古建筑塔楼的灵感来创造一种崭新的空间理念，发扬它独有的特色，用现代审美观再度创造一种承袭传统的现代空间。整个大楼建筑平面采用中轴对称的构图手法，体现一种庄重、严谨的氛围。中心布置塔楼，四周裙房围合。裙房主要设置公共用房，塔楼主要为办公科研之用。塔楼下面 3 层架空，布置绿化和休闲空间，把室外环境引入室内，创造一种有机办公空间，周围裙房屋顶绿化为空中花园，真正体现出建筑与自然之间的对话关系。为突出办公大楼的气势，1 层地坪抬高 1.2m，设置宽大、有气魄的入口台阶。地下室为一层，作为公用设备及停车空间。

此建筑裙房沿八角形平面向上 75°收分，中部架空的塔楼向上逐渐内收，其周边罩以向上弧面递收的钢骨架，整个建筑给人一种现代、挺拔和轻盈的视觉感受。裙房外墙采用石材幕墙和玻璃幕墙交错布置，石材给人以稳重的感觉，通透的玻璃幕墙、水平线条的不锈钢栏杆给人以空透感及柔性感。

本建筑为钢框架—混凝土核心筒体结构，主体结构总高度为 71.10m。建筑物的安全等级为二级，楼板为压型钢板组合楼板。从地下室顶板至 4 层楼面的主体框架柱为钢骨混凝土（劲性钢筋混凝土）。地下室为全现浇钢筋混凝土，基础采用筏板基础，置于砂卵石层上。

第二节　工程的特点和难点

本工程是西南地区的一栋标志性高层钢结构、智能化及生态建筑，以下就这三大特点分别进行论述。

一、高层钢结构

本工程主体结构形式为钢框架—剪力墙结构体系，即内部为核心筒钢筋混凝土剪力墙，外部为钢结构。从地下室顶板至 4 层楼面核心筒外围的 28 个主体框架柱均为钢骨混凝土柱，梁为钢梁；4 层～20 层的梁、柱均为钢结构；本工程楼板为压型钢板组合楼板。钢承板为镀铝锌压型板。

二、有特色的智能建筑

本工程是西南地区第一座进行了系统集成的建筑，同时也是西南第一座智能建筑。

本工程各弱电系统及系统集成的建立，是通过对建筑物的结构、系统功能、管理服务以及它们之间联系的最优化考虑，达到整个建筑各项因素最佳组合，提供了一个安全舒适、明快温馨、便利灵活的环境。既做到投资合理，又适应了电子技术和信息技术的需要，体现了智能建筑的先进性、功能性、实用性特点，能够利用互联网、卫星通信等提供各类图文信息，可随时查阅各类信息资源；系统设立时考虑国家在技术方面要求实施管理和控制的有关规定，如消防、通信系统等。

体现系统的先进性、实用性：整个办公楼采用的各项技术均是实用的，而且考虑到与国际接轨的主流技术趋势，使之在以后较长的一段时间内都能处于领先地位。

体现系统的开放性和标准化：整个办公楼的软、硬件平台既能支持多种操作系统，同时支持多种网络协议并存，以实现整个系统的开放性和标准化。

本工程系统集成的设立不仅仅是各种弱电系统的简单数据采集，系统集成还可以通过服务器对各个系统的数据进行采集，通过对数据的分析，根据大楼使用功能的要求，发出指令，控制、操作某一个系统，从而达到减少操作人员、节约运营成本、优化物业管理的目的。

三、生态建筑

本工程是西南地区标志性的高层钢结构生态建筑，在设计中充分考虑了建筑的生态环境，通过设置内天井、玻璃幕穹顶、外挑不锈钢阳台，实现了空间的办公、娱乐、休闲的多功能设计。具体内容如下所述。

（1）在 1、2 层设置了两层上下连通的洽谈区，作为室内外空间的自然过渡。洽谈区内种植花草，办公之余，人们可站在首层办公室内或 2 层走廊上欣赏洽谈区风景。同时，洽谈区的设置，为 1、2 层办公空间及走廊提供了良好的双侧采光条件；与单侧采光房间相比，房间尺寸可灵活布置，为设置大开间办公空间创造了条件。

（2）在 3A 层设置了屋顶花园，种植花草，供办公人员休息及放松之用。

（3）在 18～20 层设置了竖向跨越 3 层的大开间中庭，为所领导提供了办公之余的休闲空间及开敞的视野。

（4）4～18 层，每层室外设不锈钢隔栅走道，同时钢梁外挑，上面安装不锈钢花坛，花坛内种植花草，供办公人员休息及放松之用。

第三节 钢结构优化设计

总承包单位在投标时对业主承诺义务进行钢结构优化设计，在结构设计阶段，总承包单位专门组织公司资深钢结构设计人员到设计院，利用总承包单位多年承建钢结构工程的经验向设计人员提出了一些合理的建议并被采纳，从而达到优化设计的目的。

由于本工程是四川地区的一栋标志性高层钢结构工程，而且本地区的钢结构加工能力及其他相应的原材料供应渠道不及华东、华南等地区，造成设计人员在设计过程中可供选择的范围面窄，在实现建筑师的表现手法时顾虑较多。针对这种情况，总承包单位的专业人员为设计人员提供了很多这方面的信息，从而使钢结构不仅更合理，同时又完美地实现了建筑师的设计意图。

（1）由于本工程裙房的平面布置为对称的八角形，其中四个 45°切角的尺寸为 9.3m，而这个区域的钢梁与钢柱存在斜接的情况（如图 8-3-1 所示），鉴于圆柱截面为各向同性，而且梁柱连接好处理，所以建议该部位的框架柱采用圆管钢柱是合理的。

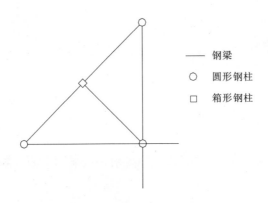

——	钢梁
○	圆形钢柱
□	箱形钢柱

图 8-3-1 钢梁与钢柱斜接示意

（2）主楼在 4 层（含 4 层）以下结构柱原设计采用十字钢骨混凝土劲性柱，但十字柱截面特性不如箱形柱经济有效，而且加工时焊道多，腹板存在重复施焊现象（母材重熔会降低钢材的物理特性）；同时安装就位的难度也提高了。之所以未考虑采用箱形钢柱是顾虑到钢构件加工厂的加工能力问题，我方根据多年与钢构件加工厂合作的经验认为，在华东及华北地区的一些大型加工厂，箱形钢柱的焊接工艺已经是比较成熟的了，并推荐了一些厂家供业主及设计单位进行考查，从而最终确定采用箱形柱。

（3）钢梁原计划采用组焊件，但是组焊钢梁的缺点是加工周期长，影响工厂焊缝质量的因素多，如果采用宽翼缘热轧型钢就可避免上述困难。国内钢厂生产的宽翼缘热轧型钢截面高度最大为 700mm 左右，同时经设计人员验算，认为采用宽翼缘热轧型钢做框架主次梁是可以满足本工程的受力要求的。

（4）本工程的建筑外观设计中有一个特点是，结构柱梁外露（表面用铝板包饰），原设计考虑此部分梁柱与主结构采用铰接形式，单纯考虑按装饰柱梁处理。我方认为，本建筑物总高度为 87.00m，这么高的柱子如果按装饰柱处理，对结构受力不利，同时也是一种材料的浪费，所以建议按承重柱梁考虑节点处理。这样可以减少主楼框架柱梁的截面，降低结构造价。

（5）在楼承板的选材上，向设计人员推荐了一种目前国内比较先进的产品，即用闭口型的压型钢板取代原来的开口型的压型钢板。由于闭口型压型钢板造价比较高，业主不主张使用。但从综合效益上考虑，第一，在相同的有效混凝土厚度的情况下，采用闭口型压型钢板可以减小楼板的总厚度，从而增加楼层净高；第二，闭口型压型钢板的截面特性相比开口型压型钢板更好，可以减少混凝土楼板的钢筋用量；同时可以减小楼板的挠度，减少混凝土附加厚度，节约混凝土用量；第三，从实际工程经验看，在楼板配置相同数量的防裂钢筋的情况下，采用闭口型压型钢板比用开口型压型钢板更能有效地防止楼板混凝土开裂。所以，认为采用闭口型压型钢板更合理，见图 8-3-2。

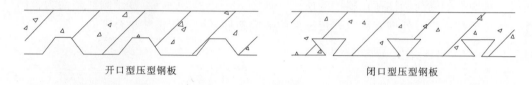

开口型压型钢板   闭口型压型钢板

图 8-3-2　压型钢板示意

本工程的施工实践证明，在工程前期进行的钢结构优化设计在保证质量的前提下，为业主节约了造价，缩短了工期，实现了工期与效益的双赢。

第四节　机电智能化工程前期策划

本工程在 2001 年 9 月如期启动，但建设单位对智能化系统的定位没有最终确定，故如何对智能化系统定位以及如何实现、系统集成与否是整个智能建筑首先要解决的问题，是指导整个大楼智能化系统实施的主要依据和方向。

一、智能建筑的总体原则

通过对建筑物的结构、系统功能、管理服务以及它们之间联系的最优化考虑，力求达到整个建筑各项因素的最佳组合，提供一个安全舒适、明快温馨、便利灵活的环境。既能做到投资合理，又能适应电子技术和信息技术的需要，体现智能建筑的先进性、功能性、实用性特点，能够利用互联网、卫星通信等提供各类图文信息，可随时查阅各类信息资源；并考虑国家在技术方面要求实施管理和控制的有关规定，如消防、通信系统等。

体现系统的先进性、实用性：整个办公楼采用的各项技术将是实用的，而且考虑到与国际接轨的主流技术趋势，使之在以后较长的一段时间内都能处于领先地位。

体现系统的开放性和标准化：整个办公楼的软、硬件平台既能支持多种操作系统，同时支持多种网络协议并存，以实现整个系统的开放性和标准化。

二、主要子系统的说明

根据大楼使用功能要求，结合我公司的一些智能建筑的工程实践，信息产业部电子第29研究所3号办公楼智能化弱电系统工程，包括以下几个部分。

——结构化综合布线系统；

——楼宇自动化控制系统；

——消防火灾报警系统；

——保安监控系统（含闭路监控、防盗报警、门禁、巡更及周边）；

——背景音乐及紧急广播系统；

——计算机办公网络系统；

——IC卡（门禁一卡通）系统等。

1. 综合布线系统

二十九所3号办公楼综合布线系统为开放式结构，应能支持语音及多种计算机数据系统，适应异步传输模式（ATM），在应用上能支持会议电视、多媒体等系统的需要，满足将来宽带综合业务数字网（B-ISDN）的要求。

纳入综合布线系统的有：电话通信系统、计算机网络系统。系统能兼容语音、数据、图像的传输，并可与外部网络连接，满足二十九所办公自动化等计算机网络方案的要求。

综合布线系统采用全模块化结构，方便系统的扩展，具有极大的灵活性，当以后系统修改、设备移位时，不必变更布线，只须在相应的配线架上跳线即可。

本工程布线系统是树状星形结构，以支持目前和将来各种网络的应用。通过跳线和不同的网络设备，可以实现各种不同逻辑拓扑结构的网络。

水平配线电缆为超五类100Ω平衡电缆，垂直干线电缆为三类100Ω平衡电缆。它们均为阻燃型电缆，且满足或高于相应规范的技术性能要求。

水平与垂直光纤均为62.5/125μm多模光纤，其符合相应规范的技术性能要求。

信息插座、配线模块、转换接头和交叉连接配线架等连接硬件均满足或高于相应规范对连接光纤和三类、五类电缆时所提出的要求。

信息插座为五类RJ45型双孔或单孔插座。在双孔插座上有文字或图案来区分语音插口和数据插口。所有插座面板尺寸均为86mm×86mm。所有墙面信息插座均为45°斜插座且有防尘盖，地面插座采用弹起式铜盖板插座，防水等级应为IP56或更高。

所有配线面板均为19in模块化部件，可以方便地安装在19in标准机柜中。

2. 楼宇自控系统

楼宇自控系统的工程范围包括本建筑的楼宇自控系统的设计、设备供应、安装、调试、培训与维修，具体工作范围包括：

——空调系统；

——新风系统；

——冷冻系统；

——送排风系统；

——给排水系统；

——变配电系统；

——照明及风机盘管系统；

——电梯监控系统。

各系统设计满足要求如下：

(1) 空调系统

——回风温湿度监测；

——新回风混合比调节；

——过滤器堵塞状态；

——风机运行状态及过载报警；

——低温防冻保护；

——加湿调节控制；

——累计风机运行时间，开列保养及维修报告；

——空气状态历史记录。

(2) 新风系统

——送风温度与湿度监控；

——新风阀门控制；

——过滤器堵塞状态；

——风机运行状态及过载报警；

——低温防冻保护；

——防火阀报警；

——按程序控制风机开关；

——调节水流、调节阀及蒸汽加湿阀；

——累计风机运行时间，开列保养及维修报告；

——空气状态历史记录。

(3) 冷冻系统

——冷冻水供回水温度监测；

——总冷负荷及冷冻水回水流量；

——冷水机组运行状态及故障报警；

——冷却塔的运行状态，过载报警；

——冷却水供回水温度监测；

——各水泵运行状态，过载报警，水流状态；

——按程序给定的时间和顺序开关冷水机组、水泵、冷却塔；

——累计机组运行时间，开列保养及维修报告；

——控制冷冻水泵及冷却水泵的开停；

——累计运行时间、开列保养及维修报告。

(4) 送排风系统

——监视风机运行状态和过载报警；

——按程序控制风机开关；

——累计运行时间，开列保养及维修报告。

(5) 给排水系统

——监视各水箱的高低水位和报警；

　　——监视各水泵的运行状态及过载报警；

　　——按程序控制水泵开关；

　　——自动累计运行时间，开列维修报告。

　　(6) 供电系统

　　——变配电中控室（两路供电）；

　　——进线回路：2 路，监测三相电压、三相电流、母联开关状态；

　　——出线回路：监测三相电压、三相电流、功率因数、有功功率/无功功率、互联状态、用电度数。

　　(7) 照明系统及风机盘管电源

　　——风机盘管：监测启停、运行状态；

　　——外围节日彩灯（环境照明）：监测启停、运行状态；

　　——立面照明：监测启停、运行状态。

　　(8) 电梯监测

　　——电梯运行状态；

　　——电梯运行方向；

　　——做电梯模拟盘；

　　——电梯故障；

　　——紧急求救信号。

　　(9) 中央监控系统监测

　　——分布式的实时监控系统；

　　——提供彩色动态图形显示，包括楼层的平面图及机电装置的系统图等；

　　——在 Windows 环境下运行，全部汉化，并可进行二次开发；

　　——为开放式系统，可广泛联接国际著名大型制造厂商的系统、设备。

　　3. 保安监控系统

　　(1) 设计要求

　　保安监控系统的功能实现及安全防范等级要求：外观设计符合典雅的办公环境；设备性能优越，价格合理，操作可靠，维护方便。

　　(2) 设计目标

　　可监视大厅、出入口、电梯轿箱及主要楼梯口、电梯厅的现场情况；

　　集合多种监控功能，由中央控制系统计算机统一管理；

　　系统操作界面为全汉化版，人机界面好；

　　所有的监控点视频图像能切换显示在监视器上，并带时间、日期、字符显示；

　　系统可储存各类操作和报警信息，可随时查询和打印存档。

　　全天 24h 连续录制现场资料；

　　实现报警与视频监控联动。

　　(3) 设计思路

　　整个大厦作为多功能综合性大楼，其安全防范主要是针对各种出入口及各办公区域等，白天监视的重点是各种对外公共区域，夜间则需要对整个大厦公共场所及展厅进行报警布防。对这些区域的监控防范要求主要包括：

——对财务和保管库，进行全天 24h 报警布防和监视录像。

——对计算中心的主机房和 UPS 供电室。

——对办公楼大堂、各重点办公区域内，进行监视录像，下班后布防报警系统进行报警联动监视录像。

——对地下车库，监视录像。

——所有电梯，全部采用针孔摄像机进行监视录像。

——财务室等重要场合设紧急报警按钮。

——重要部门、出入口设门禁。

4. 背景音乐及紧急广播系统

（1）背景音乐系统

本系统由对办公区域、公众区域背景音乐广播及紧急广播组成。

在消防控制中心的附近设置大厦背景音乐及紧急广播控制中心。配置广播控制机及 AM/FM 接收调谐器、激光唱机、录放音机以及放大器、功率放大器等有线音响播放设备。播控中心可播放 2～4 套节目，可以转播无线广播台的调频（FM）或调幅（AM）节目，或由 CD、卡座播放设备放送的音乐节目。广播节目通过有线广播线路，分层同时传送至各层走廊，以及其他所有需要收听该节目的公共场所。

选择该 2～4 套中的一套节目作为对公众区域广播的背景音乐，由分层广播线传送至每层的公共区。

播控中心放送的节目通过一套紧急广播/背景音响矩阵切换控制器后输出，该切换控制器受控于消防联动控制系统，当有火灾等异常情况发生时，通过切换控制器强行把规定区域的广播切换至紧急广播信号。

（2）紧急广播系统

在播控中心同时设置紧急广播播放控制系统，配置紧急广播控制机（内含自动放音器、话筒插口、前置放大器等）、话筒功放等设备，平时处于热备用状态，一旦发生火灾等异常情况，即可受控于消防联动信号，自动放送预先录制的紧急疏散广播，或通过放射广播现场疏散指令。

按规范要求，紧急广播的分区设计原则如下：

4 层及 4 层以上楼层发生火灾应接通火灾层及其相邻的上、下层；首层发生火灾，接通本层、2 层及地下层；地下室发生火灾，应接通地下层及首层、2 层；当 2 层发生火灾时，应接通 3A、3B 层、4 层及首层；当 3A 或 3B 层发生火灾时，应接通 3A、3B 层、4 层及 2 层。

紧急广播能越过播放区域的音量控制器，以最大声级实施广播。

背景音响、紧急广播均采用功率信号、有线传送的方式，功放输出采用 70V 或 100V 定压输出的方式用。

各办公室、公共场所等均采用嵌入式扬声器箱，每只 3W；在地下车库，某些设备机房等处可采用墙挂式扬声器箱 3W。

功放设计采用热备用方式，任一台常用功放故障时，应能自动切换至备用功放上。

本大厦采用共用接地系统。

广播系统所需要的信号接地线可由地下 1 层变电所内共用接地汇流铜排上专线引出至

播控中心。

5. 智能一卡通（门禁）系统

IC卡又称灵巧卡（Smart Card）或智能卡（Intelligent Card），是微电子技术和计算机技术完美的结合。它将一个集成电路芯片镶嵌于塑料基片中，封装成卡的形式，其外形与覆盖磁条的磁卡相似。IC卡芯片具有写入数据和存储数据的能力，IC卡存储器中的内容根据需要可以有条件地供外部读取、供内部信息处理和判定之用，因而IC卡最主要的应用特征是作为一种电子信息的载体。另外，如果IC卡带有CPU，则具有一定的逻辑判断和运算能力，此时的IC卡就相当于一台智能终端。一经出现，IC卡就以其超小的体积、先进的集成电路芯片技术以及特殊的保密措施和无法破译及仿造的特点受到普遍欢迎，并极大地提高了人们生活和工作的现代化程度。

IC卡从简单的存储记忆类型，经历了逻辑加密等阶段，到现在发展成可以支持"一卡多用"的智能性IC卡。这种一卡多用技术在实际应用中通常被称为"一卡通"。其用于银行多账户管理时，称为银行一卡通；用于城市建设管理时，称为城市一卡通。

当一卡多用技术应用于智能大厦系统时，就称为"智能楼宇一卡通"。这里"一卡通"的概念，是指使用一张卡片就可以实现大楼的多种管理功能，同一张卡可在不同功能的读卡机上使用。这些不同功能的管理子系统通过一个网络和一个数据库（服务器）连接，使用一个综合的软件系统，实现IC卡管理（发行、退卡、挂失等）、查询功能。这种一张卡片、一个网络、一个数据库，简称为"一卡一线一库"。

从技术角度来讲，用一张卡实现多种功能的管理，该卡必须有独立信道，不同功能使用不同信道，不同的信道对应不同的分区。这些分区可以加密，进行密码校验，从而保证各分区的独立和安全性。

通过查询数据库，可以及时获得各种管理所需数据，及时生成报表，无需逐一查询各功能的管理子系统（应用子系统）。通过网络可以实时监控查询任一个子系统的终端机使用与记录情况。

楼宇一卡通系统不是智能大厦的独立系统，而是分布于3A系统中的综合管理系统。它既有对楼宇设备的控制与监视，也有通信自动化的要求，更是办公自动化的不可或缺的部分。

从业务角度讲，无论是3A，还是5A，其目的都是使大楼具有安全、高效、舒适、便利和灵活的特点，是先进的设计、技术与业务的完美结合。而一卡通系统正是实现这一完美结合的具体手段。

（1）系统设计目标

本系统采用目前国内外最先进而成熟的计算机技术、通信技术、网络技术、智能卡技术、模块识别技术和机电一体化技术，按照国内外最先进、高效的管理模式，是29所3号综合楼"智能楼宇一卡通"系统的设计目标。

它具有开放式系统结构的安全、可靠、便于使用和维护的功能齐全的智能管理系统。其中门禁、考勤、巡更、就餐、娱乐、健身、医疗、图书馆管理、物业、停车场收费管理等可以使用智能卡的均设计为"一卡通"系统，集多项管理功能为一体。

这一系统集计算机技术、微电子技术、精密机械技术、磁电技术和非接触式IC卡技术于一体，使IC卡与不同机具之间实现完整"对话"功能，以智能来控制各种机具、获取信息。它不仅给管理者提供了更安全、更迅捷、更自动化的管理模式，而且也给使用者带来了极大的方便，把用户提前带入21世纪。

本系统设计的具体目标是借助于一张非接触式IC卡，来实现如下功能：

——门禁管理；

——考勤管理；

——巡更管理；

——医疗管理；

——餐饮管理；

——娱乐消费；

——健身消费；

——车库管理；

——图书馆管理；

——物业管理。

从人的角度来讲，智能大楼的设计是为实现3C的概念，也就是沟通（Communication）、协调（Cooperation）和控制（Control）。我们的一卡通系统的设计目标就是要通过先进的技术、丰富的功能，帮助智能大厦实现这种3C的概念，人员之间达到和谐、沟通而高效有序，做到自动化管理、无纸化办公、电子化消费，最终提高管理水平、业务竞争力。

（2）系统设计原则

1）稳定、可靠原则

该系统需要长期运行，其中有些子系统需要连续不间断地日夜运行，因此对系统的稳定性、可靠性要求很高，系统的关键部件应有冗余和备份，一旦系统某部分出现故障，应能很快恢复工作。系统的紧急处理部件可以从容地应付可能发生的各种异常事件，例如断电。

"一卡通"系统的大部分IC卡读写设备均可在脱机状态下工作，以确保在遭受"病毒""黑客"攻击或其他原因系统瘫痪时，IC卡读写设备仍能继续工作，可靠地操作使用和方便地维护。

2）安全性原则

"一卡通"是3号综合楼的重要的管理工具，内有许多重要的管理数据和经济数据，系统必须有相应的安全保障机制，以确保系统安全性。

3）开放性原则

系统必须有良好的开放性，可以把业界和市场上各类最好的产品结合起来，构成性能价格比最优的系统框架。

4）扩充性原则

当需要增加新的用户应用时，系统应有扩充余地，便于扩充、升级。

5）先进性与实用性相结合的原则

系统所使用的技术及产品既要求有先进性，又必须是成熟的技术或产品，做到先进性与使用性相结合。

6. 火灾报警及联动系统

根据大楼功能及消防需求应设置火灾自动报警及消防联动系统、火灾事故广播系统、消防通信电话系统、辅助消防设施仪表系统、冷冻机仪表监视系统。

房间、大厅及楼道走廊等地方设有智能型烟感探测器，走廊设有火灾手动报警按钮、消防电防插孔、消防广播音箱，消火栓柜内设有消火栓报警按钮，每层设有楼层显示器和声光报警器。联动系统包括防火卷帘、应急照明、防火阀、消防电梯、普通电梯、设备断电等。

消防控制室设有 CRT 图形显示，能显示建筑模拟平面，报警时自动显示报警所在的区域。控制柜上还设有手动报警盘，重要的联锁控制可以编程到其上，如消防泵的启停、消防电梯和普通电梯的紧急控制等。

消防系统为满足消防等级供电的要求，由电专业提供双回路独立电源供电。

7. BMS（智能化集成）系统

信息产业部电子第二十九研究所 3 号综合楼是一座现代化的高档智能大厦，其中包括很多弱电系统，设置智能化集成系统是十分必要的，可以实现综合信息处理、协调控制、提高管理水平的目的，并通过节能、综合的物业管理等多种方法提高整个系统的经济性。

对信息产业部电子第二十九研究所 3 号综合楼的智能化集成系统，设计上充分考虑其先进性、安全性、实用性、可扩充性和可升级性。

本智能化集成方案，是建立智能楼宇管理系统的中央服务器，即智能化集成楼宇设施管理计算机，将本大厦的楼宇自控系统、消防系统、出入控制（含巡更系统）及防盗报警系统、闭路电视监视系统、车库管理系统等集成起来，并提供物业管理的功能。

智能化集成中央集成平台，不是对弱电系统功能与界面的简单重复，也不是对大厦所有子系统的所有配置系统的简单复制，而是将整个智能大厦监控及管理所需的重要信息综合起来，通过对各被集成子系统的信息的整合，生成大厦运行管理所必须的综合信息数据库，提供给大厦的物业管理，从而对所有全局事件进行集中管理，进而为综合性全局决策提供依据。因此，应实现在一台中央管理计算机上，可以得到所有弱电子系统的运行状况，并将所有关系到大厦正常运行的重要的报警信息汇集上来，得到统一的监控。并可以定期地输出对运行状况的报告，为大厦的经济运行提供可靠、完整的依据。

同时，智能化集成平台的另一个重要的作用，是将所有子系统之间需要共享的数据收集上来，存储到统一的开放式数据库当中，如 Microsoft 的 SQL Server 7.0，使各个本来毫不相关的子系统，可以在统一的智能化集成平台上互相对话，因此实现了统一的向上集成，各个子系统之间不需要各自集成。这样，一旦某个子系统出现报警，其他所有相关子系统均可以从智能化集成中央数据库中得到该报警信息，并按照预先设置的联动方法进行联动，使各个系统的功能可以互相配合。

（1）与楼宇自控系统的集成

采用以上的集成模式，可以将楼宇自控系统（BAS）中的所有监控信息及数据都可以传送到智能化集成中，通过监视控制中心管理设备运行状态，进行数据采集、存档。在智能化集成上具体实现的功能如下：

——提供主要设备的启停、运行状态、故障状态等信息；

——提供主要传感器所检测参数值以及过限报警的信息；

——提供能源消耗的统计信息；

——提供设备管理所需的各类报表文件。

（2）与消防报警系统的集成

通过连接，实现以下的功能：

——提供温感、烟感探测器和手动报警器、玻璃破碎探测器等报警器的位置和状态；

——提供消防设备运行状况的信息及报警状态；

——在智能化集成上可动态显示图形信息；

——提供各类火灾报警探测器的报警统计，归类和制表；

——消防报警时联动 CCTV 系统的最近的摄像机转到相应地点；

——消防报警时联动出入控制系统，打开相应的通道。

消防自动报警系统的联动方法，通常是采用较为低速的串行通信方法。也有部分厂家采用较高速的通信方式。通常智能型弱电系统必须具备一定的系统开放能力。消防系统与其他系统相比较为特殊的是，消防报警系统基本上都有比较完善的消防联动接口，如对灭火喷淋系统、电动防火门、防火卷帘、防烟排烟设备及电动防火阀等的联动信号，同时对电梯系统、紧急广播系统发出联动信号。传统上，这些信号都是采用硬触点开关方式，比较易于实现。

我国消防部门在验收系统时规定，要求配置较完善的消防控制设备，且要求其他系统不能影响消防系统的运行。因此我们的系统集成方案对消防自动报警系统完全应能满足消防法规的要求。同时又能够使大厦的中央管理控制中心对火警状况了如指掌，实现了较高水平的系统集成。

（3）与安保系统的集成

通过集成，实现以下功能：

1）出入控制子系统

提供所有门禁的状态。

可选择的开启每一道门。

提供管理所需的报表文件。

提供人员的考勤报表。

监视非法侵入的事件。当非法侵入发生时，如门磁感应开关被打开，或非法的持卡人被检出时，通知 CCTV 系统转动摄像机到预设位置进行监视，并进行录像。

当确认火灾发生时，及时封闭有关的通道，自动打开消防紧急通道和安全门的电子门锁，方便楼内人员的疏散。

2）报警子系统

提供大厦内安全状况的信息；

提供报警点的位置及报警状态；

报警系统的布防和撤防；

提供各类报警点的报警统计、归类和制表。

3）巡更子系统

提供所有巡更路线的运行状态；

提供所需巡更站点的信息（太早、正点、太迟、未到、走错）。

（4）与机电设备－制冷机的集成

在智能化集成上实现的功能：

——提供主要设备的运行状态、故障状态信息；

——提供主要的传感器所监测的值以及过限报警的信息；

——能耗统计信息；

——运行时间统计，以便优化运行，定期维护。

（5）与机电设备－电梯的集成

可以监测电梯的运行状态、故障状态等信息。

（6）与 OA 和 CA 系统的接口

智能化集成采用了标准的数据库，OA 系统可以采用读取数据库的方式实现与智能化集成的集成。在我们的方案中，物业管理系统采用与 OA 系统相似的网络结构及信息平台，即 TCP/IP 协议、Windows NT 网络操作系统和数据库。OA 系统通过该接口就可以与智能化集成交换信息。

（7）互联网远程管理功能

功能包括：

——通过密码管理限制人员的访问；

——查询大厦设施管理系统的主要参数；

——以图形方式实时显示大厦主要系统的工况图，并实时刷新参数；

——设定、调节大厦的主要参数。

附　录

附录 A　鲁班奖申报资料要求

第一条　公共建筑为 3 万座以上的体育场；5000 座以上的体育馆；1500 座以上（或多功能）的影剧院；300 间以上客房的饭店、宾馆；建筑面积 2 万 m² 以上的办公楼、写字楼、综合楼、营业楼、候机楼、铁路站房、教学楼、图书馆、地铁车站等。住宅工程为建筑面积 5 万 m² 以上（含）的住宅小区或住宅小区组团；非住宅小区内的建筑面积为 2 万 m² 以上（含）的单体高层住宅。

第二条　下列工程不列入评选工程范围：我国建筑施工企业承建的境外工程；境外企业在我国境内承包并进行施工管理的工程；竣工后被隐蔽难以检查的工程；保密工程；有质量隐患的工程；已参加过鲁班奖评选而未被评选上的工程。

第三条　申报鲁班奖的工程应具备以下条件：

（一）工程设计先进、合理，符合国家和行业设计标准、规范。

（二）工程施工符合国家和行业施工技术规范及有关技术标准要求，质量（包括土建和设备安装）优良，达到国内同类型工程先进水平。

（三）建设单位已对工程进行验收。

（四）工程竣工后经过一年以上的使用检验，没有发现质量问题和隐患。

（五）住宅小区工程除符合本条（一）至（四）款要求外，还应具备以下条件：①小区总体设计符合城市规划和环境保护等有关标准、规定的要求；②公共配套设施均已建成；③所有单位工程质量全部达到优良。

（六）住宅工程应达到基本入住条件，且入住率在 40％ 以上。

第四条　申报鲁班奖的主要承建单位，应具备以下条件：

（一）在安装工程为主体的工业建设项目中，承担了主要生产设备和管线、仪器、仪表的安装；在以土建工程为主体的工业建设项目中，承担主厂房和其他与生产相关的主要建筑物、构筑物的施工。

（二）在公共建筑和住宅工程中，承担了主体结构和部分装修装饰的施工。

第五条　一项工程允许有三家建筑施工企业申请作为鲁班奖的主要参建单位。主要参建单位应具备以下条件：

（一）与总承包企业签订了分包合同。

（二）完成的工作量占工程总量的 10％ 以上。

（三）完成的单位工程或分部工程的质量全部达到优良。

第六条　两家以上建筑施工企业联合承包一项工程，并签订有联合承包合同，可以联合申报鲁班奖。住宅小区或小区组团如果由多家建筑施工企业共同完成，应由完成工作量最多的企业申报。如果多家企业完成的工作量相同，可由小区开发单位申报。

第七条　一家建筑施工企业在一年内只可申报一项鲁班奖工程。

第八条　发生过重大质量事故，受到省、部级主管部门通报批评或资质降级处罚的建筑施工企业，三年内不允许申报鲁班奖。

第九条　国务院各有关部门（总公司）所属建筑施工企业向主管部门建设协会申报；申报鲁班奖的主要参建单位，由主要承建单位一同申报；国务院各有关部门（总公司）所属建筑施工企业申报的工程，应征求工程所在省、自治区、直辖市建筑业协会的意见；国务院各有关部门建设协会依据本办法对企业申报鲁班奖的有关资料进行审查（包括有无主要参建单位），并在《鲁班奖申报表》中签署对工程质量的具体评价意见，加盖公章，正式向中国建筑业协会推荐，推荐两项以上（含）工程时，应在有关文件中注明被推荐工程的次序；国务院各有关部门建设协会应在《鲁班奖申报表》中相应栏内签署对工程质量的具体意见，并加盖公章。

第十条　中国建筑业协会依据本办法对被推荐工程的申报资料进行初审，并将没有通过初审的工程告知推荐单位。

附录 B 申报资料的内容和要求

一、内容

(1) 申报资料总目录，并注明各种资料的份数。

申报资料必须准确、真实，并涵盖所申报工程的全部内容。资料中涉及建设地点、投资规模、建筑面积、结构类型、质量评定、工程性质和用途等数据和文字必须与工程一致。如有差异，要有相应的变更手续和文件说明。

(2)《鲁班奖申报表》一式两份。

必须使用由中国建筑业协会统一印制的《鲁班奖申报表》，复印的《鲁班奖申报表》无效。表内签署意见的各栏，必须写明对工程质量的具体评价意见。对未签署具体评价意见的，视为无效。

承建单位即申报单位名称要与建设工程施工合同中承建单位名称一致，如果在建设工程施工合同签署后，建设单位或承建单位名称发生变化，必须出具有关更名的手续文件。

申报资料中提供的文件、证明和印章等必须清晰，容易辨认。

(3) 工程项目计划任务书的复印件 1 份。

规划报批文件中的建筑面积必须与施工技术资料、申报资料及规划验收文件中的建筑面积一致，如果存在差距必须到规划部门补办相关手续。

(4) 工程设计水平合理、先进的证明文件（原件）或证书复印件 1 份。

(5) 工程概况和施工质量情况的文字资料一式两份。

(6) 评选为省、部级优质工程或省、部范围内质量优质工程的证件复印件一份。

同时提供被评选为省、市级安全文明施工工地的证件复印件。

(7) 工程竣工验收资料复印件一份；总承包合同或施工合同书复印件 1 份。

工程竣工验收资料包括：单位工程验收记录；单位工程质量综合评定表；质量保证资料核查表；单位工程观感质量评定表；建设工程竣工验收备案表；建筑工程消防验收意见书；电梯安装工程质量监督报告；电梯使用许可证明；建设项目环境保护设施竣工验收审批表；规划验收审批表。

（8）主要参建单位的分包合同和主要分部工程质量等级和验收资料复印件各一份。

（9）提供工程款支付情况的说明，包括业主支付总承包商及总承包商支付分包商的情况。

（10）反映工程概貌并附文字说明的工程各部位彩照和反转片各 1 份。

（11）有解说词的工程录像带一盒（或多媒体光盘）。

工程录像带的内容应包括：工程全貌，工程竣工后的各主要功能部位，工程施工中的基坑开挖、基础施工、结构施工、门窗安装、屋面防水、管线敷设、设备安装、室内外装修的质量水平介绍以及能反映主要施工方法和体现新技术、新工艺、新材料、新设备的措施等。

二、照片收集及编排要求

1. 结构工程照片的收集

（1）土方开挖照片；

（2）地基验槽照片（基坑全景）；

（3）轴线弹在垫层上照片；

（4）底板钢筋照片（全景）；

（5）底板混凝土照片；

（6）墙体模板照片；

（7）地下室混凝土观感照片；

（8）钢筋连接照片；

（9）标准层钢筋照片；

（10）标准层模板照片；

（11）标准层混凝土观感照片；

（12）止水条照片；

（13）垫块照片；

（14）箍筋照片；

（15）顶层钢筋照片；

（16）顶层模板照片；

（17）顶层混凝土观感照片。

2. 装修工程照片的收集

（1）工程全貌；

（2）外墙阳角；

（3）外墙立面；

（4）首层雨篷；

（5）首层外窗；

(6) 首层台阶；

(7) 室外散水；

(8) 首层大门；

(9) 地下车库；

(10) 地下室配电室；

(11) 地下室泵房设备；

(12) 地下室设备基础；

(13) 地下室管道保温；

(14) 首层大堂；

(15) 电梯前室；

(16) 电梯内饰；

(17) 楼梯栏杆及踢角；

(18) 楼梯踏步；

(19) 标准层走道；

(20) 标准层房间；

(21) 标准层卫生间；

(22) 管根部节点；

(23) 屋面全貌；

(24) 屋面避雷；

(25) 屋面栏杆屋面出口；

(26) 屋面平台；

(27) 屋面雨落管及水簸箕；

(28) 屋面平台伸缩缝排气孔；

(29) 屋面烟风道通风口；

(30) 屋面设备；

(31) 屋面铺砖。

3. 项目 CI 照片的收集

(1) 现场临建办公室；

(2) 施工场区；

(3) 各种宣传标语；

(4) 制度牌；

(5) 导向牌；

(6) 大门；

(7) 现场临建标准色。

4. 照片集的制作

(1) 照片筛选；

(2) 制作图片集封皮；

(3) 用 A4 纸打印照片名称，1 张 A4 纸粘贴 2 张标准照片；

(4) 粘贴；

（5）塑封。

三、工程录像内容和要求

1. 结构工程录像片的收集

（1）土方开挖录像；

（2）地基验槽录像；

（3）底板钢筋录像；

（4）底板混凝土录像；

（5）墙体模板录像；

（6）地下室混凝土观感录像；

（7）钢筋工程录像；

（8）模板工程录像；

（9）混凝土工程录像；

（10）封顶录像。

2. 装修工程录像片的收集

（1）地下室（人防、设备观感）录像；

（2）首层大堂录像；

（3）电梯前室录像；

（4）标准层（走道、顶棚、墙面、地面、卫生间）；

（5）设备层；

（6）屋面（栏杆、平台、避雷、设备、烟道）；

（7）室外雨篷、花坛、散水；

（8）工程全景；

（9）录像片制作（长度 5min）。

3. 录像片制作总原则

（1）工程概况：用 20s 的时间介绍工程的投资、设计、承建各方；介绍工程的设计思路、建筑面积、高度等；介绍工程的开竣工时间、工期、造价等情况。

（2）工程的特点和难点：用 40s 的时间介绍该工程的特点、亮点，重点突出高技术含量、高施工难度及符合中国美学观念的特点。

（3）精品工程策划：用 100s 的时间根据工程的特点、难点有针对性地将施工过程中采用的新技术、新材料、新工艺及管理经验进行阐述。

（4）工程的质量管理措施：这是本录像资料的核心，用 120s 的时间将本工程的质量情况重点描述，特别是施工质量标准超出规范的部位及采用新材料、新工艺施工后所达到的效果。

（5）工程取得的经济效益和社会效益：用 20s 时间将本工程所获得的质量、安全优质奖项做一个简洁的介绍，将获奖证书的扫描件录制下来；同时将业主对工程质量及社会效益的评价描述一下，亦要将评价文件的扫描件录制下来。

附录 C 鲁班奖现场复查的基本要求

申报鲁班奖的工程，在经过初审并认为符合申报条件后，即将对该工程进行现场实地复查。由于每年有 100 多个申报工程要进行现场复查，因此近几年都要组成 8 个组（每组 4～5 人）分赴各地进行复查。在复查中有宏观检查和微观检查，并对检查情况写出一个报告，报告中既对申报工程的总体质量做出综合评价，也分别列出各分项分部工程的质量状况。所提供的复查报告是供评审委员会评审的主要依据，因此申报的工程就必须经得起检查组的现场复查。

一、宏观检查

（1）观察主体是否出现有影响结构安全的变形与裂缝；

（2）观察地基是否有较大的沉降（含不均匀沉降），如有沉降是否稳定；

（3）观察地下室、墙体、卫生间及屋面是否有渗漏；

（4）观察工程是否按合同规定的内容完成，是否存有大量的甩项，住宅工程的入住率是否达到 40％以上；

（5）观察除结构是否安全外，其他是否存在使用中可能会发生的不安全隐患；

（6）工程的细部构造是否达到精致细腻的程度；

（7）观察工程是否存有质量缺陷或质量问题；

（8）观察工程质量的匀质性，即土建工程与电气、上下水和采暖煤气管道等工程的质量是否均匀相配。

通过上列宏观复查（检查组还可根据申报工程的实际情况，增加宏观检查的内容）。

二、微观检查

1. 地基基础工程

由于地基基础已看不见实物质量，因此在复查中主要核查技术资料，一是是否齐全，二是是否准确，为此以下资料是必须要提供给复查组的：

（1）工程地质勘察报告；

（2）桩基的静、动测检验报告；

（3）回填土的密实度检验报告；

（4）沉降观测记录；

（5）地基基础分部工程质量的检验评定；

（6）地基基础（含地下工程）的主要材料的检验记录。

在检查上述有关资料后，检查组成员要对工程主体内外进行细致的检查，如是否存在由于地基基础不均匀沉陷而引起主体出现变形或裂缝等状况。

2. 主体工程

由于主体工程已被装饰工程包装，因此现场复查也不易检查主体。工程的实物质量，也和地基基础一样主要检查技术资料是否齐全，是否准确。为此。必须提供以下资料供检查组复查用：

（1）主体结构所使用材料，构配件质量检验报告及有关质量证明文件；

（2）主体结构中使用的混凝土，砌筑砂浆的强度检验报告和钢结构的焊接质量检验报告；

（3）主体工程重大设计变更洽商记录；

（4）主体工程分项分部质量的检验评定表；

（5）主体工程的测量记录；

（6）重要隐蔽工程验收记录。

在检查技术资料后要细致查看内外墙、楼地面的柱梁、板及墙体是否有不均匀沉陷或过大沉降引起的裂缝，是否有其他因素而引起墙体及构件的变形或裂缝。

3. 屋面防水工程

（1）检查室内屋面、卫生间、墙体及地下室中是否有渗漏情况；

（2）防水工程所使用材料的质量检验报告；

（3）卫生间防水工程完后的蓄水检验记录；

（4）屋面工程是否存在积水、防水卷材收头处理的准确程度和其他做法是否符合规范要求、防水层的道数是否符合规范规定。

4. 门窗工程

（1）对工程内的门窗制作与安装质量进行检查，主要检查其细腻程度；

（2）检查铝合金及塑钢窗和木门窗的成品保护是否做得好，是否存有污染和变形情况；

（3）门窗安装是否牢固，位置是否准确。

5. 地面工程

（1）对各种地面材料所施工的地面，要对其平整度进行实测实量，每种地面均有数据反映其质量；

（2）检查磨光花岗石和大理石地面，在拼缝处是否有再次加磨的情况；

（3）检查地面的光泽度、均匀度，大面积地面还要检查是否有空鼓与裂缝。

6. 装饰工程

（1）对装饰工程中，每个分项工程均要显示精致细腻，不仅大面质量上乘，一些细部构造也是上乘的。

（2）装饰抹灰或饰面均能保持色泽一致，无空鼓开裂且令人感到美观。

（3）观察外墙饰面板是采用何法粘接，如采用湿作业是否采取有效措施，而且避免出现花脸情况。如采用干挂法，缝子打胶是否符合要求。

（4）对顶棚和墙面采用石膏板是否有裂缝。

（5）对外墙大面积采用饰面砖的工程，其粘接强度和排砖效果均要检查。

（6）室内装饰工程有无交叉污染状况。

（7）对玻璃幕墙按规范要细致进行检查。

（8）抽查分项分部工程检验评定记录。

7. 水、暖、煤气工程

（1）安装质量的细腻程度；

（2）所用材料的质量检验报告或证明文件；

（3）观察管道是否有渗漏；

（4）观察卫生器具安装的质量；

（5）查看上水、煤气打压及通球等检验记录；

（6）抽查水暖、煤气各分项及分部工程检验评定记录。

8. 电气工程

（1）对工程进行较细的检查，电气安装是否存有不安全的隐患；

（2）电气工程的安装质量的细腻程度；

（3）电气工程所使用的重要材料质量的检验报告和证明文件；

（4）抽查电气分项分部工程检验评定记录。

9. 工业设备安装工程

（1）检查设备安装是否符合各类工业规定的质量要求并质量达到上乘程度；

（2）设备运转是否一次成功；

（3）土建工程的质量按上述 1～8 要求进行检查，但装饰工程不要求达到那么高的精致细腻程度；

（4）各项设备单机运转记录和系统运转记录。

各检查组在复查工程中，根据现场实际情况需要申报单位提供其他有关技术资料时，申报单位应及时提供，在现场检查中除提供方便外，还应配合检查工作，使其顺利地进行。

参 考 文 献

1　建筑精品工程策划与实施. 北京：中国建筑工业出版社，2000

2　建筑精品工程实施指南. 北京：中国建筑工业出版社，2002

3　建筑结构精品工程实施. 北京：中国建筑工业出版社，2003

4　住宅精品工程实施指南. 北京：中国建筑工业出版社，2004

5　建筑工程施工质量检查与验收手册. 北京：中国建筑工业出版社，2002

6　建筑工程项目管理规范实施手册. 北京：中国建筑工业出版社，2002

7　建筑施工手册. 北京：中国建筑工业出版社，2003